aus der

Havonix-Reihe

Analytische Geometrie

von

Dieter Paal

Das blaue Buch

umfasst den gesamten Schulstoff,
der für die analytische Geometrie (auch Vektorgeometrie genannt)
im Pflichtbereich und im Wahlbereich notwendig ist.

Man kann dieses Buch im Wesentlichen in drei Teile unterteilen:

1) **Theorie-Teil** (Kap.01-Kap.06)

Im Wesentlichen besteht analytische Geometrie aus Abständen und allen möglichen Schnitten. Wir werden also Abstände von Punkten, Geraden und Ebenen zueinander berechnen, Geraden und Ebenen miteinander schneiden.
Zusätzlich wandeln wir natürlich noch Ebenen von der einen in die andere Form um, berechnen Winkel und Sonstiges mehr oder weniger Interessantes.
Es geht in diesem Teil also offensichtlich um die Grundlagen.

2) **komplexere Aufgaben**, die in ähnlicher Form bereits im Abi auftraten

(Kap.07-Kap.11)
Wir werden ein paar hässliche Aufgaben rechnen (viel mit Pyramiden), krampfhaft versuchen Anwendungsbereiche im täglichen Leben zu finden, in denen man die analytische Geometrie anwenden kann. (Wir sind *natürlich* total erfolgreich).

3) **Übungsaufgaben**, um sich selber zu beweisen, wie toll man ist

Ein ganzer Haufen von Aufgaben,
vom Niveau her tendentiell eher einfach bis mittelschwer.
Der Unterschied zu den vorhergehenden Kapiteln:

Es gibt mehr Aufgaben, dafür kürzer.
Es gibt zwar Ergebnisse, aber ohne ausführlichen Lösungsweg.

Wichtigkeit der Kapitel:

Wir führen ein lustiges **Punktesystem** ein, damit jeder grob einschätzen kann, wie wichtig die einzelnen Kapitel oder Unterkapitel sind.
Zu Beginn jedes Kapitels, gleich nach der Überschrift, finden sich immer eines der folgenden drei Zeichen, die die Abirelevanz des Kapitels ungefähr angeben.

∰ - Sehr wichtig! Wird im Abi fast immer gefragt.
∯ - Mittelmäßig wichtig. Wird im Abi oft gefragt.
∮ - Eher unwichtig. Braucht man vermutlich nicht.

(Diese Zeichen heißen übrigens: einfaches, doppeltes bzw. dreifaches Ringintegral. Lernt und braucht man in der Schule nicht)

Fehler:

Es lässt sich leider nie vermeiden, dass sich in ein Buch Fehler einschleichen.
Sollte sich wider Erwarten doch ein Fehler eingeschlichen haben, möchte ich mich an dieser Stelle dafür entschuldigen und bitte um eine kleine Benachrichtigung unter *skripte@havonix.de*.

Eine Liste der bekannten Fehler findet sich unter:
„www.havonix.de > Bücher > Druckfehler“.

Und damit alle wissen, wer die ganze Zeit redet ..

Der Autor stellt sich vor:

Und damit alle wissen, wovon ich die ganze Zeit rede..

Die Gleichungen stellen sich vor:

Parametergleichung

„Ich bin eine Geradengleichung

$$\vec{x} = \begin{pmatrix} 2 \\ -1 \\ 3 \end{pmatrix} + r \cdot \begin{pmatrix} 1 \\ 2 \\ 4 \end{pmatrix}$$

„Ich bin eine Ebenengleichung

$$\vec{x} = \begin{pmatrix} 1 \\ 0 \\ 2 \end{pmatrix} + r \cdot \begin{pmatrix} 6 \\ 6 \\ 3 \end{pmatrix} + s \cdot \begin{pmatrix} 8 \\ 4 \\ -1 \end{pmatrix}$$

Koordinatengleichung

„Ich bin die wichtigste Ebenengleichung“

$$2x_1 + 3x_2 - x_3 = 6$$

Normalengleichung

„Ich bin eine eher unwichtige Ebenengleichung“

$$\begin{pmatrix} 2 \\ -1 \\ 1 \end{pmatrix} \circ \left[\vec{x} - \begin{pmatrix} 5 \\ 4 \\ 3 \end{pmatrix} \right] = 0$$

Pyramide

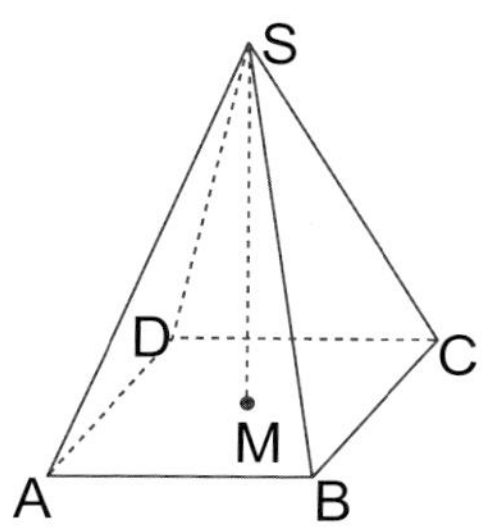

„Ich bin eine Pyramide. Ich wurde von Außerirdischen auf die Erde gebracht, um die Menschheit zu versklaven.“

Inhaltsverzeichnis

Stichwortverzeichnis

Der große Psychotest !!!

Eignest du dich überhaupt für dieses Buch ?
Der große Psychotest gibt dir die Antwort !!

Frage:
Was fällt dir beim Begriff: „Analitische Geometrie" ein ??

a) Ich bin neu in dieser Stadt. Ich wusste nicht, dass die sogar in der Schule ihre sexuellen Fantasien ausleben. Aber ich bin da total tolerant und so lange die mich nicht in deren versautes Zeug reinziehen wollen, können die tun und lassen, was sie wollen.

b) Da geht´s so um Striche und Punkte. Pyramiden kommen glaub´ auch vor. Ich hab einmal auch gesehen, dass da irgendjemand Zahlen übereinander schreibt. Das heißt dann ... irgendwie heißt es ... es fällt mir grad nicht mehr ein.

c) Erstens: Das heißt nicht „analitisch", sondern „analytisch"!
Zweitens, zu Ihrer Frage: Bei diesem Fachbereich der Mathematik handelt es sich um lineare Berechnungen im dreidimensionalen Vektorraum mit den reellen Zahlen als Grundmenge eines sogenannten „mathematischen Körpers".

Test-Auswertung:

a) Ich glaube, dieses Buch ist noch etwas schwer für dich... Vielleicht solltest du versuchen, jede Woche doch mindestens einmal kurz in der Schule vorbeizuschauen.

b) Du bist der richtige Kandidat für dieses Buch. Herzlichen Glückwunsch.

c) Isjagutisjagut.... Klugscheißer!!

Teil 1

Erklärung der Grundlagen

Kap.01 Grundlagen (Kurzform)

Kap.01a) Punkte und Vektoren (∰)

Ortsvektoren

Ortsvektoren sind eigentlich Punkte, die man in Vektorform (also übereinander) aufschreibt. Der Ortsvektor von einem Punkt A heißt $\vec{a}$, der Ortsvektor von einem Punkt B heißt $\vec{b}$. Man verwendet Ortsvektoren immer dann, wenn man einen Punkt für eine Rechnung verwendet.

Beispiel:

Einen Vektor $\overrightarrow{AB}$ berechnet man, indem man Punkt A von Punkt B abzieht.

Die Schreibweise $\overrightarrow{AB} = B - A$ ist aber mathematisch inkorrekt.

Daher verwendet man die Schreibweise: $\overrightarrow{AB} = \vec{b} - \vec{a}$.

(Nochmal: $\vec{a}$ und $\vec{b}$ sind hierbei eigentlich die Punkte A und B!)

Mitte zweier Punkte

Bestimme den Mittelpunkt von A(1 | 4 | 6) und B(-2 | 1 | 0) !

(Um den Mittelpunkt zu bestimmen, zählt man beide Punkte zusammen und teilt durch zwei!)

$$\Rightarrow \quad M_{AB} = \frac{1}{2} \cdot (\vec{a}+\vec{b}) = \left(\frac{1}{2}\cdot(1-2) \middle| \frac{1}{2}\cdot(4+1) \middle| \frac{1}{2}\cdot(6+0) \right) = (-0{,}5 \mid 2{,}5 \mid 3)$$

Schwerpunkt im Dreieck

Bestimme den Schwerpunkt des Dreiecks ABC mit:

A(2 | 5 | -1) B(-4 | 2 | 5) C(-1 | 5 | 2)

(Um den Schwerpunkt zu bestimmen, zählt man alle drei Punkte zusammen und teilt durch drei!)

$$\Rightarrow \quad S_{ABC} = \frac{1}{3}\cdot(\vec{a}+\vec{b}+\vec{c}) = \left(\frac{1}{3}\cdot(2-4-1) \middle| \frac{1}{3}\cdot(5+2+5) \middle| \frac{1}{3}\cdot(-1+5+2) \right)$$

$$\Rightarrow \quad S_{ABC}(-1 \mid 4 \mid 2)$$

Abstand Punkt-Punkt, Länge eines Vektors

Bestimme den Abstand der Punkte A und B mit: A(1 | 2 | 3) und B(-4 | 0 | 4),

$$d(A,B) = \left|\overrightarrow{AB}\right| = \left\| \begin{pmatrix} -5 \\ -2 \\ 1 \end{pmatrix} \right\| \quad \sqrt{(-5)^2 + (-2)^2 + 1^2} = \sqrt{30} \approx 5{,}48$$

Skalarprodukt, Orthogonalität zweier Vektoren

Der häufigste Fehler beim Skalarprodukt: $\begin{pmatrix}4\\-2\\3\end{pmatrix}\circ\begin{pmatrix}-1\\-3\\2\end{pmatrix} = \begin{pmatrix}-4\\+6\\+6\end{pmatrix}$ ← **falsch !!**

Zwar stimmen die Einträge „-4", „+6" und „+6" im Ergebnis, jedoch werden diese nicht übereinander in einen Vektor geschrieben, sondern zusammengezählt.

Richtig ist $\begin{pmatrix}4\\-2\\3\end{pmatrix}\circ\begin{pmatrix}-1\\-3\\2\end{pmatrix} = -4+6+6 = 8$ ← **richtig !!**

z.Bsp.: $\begin{pmatrix}6\\-6\\3\end{pmatrix}\circ\begin{pmatrix}2\\3\\2\end{pmatrix} = 6\cdot2+(-6)\cdot3+3\cdot2 = 12-18+6 = 0$

(Übrigens: weil als Ergebnis „0" `rauskommt, stehen die Vektoren senkrecht aufeinander)

Wofür braucht man das Skalarprodukt ?

Das Skalarprodukt stellt anschaulich nichts (Wissenswertes) dar, es gibt nur zwei nennenswerte Bedeutungen:

- für die Winkelberechnung ($\cos\alpha = \ldots$) (siehe übernächste Seite)
- wenn zwei Vektoren aufeinander senkrecht stehen, ergibt ihr Skalarprodukt = Null
  (diese, zweite Bedeutung ist sehr wichtig und sollte nicht vergessen werden)

Kap.01b) Aufstellen von Geraden und Ebenen (∰)

Gerade aus zwei Punkten aufstellen

Die Gerade, die durch die Punkte A(1 | 3 | 2) und B(5 | 5 | -2) geht:

$$g_{AB}: \vec{x} = \begin{pmatrix}\vec{a}\end{pmatrix} + t\cdot\begin{pmatrix}\vec{b}-\vec{a}\end{pmatrix} = \begin{pmatrix}1\\3\\2\end{pmatrix} + t\cdot\begin{pmatrix}4\\2\\-4\end{pmatrix}$$

Ebene aus drei Punkten erstellen:

Die Ebene aufstellen, die durch die Punkte A(1|3|2), B(5|5|-2) und C(2|5|4) geht:

$$E: \vec{x} = \begin{pmatrix}\vec{a}\end{pmatrix} + r\cdot\begin{pmatrix}\vec{b}-\vec{a}\end{pmatrix} + s\cdot\begin{pmatrix}\vec{c}-\vec{a}\end{pmatrix} = \begin{pmatrix}1\\3\\2\end{pmatrix} + r\cdot\begin{pmatrix}5-1\\5-1\\-2-2\end{pmatrix} + s\cdot\begin{pmatrix}2-1\\5-3\\4-2\end{pmatrix}$$

$$\Rightarrow\quad E: \vec{x} = \begin{pmatrix}1\\3\\2\end{pmatrix} + r\cdot\begin{pmatrix}4\\2\\-4\end{pmatrix} + s\cdot\begin{pmatrix}1\\2\\2\end{pmatrix}$$

(Umwandlung in Koordinatenform machen wir erst weiter unten)

Ebene aus einem Punkt und einer Geraden erstellen:

Sei der Punkt P(1 | -3 | -6) und die Gerade g : $\vec{x} = \begin{pmatrix} 2 \\ -5 \\ -3 \end{pmatrix} + t \cdot \begin{pmatrix} 1 \\ -1 \\ 1 \end{pmatrix}$ gegeben.

Die Ebene, die P und g enthält, kann man aufstellen:

$$E : \vec{x} = \begin{pmatrix} 2 \\ -5 \\ -3 \end{pmatrix} + r \cdot \begin{pmatrix} 1 \\ -1 \\ 1 \end{pmatrix} + s \cdot \begin{pmatrix} 2 & - & 1 \\ -5 & - & (-3) \\ -3 & - & (-6) \end{pmatrix} = \begin{pmatrix} 2 \\ -5 \\ -3 \end{pmatrix} + r \cdot \begin{pmatrix} 1 \\ -1 \\ 1 \end{pmatrix} + s \cdot \begin{pmatrix} 1 \\ -2 \\ 3 \end{pmatrix}$$

Ebene aus zwei sich schneidenden Geraden erstellen:

Aufgabe:

Die beiden Geraden g und h bilden eine Ebene.

Bestimme eine Gleichung dieser Ebene.

Lösung:

(Wenn aus der Aufgabe nicht eindeutig hervorgeht, dass sich g und h schneiden, muss man dieses nachweisen! Hier ist eigentlich schon gesagt, dass die beiden tatsächlich eine Ebene bilden.)

$$g : \vec{x} = \begin{pmatrix} 2 \\ 4 \\ 0 \end{pmatrix} + r \cdot \begin{pmatrix} 2 \\ 1 \\ 3 \end{pmatrix} \quad \text{und } h : \vec{x} = \begin{pmatrix} 16 \\ 1 \\ -4 \end{pmatrix} + r \cdot \begin{pmatrix} -2 \\ 1 \\ 2 \end{pmatrix}$$

Wir brauchen für die Ebene einen Stützvektor und zwei Richtungsvektoren.
Das kann man alles einfach den beiden Geraden entnehmen.

$$\Rightarrow \quad E : \vec{x} = \begin{pmatrix} 2 \\ 4 \\ 0 \end{pmatrix} + r \cdot \begin{pmatrix} 2 \\ 1 \\ 3 \end{pmatrix} + s \cdot \begin{pmatrix} -2 \\ 1 \\ 2 \end{pmatrix}$$

Ebene aus zwei parallelen Geraden erstellen:

Gegeben seien $g : \vec{x} = \begin{pmatrix} 1 \\ 2 \\ 3 \end{pmatrix} + r \cdot \begin{pmatrix} 6 \\ 3 \\ 9 \end{pmatrix}$ und $h : \vec{x} = \begin{pmatrix} 4 \\ 5 \\ 6 \end{pmatrix} + r \cdot \begin{pmatrix} 2 \\ 1 \\ 3 \end{pmatrix}$

Welche Ebene enthält die beiden Geraden g und h?

Wir brauchen für die Ebene einen Stützvektor und zwei Richtungsvektoren.
Den Stützvektor und einen Richtungsvektor entnimmt man einer der Geraden. Den zweiten Richtungsvektor erhält man, indem man die beiden Stützvektoren von einander abzieht.

$$E : \vec{x} = \begin{pmatrix} 1 \\ 2 \\ 3 \end{pmatrix} + r \cdot \begin{pmatrix} 6 \\ 3 \\ 9 \end{pmatrix} + s \cdot \begin{pmatrix} 4 & - & 1 \\ 5 & - & 2 \\ 6 & - & 3 \end{pmatrix} = \vec{x} = \begin{pmatrix} 1 \\ 2 \\ 3 \end{pmatrix} + r \cdot \begin{pmatrix} 6 \\ 3 \\ 9 \end{pmatrix} + s \cdot \begin{pmatrix} 3 \\ 3 \\ 3 \end{pmatrix}$$

Kap.01c) Winkel bei Geraden und/oder Ebenen (∰)

Winkel zwischen **Gerade und Gerade**:
$\vec{u}$, $\vec{v}$ sind die Richtungsvektoren der beiden Geraden

$$\cos\alpha = \frac{|\vec{u}\circ\vec{v}|}{|\vec{u}|\cdot|\vec{v}|}$$

Winkel zwischen **Ebene und Ebene**:
$\vec{u}$, $\vec{v}$ sind die Normalenvektoren der beiden Ebenen

$$\cos\alpha = \frac{|\vec{n}_1\circ\vec{n}_2|}{|\vec{n}_1|\cdot|\vec{n}_2|}$$

Winkel zwischen **Gerade und Ebene**:
$\vec{u}$, $\vec{v}$ sind: Richtungsvektoren der Geraden
bzw. Normalenvektor der Ebene

$$\sin\alpha = \frac{|\vec{u}\circ\vec{n}|}{|\vec{u}|\cdot|\vec{n}|}$$

z.Bsp. Winkel zwischen $g: \vec{x} = \begin{pmatrix}1\\-3\\0\end{pmatrix} + r\cdot\begin{pmatrix}-4\\-1\\8\end{pmatrix}$ und $h: \vec{x} = \begin{pmatrix}6\\5\\4\end{pmatrix} + r\cdot\begin{pmatrix}2\\7\\4\end{pmatrix}$

$$\cos\alpha = \frac{|\vec{u}\circ\vec{v}|}{|\vec{u}|\cdot|\vec{v}|} = \frac{\left|\begin{pmatrix}-4\\-1\\8\end{pmatrix}\circ\begin{pmatrix}2\\7\\4\end{pmatrix}\right|}{\sqrt{(-4)^2+(-1)^2+8^2}\cdot\sqrt{2^2+7^2+4^2}} = \frac{|(-4)\cdot 2+(-1)\cdot 7+8\cdot 4|}{\sqrt{81}\cdot\sqrt{69}} = \frac{|17|}{\sqrt{5589}}$$

$\cos\alpha = 0{,}227 \Rightarrow \alpha = 76{,}9°$ Eingabe in GTR: $\alpha=\cos^{-1}(0{,}227)$

Winkel bei Anschaulichem

Wenn man zwei Geraden (oder zwei Ebenen) schneidet, erhält man immer zwei Winkel. Der eine ist größer, der andere ist kleiner als 90°. Der Betrag in der Winkelformel sorgt nun dafür, dass man immer den Winkel erhält, der kleiner als 90° ist.

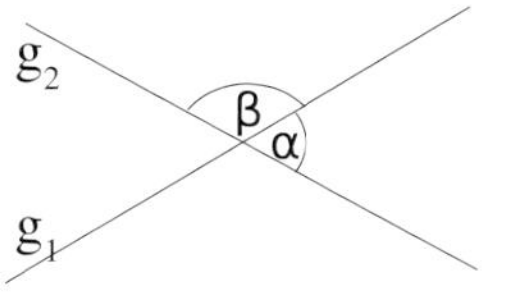

So geschickt dies auch sein mag, gibt es manche Fälle, in denen das blöd ist.
Stellt wir uns mal vor, wir müssten den Innenwinkel in einem Dreieck ausrechnen. Es könnte sich ja nun um einen stumpfen Winkel handeln (der größer als 90° ist). Nun rechnen wir frisch&fröhlich den Winkel zwischen den Dreiecksseiten aus und bekommt *immer* einen Winkel `raus, der kleiner als 90° ist, also unter Umständen genau den falschen.

Innenwinkel im Dreieck

Um in einem Dreieck beispielsweise den Winkel bei A zu erhalten, rechnet man die Vektoren der anliegenden Schenkel [1] aus, wobei man beachten muss, beide Male zu A hinzurechnen, oder beide Male von A weg. (Man muss also die Vektoren $\overrightarrow{AB}$ und $\overrightarrow{AC}$ nehmen oder man nimmt $\overrightarrow{BA}$ und $\overrightarrow{CA}$. Jedoch darf man nicht einmal $\overrightarrow{AB}$ und dann $\overrightarrow{CA}$ nehmen).

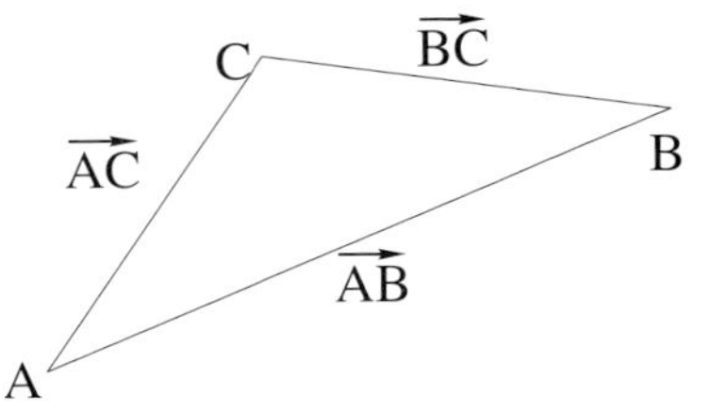

In diesem Dreieck gilt also:

$$\cos\alpha = \frac{\overrightarrow{AB}\circ\overrightarrow{AC}}{|\overrightarrow{AB}|\cdot|\overrightarrow{AC}|} \quad \text{oder} \quad \cos\alpha = \frac{\overrightarrow{BA}\circ\overrightarrow{CA}}{|\overrightarrow{BA}|\cdot|\overrightarrow{CA}|}$$

$$\cos\beta = \frac{\overrightarrow{BA}\circ\overrightarrow{BC}}{|\overrightarrow{BA}|\cdot|\overrightarrow{BC}|} \quad \text{oder} \quad \cos\beta = \frac{\overrightarrow{AB}\circ\overrightarrow{CB}}{|\overrightarrow{AB}|\cdot|\overrightarrow{CB}|}$$

$$\cos\gamma = \frac{\overrightarrow{CA}\circ\overrightarrow{CB}}{|\overrightarrow{CA}|\cdot|\overrightarrow{CB}|} \quad \text{oder} \quad \cos\gamma = \frac{\overrightarrow{AC}\circ\overrightarrow{BC}}{|\overrightarrow{AC}|\cdot|\overrightarrow{BC}|}$$

Das wars. Wars schlimm ?

Winkel zwischen Pyramidenflächen

Bei Pyramiden (wir reden hier *nur* von senkrechten, quadratischen Pyramiden. Bei anderen lässt sich nichts so einfach aussagen) ist die Sache sogar noch einfacher als bei Dreiecken. Man muss sich nur `mal klar machen, dass die Winkel zwischen zwei Seitenflächen *immer* zwischen 90° und 180° liegen. Die Winkel zwischen einer Seitenfläche und einer Grundfläche sind *immer* kleiner als 90°.

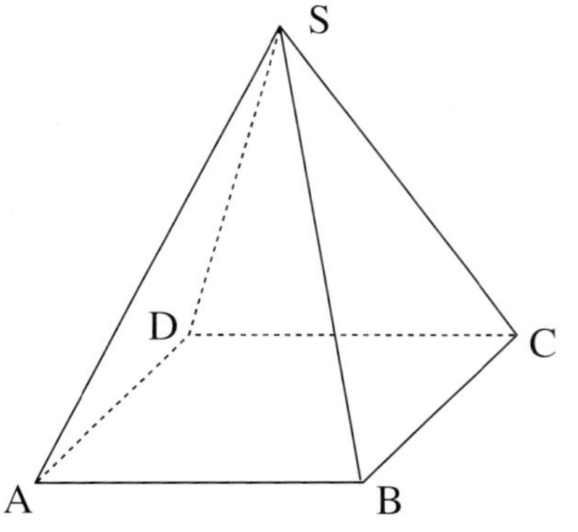

Das führt uns dazu, dass wir die ganz normale Winkelformel für zwei Ebenen nehmen können. Diese Formel liefert ja immer Winkel, die kleiner als 90° sind. Wenn man also den Winkel zwischen Grundfläche und einer Seitenfläche sucht, ist man fertig. Wenn man den Winkel zwischen zwei Seitenflächen sucht, kriegt man genau den falschen (man erhält ja einen, der kleiner 90° ist, sucht aber einen der größer als 90° ist). Weil man aber *immer* den falschen kriegt, muss man einfach 180-α rechnen und hat den gesuchten Winkel.

1 wie das schon klingt... „anliegende Schenkel" .... [zurück zu Mathe!!]

Kap.01d) Pi mit 2000 Nachkommastellen ($\oint$)

π ≈ 3,14159 26535 89793 23846 26433 83279 50288 41971 69399 37510 58209 74944 59230
78164 06286 20899 86280 34825 34211 70679 82148 08651 32823 06647 09384 46095
50582 23172 53594 08128 48111 74502 84102 70193 85211 05559 64462 29489 54930
38196 44288 10975 66593 34461 28475 64823 37867 83165 27120 19091 45648 56692
34603 48610 45432 66482 13393 60726 02491 41273 72458 70066 06315 58817 48815
20920 96282 92540 91715 36436 78925 90360 01133 05305 48820 46652 13841 46951
94151 16094 33057 27036 57595 91953 09218 61173 81932 61179 31051 18548 07446
23799 62749 56735 18857 52724 89122 79381 83011 94912 98336 73362 44065 66430
86021 39494 63952 24737 19070 21798 60943 70277 05392 17176 29317 67523 84674
81846 76694 05132 00056 81271 45263 56082 77857 71342 75778 96091 73637 17872
14684 40901 22495 34301 46549 58537 10507 92279 68925 89235 42019 95611 21290
21960 86403 44181 59813 62977 47713 09960 51870 72113 49999 99837 29780 49951
05973 17328 16096 31859 50244 59455 34690 83026 42522 30825 33446 85035 26193
11881 71010 00313 78387 52886 58753 32083 81420 61717 76691 47303 59825 34904
28755 46873 11595 62863 88235 37875 93751 95778 18577 80532 17122 68066 13001
92787 66111 95909 21642 01989 38095 25720 10654 85863 27886 59361 53381 82796
82303 01952 03530 18529 68995 77362 25994 13891 24972 17752 83479 13151 55748
57242 45415 06959 50829 53311 68617 27855 88907 50983 81754 63746 49393 19255
06040 09277 01671 13900 98488 24012 85836 16035 63707 66010 47101 81942 95559
61989 46767 83744 94482 55379 77472 68471 04047 53464 62080 46684 25906 94912
93313 67702 89891 52104 75216 20569 66024 05803 81501 93511 25338 24300 35587
64024 74964 73263 91419 92726 04269 92279 67823 54781 63600 93417 21641 21992
45863 15030 28618 29745 55706 74983 85054 94588 58692 69956 90927 21079 75093
02955 32116 53449 87202 75596 02364 80665 49911 98818 34797 75356 63698 07426
54252 78625 51818 41757 46728 90977 77279 38000 81647 06001 61452 49192 17321
72147 72350 14144 19735 68548 16136 11573 52552 13347 57418 49468 43852 33239
07394 14333 45477 62416 86251 89835 69485 56209 92192 22184 27255 02542 56887
67179 04946 01653 46680 49886 27232 79178 60857 84383 82796 79766 81454 10095
38837 86360 95068 00642 25125 20511 73929 84896 08412 84886 26945 60424 19652
85022 21066 11863 06744 27862 20391 94945 04712 37137 86960 95636 43719 17287
46776 46575 73962 41389 08658 32645 99581 33904 78027 59009 ....

Kap.01e) Das Kreuzprodukt (∯)

(Falls Sie das Kreuzprodukt in der Schule nicht lernen, dürfen Sie dieses Kapitel gerne überspringen.)

Das Kreuzprodukt ist eine sehr einfache Methode um einen Vektor zu berechnen, der auf zwei anderen senkrecht steht *(die einfachste Methode überhaupt!)*.

Die Hauptanwendung ist wohl die Berechnung des Normalenvektors einer Ebene
(→ „Kap01f), Parameterform in Koordinatenform, erster Weg"!)

Eine weitere recht interessante Anwendung ist die Flächenberechnung von Dreiecken und Parallelogrammen und die Volumenberechnung von Pyramiden (→ Kap.05a))

Bsp.1) Bestimme den Vektor $\vec{c}$,

der auf den beiden Vektoren $\vec{a} = \begin{pmatrix} -3 \\ 3 \\ -1 \end{pmatrix}$ und $\vec{b} = \begin{pmatrix} -1 \\ -4 \\ 3 \end{pmatrix}$ senkrecht steht!

Lösung:
Um das sogenannte Kreuzprodukt anzuwenden, schreiben wir beide Vektoren zweimal übereinander hin.

$$\begin{array}{rr} -3 & -1 \\ 3 & -4 \\ -1 & 3 \\ -3 & -1 \\ 3 & -4 \\ -1 & 3 \end{array}$$

$$\begin{array}{rr} \cancel{-3} & \cancel{-1} \\ 3 & -4 \\ -1 & 3 \\ -3 & -1 \\ 3 & -4 \\ -1 & 3 \end{array} \qquad \vec{c} = \begin{pmatrix} 3\cdot 3 \quad - \quad (-1)\cdot(-4) \\ \\ \\ \end{pmatrix} = \begin{pmatrix} 5 \\ \\ \\ \end{pmatrix}$$

(Im ersten Schritt streichen wir die ersten Zeile. Anschließend multiplizieren wir „über Kreuz"
„links oben mal rechts unten"
minus
„links unten mal rechts oben"
Das Ergebnis ist die erste Zeile des gesuchten Vektors.

$$\begin{array}{rr} \cancel{-3} & \cancel{-1} \\ \cancel{3} & \cancel{-4} \\ -1 & 3 \\ -3 & -1 \\ 3 & -4 \\ -1 & 3 \end{array} \qquad \vec{c} = \begin{pmatrix} 3\cdot 3 & - & (-1)\cdot(-4) \\ (-1)\cdot(-1) & - & (-3)\cdot 3 \\ & & \end{pmatrix} = \begin{pmatrix} 5 \\ 10 \\ \\ \end{pmatrix}$$

(Im zweiten Schritt streichen wir auch die zweite Zeile. Anschließend multiplizieren wir wieder „über Kreuz"
„links oben mal rechts unten"
minus
„links unten mal rechts oben"
Das Ergebnis ist die zweite Zeile des gesuchten Vektors.

$$\begin{array}{rr} \cancel{-3} & \cancel{-1} \\ \cancel{3} & \cancel{-4} \\ \cancel{-1} & \cancel{3} \\ -3 & -1 \\ 3 & -4 \\ -1 & 3 \end{array} \qquad \vec{c} = \begin{pmatrix} 3\cdot 3 & - & (-1)\cdot(-4) \\ (-1)\cdot(-1) & - & (-3)\cdot 3 \\ (-3)\cdot(-4) & - & 3\cdot(-1) \end{pmatrix} = \begin{pmatrix} 5 \\ 10 \\ 15 \end{pmatrix} \mathrel{\hat{=}} \text{(gekürzt)} \mathrel{\hat{=}} \begin{pmatrix} 1 \\ 2 \\ 3 \end{pmatrix}$$

(Im dritten Schritt streichen wir auch die dritte Zeile und rechnen wieder wie vorher „über Kreuz"
Das Ergebnis ist die dritte Zeile des gesuchten Vektors.

Kap.01f) Ebenenformen umwandeln (∰)

Parameterform in Koordinatenform (erster Weg, über Kreuzprodukt)

Der Normalenvektor einer Ebene steht immer senkrecht auf der Ebene und damit auch auf den beiden Richtungsvektoren der Ebene. Deswegen kann man den Normalenvektor der Ebene mit Hilfe des Kreuzproduktes errechnen.

Bsp.2) Sei E : $\vec{x} = \begin{pmatrix} 6 \\ -4 \\ 5 \end{pmatrix} + r \cdot \begin{pmatrix} 1 \\ 1 \\ -4 \end{pmatrix} + s \cdot \begin{pmatrix} 2 \\ 7 \\ 12 \end{pmatrix}$

Gib eine Koordinatengleichung von E an !

Lösung:
Zuerst berechnen wir den Normalenvektor mit dem Kreuzprodukt aus den beiden Richtungsvektoren.

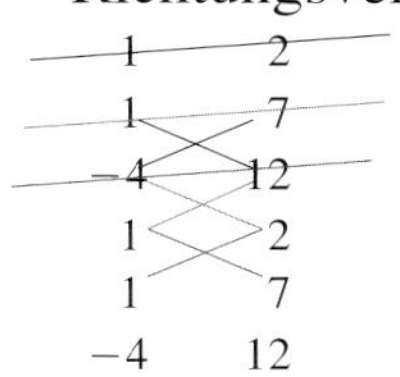

$$\vec{n} = \begin{pmatrix} 1 \cdot 12 - (-4) \cdot 7 \\ (-4) \cdot 2 - 1 \cdot 12 \\ 1 \cdot 7 - 1 \cdot 2 \end{pmatrix} = \begin{pmatrix} 40 \\ -20 \\ 5 \end{pmatrix} \mathrel{\hat{=}} \text{(gekürzt)} \mathrel{\hat{=}} \begin{pmatrix} 8 \\ -4 \\ 1 \end{pmatrix}$$

Nun wissen wir, dass vor den x_1, x_2 und x_3 in der Koordinatengleichung die Zahlen: 8, -4 und 1 stehen.

$\Rightarrow$ E : $8x_1 - 4x_2 + 1 \cdot x_3 = ??$

Um die rechte Seite zu erhalten, machen wir eine Punktprobe.
(Wir setzen den Stützvektor aus der gegebenen Parametergleichung ein)

E : $8x_1 - 4x_2 + 1 \cdot x_3 = d$

$\Rightarrow$ $8 \cdot 6 - 4 \cdot (-4) + 1 \cdot 5 = d$

$69 = d$ $\Rightarrow$ E : $8x_1 - 4x_2 + x_3 = 69$

Bsp.3) Sei E : $\vec{x} = \begin{pmatrix} 4 \\ 5 \\ 1 \end{pmatrix} + r \cdot \begin{pmatrix} 1 \\ 2 \\ 2 \end{pmatrix} + s \cdot \begin{pmatrix} 2 \\ 2 \\ 3 \end{pmatrix}$

Gib eine Koordinatengleichung von E an !

Lösung:
Zuerst berechnen wir den Normalenvektor mit dem Kreuzprodukt aus den beiden Richtungsvektoren.

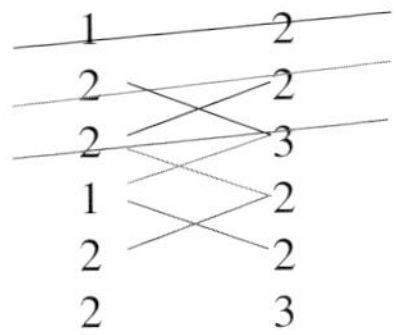

$$\vec{n} = \begin{pmatrix} 2\cdot 3 - 2\cdot 2 \\ 2\cdot 2 - 1\cdot 3 \\ 1\cdot 2 - 2\cdot 2 \end{pmatrix} = \begin{pmatrix} 2 \\ 1 \\ -2 \end{pmatrix}$$

Nun wissen wir wieder, dass vor den x_1, x_2 und x_3 in der Koordinatengleichung die Zahlen 2, 1 und -2 stehen

$\Rightarrow \quad E : 2x_1 + 1x_2 - 2x_3 = d$

Um die rechte Seite zu erhalten, machen wir eine Punktprobe.

(Wieder den Stützvektor aus der gegebenen Parametergleichung einsetzen)

$\Rightarrow \quad 2\cdot 4 + 1\cdot 5 - 2\cdot 1 = d \qquad \Rightarrow \quad E : 2x_1 + x_2 - 2x_3 = 11$

Parameterform in Koordinatenform (zweiter Weg, über Skalarprodukt)

Der Normalenvektor einer Ebene steht immer senkrecht auf der Ebene und damit auch auf den beiden Richtungsvektoren der Ebene. Deswegen muss das Skalarprodukt von dem Normalenvektor mit beiden Richtungsvektoren Null geben.

Bsp.4) Sei $E : \vec{x} = \begin{pmatrix} 6 \\ -4 \\ 5 \end{pmatrix} + r \cdot \begin{pmatrix} 1 \\ 1 \\ -4 \end{pmatrix} + s \cdot \begin{pmatrix} 2 \\ 7 \\ 12 \end{pmatrix}$ Gib eine Koordinatengleichung von E an !

Lösung:

Den Normalenvektor bezeichnen wir als $\vec{n} = \begin{pmatrix} n_1 \\ n_2 \\ n_3 \end{pmatrix}$

$\Rightarrow \begin{pmatrix} n_1 \\ n_2 \\ n_3 \end{pmatrix} \circ \begin{pmatrix} 1 \\ 1 \\ -4 \end{pmatrix} = 0$ und $\begin{pmatrix} n_1 \\ n_2 \\ n_3 \end{pmatrix} \circ \begin{pmatrix} 2 \\ 7 \\ 12 \end{pmatrix} = 0$ also:

$1\cdot n_1 + 1\cdot n_2 - 4\cdot n_3 = 0$ und $2\cdot n_1 + 7\cdot n_2 + 12\cdot n_3 = 0$

diese beiden Gleichungen verrechnen wir jetzt so,
dass entweder n_1 oder n_2 oder n_3 wegfällt.

(Ich lasse in den nächsten Schritten n_1 wegfallen)

$$\begin{array}{l} 1\cdot n_1 + 1\cdot n_2 - 4\cdot n_3 = 0 \\ 2\cdot n_1 + 7\cdot n_2 + 12\cdot n_3 = 0 \end{array} \quad |\cdot(-2) \longrightarrow \quad \begin{array}{r} -2n_1 - 2n_2 + 8n_3 = 0 \\ 2n_1 + 7n_2 + 12n_3 = 0 \\ \hline 5n_2 + 20n_3 = 0 \end{array} \quad +$$

An dieser Stelle haben wir eine Gleichung mit nur noch *zwei* Unbekannten.
Wir dürfen nun n_2 oder n_3 beliebig wählen. Also entweder n_3=t oder n_3=1 oder ...

Wir wählen `mal **n_3=t** ! $\Rightarrow$ $5\cdot n_2 + 20\cdot t = 0$ $\Rightarrow$ n_2=-4t

n_2 und n_3 in die Ausgangsgleichung einsetzen (z.Bsp in die erste).

$\Rightarrow$ $1\cdot n_1 + 1\cdot(-4t) - 4\cdot t = 0$ $\Rightarrow$ $n_1 = 8t$

Somit haben wir unseren Normalenvektor $\vec{n} = \begin{pmatrix} 8t \\ -4t \\ 1t \end{pmatrix} = t \cdot \begin{pmatrix} 8 \\ -4 \\ 1 \end{pmatrix}$ und wissen damit was für Zahlen vor den $x_?$ in der Koordinatengleichung stehen müssen. Nämlich:

$8\cdot x_1 - 4\cdot x_3 + 1\cdot x_3 = d$ (die rechte Seite kennen wir noch nicht. Dafür setzen wir in die Koordinatengleichung einen Punkt [=Stützvektor] der Ebene ein.

$8\cdot 6 - 4\cdot(-4) + 1\cdot 5 = d$

$69 = d$

Also lautet unsere Koordinatengleichung: $E : 8\cdot x_1 - 4\cdot x_2 + x_3 = 69$

Koordinatenform in Parameterform

Zuerst errechnen wir einfach drei Punkte der Ebene, daraus können wir schon die Parametergleichung erstellen. (Geht kaum länger als Sex beim ersten Rendevous.)

Bsp.5) $E : 2x_1 - 4x_2 - 2x_3 = 8$
Geben Sie E in Parameterform an!

Lösung:
Wir brauchen irgendwelche drei Punkte, die auf der Ebene liegen. (Die Koordinaten der Punkte kann man sich aus den Fingern saugen, aber natürlich so, dass beim Einsetzen in die Ebene wieder =8 `rauskommt.)
z.Bsp. geht das mit den Punkten A(1 | -1 | -1) B(4 | 0 | 0) C(2 | -2 | 2). [1]

$$E : \vec{x} = \begin{pmatrix} A \end{pmatrix} + r \cdot \begin{pmatrix} B-A \end{pmatrix} + s \cdot \begin{pmatrix} C-A \end{pmatrix} = \begin{pmatrix} 1 \\ -1 \\ -1 \end{pmatrix} + r \cdot \begin{pmatrix} 3 \\ 1 \\ 1 \end{pmatrix} + s \cdot \begin{pmatrix} 1 \\ -1 \\ 3 \end{pmatrix}$$

---

1 am einfachsten geht es, wenn man die Spurpunkte wählt. (→ Kap.02b: „Spurpunkte“)

Koordinatenform in Normalenform

geht auch ziemlich schnell. Erklären wir anhand eines Beispiels.

Bsp.6) Sei $E : 6x_1 + 3x_2 - 6x_3 = 12$ Geben Sie E in Normalenform an!

Lösung:

Wir kennen ja den Normalenvektor: $\vec{n} = \begin{pmatrix} 6 \\ 3 \\ -6 \end{pmatrix}$

Die Normalenform sieht immer so aus:

$$\begin{pmatrix} \text{Normalen} \\ \text{vektor} \end{pmatrix} \cdot \left[\vec{x} - \begin{pmatrix} \text{Punkt der} \\ \text{Ebene} \end{pmatrix} \right] = 0$$

$$\begin{pmatrix} \text{Normalenvektor} \end{pmatrix} \cdot \left[\vec{x} - \begin{pmatrix} \text{Punkt} \\ \text{der} \\ \text{Ebene} \end{pmatrix} \right] = 0$$

irgendein Punkt der Ebene ist beispielsweise der Spurpunkt P(2 | 0 | 0)
(wenn man den in die Koordinatengleichung einsetzt, kommt 12 = 12 `raus)

also lautet unsere Normalenform $E : \begin{pmatrix} 6 \\ 3 \\ -6 \end{pmatrix} \cdot \left[\vec{x} - \begin{pmatrix} 2 \\ 0 \\ 0 \end{pmatrix} \right] = 0$

Normalenform in Koordinatenform

Auch das erklären wir anhand eines Beispiels.

Bsp.7) Sei $E : \begin{pmatrix} 5 \\ 2 \\ 3 \end{pmatrix} \cdot \left[\vec{x} - \begin{pmatrix} 1 \\ 2 \\ 9 \end{pmatrix} \right] = 0$ Geben Sie E in Koordinatenform an!

Lösung:

Bekannt ist somit der Normalenvektor $\vec{n} = \begin{pmatrix} 5 \\ 2 \\ 3 \end{pmatrix}$ und ein Ebenenpunkt P(1 | 2 | 9).

Durch den Normalenvektor kennen wir bereits die linke Seite der Koordinatengleichung:

$$E : 5 \cdot x_1 + 2 \cdot x_2 + 3 \cdot x_3 = d$$

Um d zu erhalten, setzen wir den Punkt der Ebene P(1 | 2 | 9) ein.

$$5 \cdot 1 + 2 \cdot 2 + 3 \cdot 9 = d \quad \text{(man erhält d=36)}$$

somit lautet die Koordinatengleichung: $E : 5 \cdot x_1 + 2 \cdot x_2 + 3 \cdot x_3 = 36$

Kap.01g) Lotebenen und Lotgeraden (∯)

Lotebenen und Lotgeraden benutzt man immer, wenn man den Lotfußpunkt (in der Zeichnung „F“) bestimmen will. (Und es gibt sehr viele Fragestellungen, bei denen man den Lotfußpunkt braucht).

Das Prinzip um Lotgeraden und Lotebenen zu bestimmen,
ist immer das Gleiche und absolut billig.
Egal, ob man eine Ebene gegeben hat und die Lotgerade sucht,
oder ob eine Gerade gegeben hat und eine Ebene sucht,
der Richtungsvektor der Gerade
ist der Normalenvektor der Ebene !!

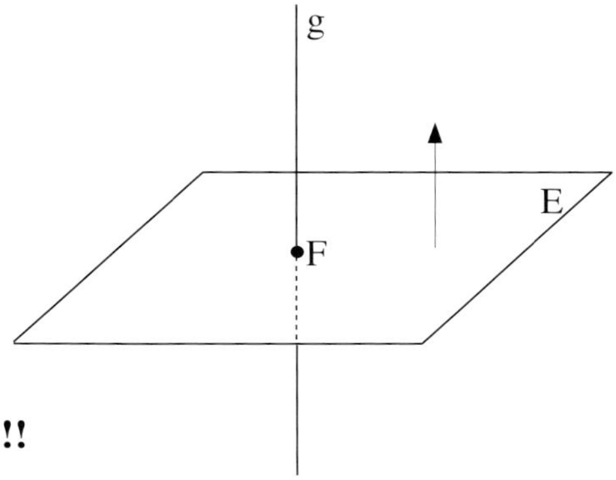

Bsp.8) Sei $g: \vec{x} = \begin{pmatrix}2\\1\\4\end{pmatrix} + t \cdot \begin{pmatrix}4\\2\\-5\end{pmatrix}$ und $A(4 \mid 3 \mid 0)$

Welche Ebene E steht auf g senkrecht und enthält den Punkt A ?

Lösung:
Wenn die Ebene auf der Geraden senkrecht steht, ist der Richtungsvektor der Geraden gleichzeitig der Normalenvektor der Ebene, die Ebene hat also die Form:
$4x_1 + 2x_2 - 5x_3 = d$
Wenn die Ebene nun den Punkt A enthält, kann man den Punkt A in die Ebenengleichung einsetzen, was uns die rechte Seite der Koordinatengleichung liefert. $4 \cdot 4 + 2 \cdot 3 - 5 \cdot 0 = d \quad \Rightarrow \quad d = 22$

$\Rightarrow \quad E: 4x_1 + 2x_2 - 5x_3 = 22$

Bsp.9)
Welche Gerade g, schneidet die Ebene $E: 2x_1 - 4x_2 + 3x_3 = 15$ orthogonal und enthält $O(0|0|0|)$?

Lösung: Die Gerade kann man direkt aufstellen: $g: \vec{x} = \begin{pmatrix}0\\0\\0\end{pmatrix} + t \cdot \begin{pmatrix}2\\-4\\3\end{pmatrix}$

Kap.01h) Spiegeln (∯)

Ein Beispiel, wo man Lotebenen und Lotgeraden braucht, ist Spiegeln.
Es gibt eigentlich nur zwei Rechnungen:
Man spiegelt entweder einen Punkt an einer Gerade oder einen Punkt an einer Ebene.
Alle anderen Möglichkeiten zu spiegeln, führt man auf diese beiden Sachen zurück.

Spiegeln von Punkt am anderen Punkt: (siehe Bsp.10)

Angenommen, man soll den Punkt A am Punkt B spiegeln, der erhaltene Spiegelpunkt soll A* heißen.

B muss nun die Mitte zwischen A und A* sein. Es gilt also: $B = \frac{1}{2}\cdot(A + A^*)$

Natürlich ist das eine (mathematisch gesehen) höchst blöde Schreibweise.

Die richtige Schreibweise wäre: $\vec{b} = \frac{1}{2}\cdot(\vec{a} + \vec{a}^*)$

Nun löst man einfach nach A* auf:

$$\vec{b} = \frac{1}{2}\cdot(\vec{a} + \vec{a}^*) \Rightarrow 2\vec{b} = \vec{a} + \vec{a}^* \Rightarrow \vec{a}^* = 2\cdot\vec{b} - \vec{a}$$

Spiegeln von Punkt an einer Graden: (siehe Bsp.11)

- Man stellt eine Lotebene auf!
  (Normalenvektor der gesuchten Lotebene ist der Richtungsvektor der Geraden, damit hat man die linke Seite der Koordinatengleichung. Um die Zahl der rechten Seite zu erhalten, setzt man den gegebenen Punkt in die linke Seite der Ebenengleichung ein.)
- Man schneidet die Lotebene mit der gegebenen Gerade und erhält den Lotfußpunkt L.
- Den gesuchten Spiegelpunkt P* erhält man, indem man verwendet, dass der Lotfußpunkt die Mitte vom gegebenen Punkt P und dem gesuchten Spiegelpunkt P* ist. ($\vec{l} = \frac{1}{2}\cdot(\vec{p} + \vec{p}^*) \Rightarrow 2\cdot\vec{l} = \vec{p} + \vec{p}^* \Rightarrow \vec{p}^* = 2\cdot\vec{l} - \vec{p}$)

Spiegeln von Punkt an einer Ebene: (siehe Bsp.12)

- Man stellt eine Lotgerade auf!
  (Der Stützvektor der gesuchten Lotgerade ist der gegebene Punkt, der Richtungsvektor der Lotgeraden ist der Normalenvektor der gegebenen Ebene.)
- Man schneidet die Lotgerade mit der gegebenen Ebene und erhält den Lotfußpunkt L.
- Den gesuchten Spiegelpunkt P* erhält man, indem man verwendet, dass der Lotfußpunkt die Mitte vom gegebenen Punkt P und dem gesuchten Spiegelpunkt P* ist. ($\vec{l} = \frac{1}{2}\cdot(\vec{p} + \vec{p}^*) \Rightarrow 2\cdot\vec{l} = \vec{p} + \vec{p}^* \Rightarrow \vec{p}^* = 2\cdot\vec{l} - \vec{p}$)

Spiegeln einer Geraden an einem Punkt:

(Die beiden Geraden müssen parallel sein, daher sind die Richtungsvektoren gleich oder Vielfache)

- Man spiegelt den Stützvektor der Geraden am anderen Punkt und erhält der Stützvektor der gespiegelten Gerade.
- Man übernimmt den Richtungsvektor der Gerade und hat somit Stützvektor und Richtungsvektor der Spiegelgerade. Fertig!

Spiegeln einer Geraden an einer Geraden:

- Man sucht sich zwei Punkte der Geraden, die gespiegelt werden soll.
  (Der eine könnte der Stützvektor sein, den anderen Punkt erhält man, indem man irgendeine Zahl für den Parameter beim Richtungsvektor einsetzt)
- Beide Punkte spiegelt man an der anderen Geraden.
  (Zwei komplette Rechnungen durchführen
  [Zwei Lotebenen aufstellen, zwei Lotfußpunkte bestimmen, zwei Spiegelpunkte errechnen.])
- Mit den beiden erhaltenen Spiegelpunkten eine Gerade aufstellen, das ist die gespiegelte Gerade.

Spiegeln einer Geraden an einer Ebene:

- Man sucht sich zwei Punkte der Geraden, die gespiegelt werden soll.
  (Der eine könnte der Stützvektor sein, den anderen Punkt erhält man, indem man irgendeine Zahl für den Parameter beim Richtungsvektor einsetzt)
- Beide Punkte spiegelt man an der Ebene.
  (Zwei komplette Rechnungen durchführen
  [Zwei Lotgeraden aufstellen, zwei Lotfußpunkte bestimmen, zwei Spiegelpunkte errechnen.])
- Mit den beiden erhaltenen Spiegelpunkten eine Gerade aufstellen, das ist die gespiegelte Gerade.

Spiegeln einer Ebene an einer Ebene:

- Man sucht sich drei Punkte der Ebene, die gespiegelt werden soll.
  (Punkte einer Ebene erhält man, indem man die Koordinaten so wählt, das diese beim Einsetzen in die Koordinatengleichung eine wahre Aussage geben)
- Alle drei Punkte spiegelt man an der Ebene.
  (Drei komplette Rechnungen durchführen
  [Drei Lotgeraden aufstellen, drei Lotfußpunkte bestimmen, drei Spiegelpunkte errechnen.])
- Aus den drei erhaltenen Spiegelpunkten eine Parametergleichung der gesuchten Ebene aufstellen (gegebenenfalls noch in eine Koordinatengleichung umwandeln).

Bsp.10) Spiegeln Sie den Punkt P(2|3|-2) an dem Punkt L(-1|0|2)!

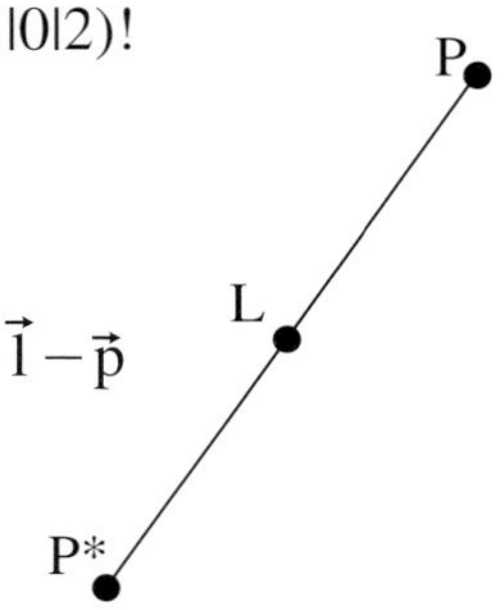

Lösung:
Es folgt die Lösung dieses komplexen Problems:
Es gilt $\vec{l} = \frac{1}{2}\cdot(\vec{p}+\vec{p}^*) \Rightarrow 2\cdot\vec{l} = \vec{p}+\vec{p}^* \Rightarrow \vec{p}^* = 2\cdot\vec{l}-\vec{p}$

$$\Rightarrow \quad \vec{p}^* = 2\cdot\begin{pmatrix}-1\\0\\2\end{pmatrix}-\begin{pmatrix}2\\3\\-2\end{pmatrix} = \begin{pmatrix}-4\\-3\\+6\end{pmatrix} \quad \Rightarrow \quad P^*(-4\,|-3\,|\,6)$$

Bsp.11) Spiegeln Sie den Punkt K(2|9|8) an der Geraden g : $\vec{x} = \begin{pmatrix}2\\1\\3\end{pmatrix} + t\cdot\begin{pmatrix}-2\\3\\2\end{pmatrix}$

Lösung:
Wir stellen eine Lotebene auf.

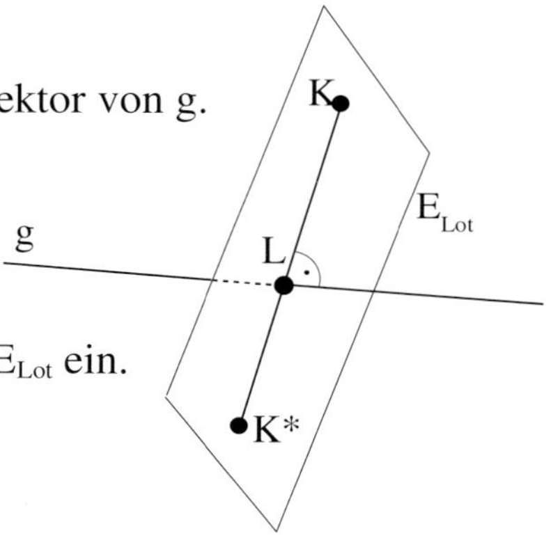

Der Normalenvektor von E_{Lot} ist der Richtungsvektor von g.
Daher wissen wir :

E_{Lot} : $-2x_1 + 3x_2 + 2x_3 = d$

Um die rechte Seite zu erhalten setzen wir K in E_{Lot} ein.
$-2\cdot2 + 3\cdot9 + 2\cdot8 = d \quad \Rightarrow \quad d=39$
$\Rightarrow$ E_{Lot} : $-2x_1 + 3x_2 + 2x_3 = 39$

g mit E_{Lot} schneiden:
$-2\cdot(2-2t) + 3\cdot(1+3t) + 2\cdot(3+2t) = 39$
$-4+4t + 3+9t + 6+4t = 39 \quad \Rightarrow \quad t = 2$

Damit hat der Lotfußpunkt L die Koordinaten: L : $\vec{x} = \begin{pmatrix}2\\1\\3\end{pmatrix} + 2\cdot\begin{pmatrix}-2\\3\\2\end{pmatrix} = \begin{pmatrix}-2\\7\\7\end{pmatrix}$

$\Rightarrow$ L (-2 | 7 | 7)

Nun können wir den Spiegelpunkt K* berechnen:
$\vec{l} = \frac{1}{2}\cdot(\vec{k}+\vec{k}^*) \Rightarrow 2\cdot\vec{l} = \vec{k}+\vec{k}^* \Rightarrow \vec{k}^* = 2\cdot\vec{l}-\vec{k}$

$$\Rightarrow \quad k^* = 2\cdot\begin{pmatrix}-2\\7\\7\end{pmatrix}-\begin{pmatrix}2\\9\\8\end{pmatrix} = \begin{pmatrix}-6\\5\\6\end{pmatrix} \quad \Rightarrow \quad K^*(-6\,|\,5\,|\,6)$$

Bsp.12) Spiegeln Sie den Punkt A(10 | -8 | 9) an der Ebene E : $4x_1 - x_2 + 3x_3 = 23$

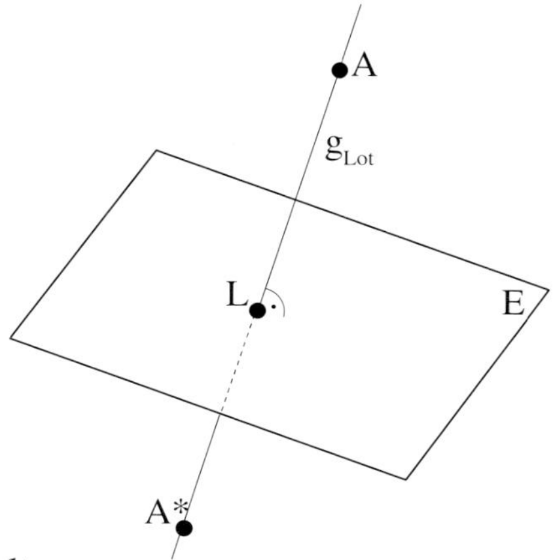

Die Löööösuunnnggg:
Wir stellen eine Lotgerade auf.

Der Normalenvektor von E_{Lot} ist der Richtungsvektor von g. A ist der Stützvektor der Gerade. Daher wissen wir :

$$g_{Lot} : \vec{x} = \begin{pmatrix} 10 \\ -8 \\ 9 \end{pmatrix} + t \cdot \begin{pmatrix} 4 \\ -1 \\ 3 \end{pmatrix}$$

Nun schneiden wir g_{Lot} mit E, um L zu erhalten.

g mit E_{Lot} schneiden:

$$4 \cdot (10+4t) - (-8-1t) + 3 \cdot (9+3t) = 23$$

$$40+16t \;+\; 8+t \;+\; 27+9t = 23 \quad \Rightarrow \quad t = -2$$

Damit hat der Lotfußpunkt L die Koordinaten: $L : \vec{x} = \begin{pmatrix} 10 \\ -8 \\ 9 \end{pmatrix} - 2 \cdot \begin{pmatrix} 4 \\ -1 \\ 3 \end{pmatrix} = \begin{pmatrix} 2 \\ -6 \\ 3 \end{pmatrix}$

$\Rightarrow$ L (2 | -6 | 3)

Nun können wir den Spiegelpunkt A* berechnen:

$$\vec{l} = \frac{1}{2} \cdot (\vec{a} + \vec{a}^*) \Rightarrow 2\vec{l} = \vec{a} + \vec{a}^* \Rightarrow \vec{a}^* = 2 \cdot \vec{l} - \vec{a}$$

$$\Rightarrow A^* = 2 \cdot \begin{pmatrix} 2 \\ -6 \\ 3 \end{pmatrix} - \begin{pmatrix} 10 \\ -8 \\ 9 \end{pmatrix} = \begin{pmatrix} -6 \\ -4 \\ -3 \end{pmatrix} \quad \Rightarrow \quad A^*(-6|-4|-3)$$

Da der Autor sicherlich nicht der Einzige ist, der jetzt die Schnauze voll vom Spiegeln hat, (der ein oder andere Leser fühlt vermutlich genauso) beendet wir dieses Kapitel und nehmen aus dem Schokoladefach ganz diskret Glückshormone zu uns.

Wenn hinter Affen Affen äffen, äffen Affen Affen nach.
Wenn hinter Achsen Achsen ächsen, ächsen Achsen Achsen nach.
Wenn hinter Beben Beben beben, beben Beben Beben nach.
Wenn hinter Blasen Blasen blasen, blasen Blasen Blasen nach.
Wenn hinter Fallen Fallen fallen, fallen Fallen Fallen hinterher.

Kap 02 Spurpunkte, besondere Lage

Kap.02a) Spurpunkte bei Geraden (∰)

Die **Spurpunkte einer Geraden sind**
die Schnittpunkte der Geraden mit den Koordinatenebenen.

Zur Erinnerung:

die x_1-x_2-Ebene (die Bodenebene) hat die Koordinatengleichung: $x_3=0$
die x_1-x_3-Ebene (die Seitenebene) hat die Koordinatengleichung: $x_2=0$
die x_2-x_3-Ebene (die Tafelebene) hat die Koordinatengleichung: $x_1=0$

Bsp.1)

Nehmen wir also an, wir wollen die Spurpunkte der Geraden $g: \vec{x} = \begin{pmatrix} 3 \\ 4 \\ -2 \end{pmatrix} + t \cdot \begin{pmatrix} 1 \\ 2 \\ 2 \end{pmatrix}$

Lösung:

Spurpunkt mit der x_1-x_2-Ebene: Es gilt: $x_3=0$
Daher betrachtet man die x_3-Koordinate der Geraden (die unterste Zeile)

$x_3= -2+2t$ und setzt diese =0
$x_3 = 0 \Rightarrow -2+2t = 0 \Rightarrow -2=-2t \Rightarrow 1=t$
t=1 wieder in g einsetzen:

t=1 in g : $\vec{x} = \begin{pmatrix} 3 \\ 4 \\ -2 \end{pmatrix} + 1 \cdot \begin{pmatrix} 1 \\ 2 \\ 2 \end{pmatrix} = \begin{pmatrix} 4 \\ 6 \\ 0 \end{pmatrix}$ $\Rightarrow$ Spurpunkt mit der x_1-x_2-Ebene $S_{1,2}(4|6|0)$

Spurpunkt mit der x_1-x_3-Ebene, für welche $x_2=0$ gilt.
Man betrachtet die x_2-Koordinate der Geraden (die mittlere Zeile)

$x_2= 4+2t$ und setzt diese =0
$x_2 = 0 \Rightarrow 4+2t = 0 \Rightarrow 2t=-4 \Rightarrow t=-2$
t=-2 wieder in g einsetzen

t=-2 in g : $\vec{x} = \begin{pmatrix} 3 \\ 4 \\ -2 \end{pmatrix} - 2 \cdot \begin{pmatrix} 1 \\ 2 \\ 2 \end{pmatrix} = \begin{pmatrix} 1 \\ 0 \\ -6 \end{pmatrix}$ $\Rightarrow$ Spurpunkt mit der x_1-x_3-Ebene $S_{1,3}(1|0|-6)$

Spurpunkt mit der x_2-x_3-Ebene, für welche $x_1=0$ gilt.
Man betrachtet die x_1-Koordinate der Geraden (die oberste Zeile)

$x_1= 3+t$ und setzt diese =0
$x_1 = 0 \Rightarrow 3+t = 0 \Rightarrow t=-3$
t=-3 wieder in g einsetzen

t=-3 in g : $\vec{x} = \begin{pmatrix} 3 \\ 4 \\ -2 \end{pmatrix} - 3 \cdot \begin{pmatrix} 1 \\ 2 \\ 2 \end{pmatrix} = \begin{pmatrix} 0 \\ -2 \\ -8 \end{pmatrix}$ $\Rightarrow$ Spurpunkt mit der x_2-x_3-Ebene $S_{2,3}(0|-2|-8)$

Bsp.2) Bestimmen Sie die Spurpunkte der Geraden $g: \vec{x} = \begin{pmatrix} 2 \\ 1 \\ 1 \end{pmatrix} + r \cdot \begin{pmatrix} -1 \\ -2 \\ 1 \end{pmatrix}$

Lösung:

Spurpunkt mit der x_1-x_2-Ebene. Es gilt: $x_3=0$ $\Leftrightarrow$ $1+r = 0$ $\Leftrightarrow$ $r = -1$

r=-1 in g : $\vec{x} = \begin{pmatrix} 2 \\ 1 \\ 1 \end{pmatrix} - 1 \cdot \begin{pmatrix} -1 \\ -2 \\ 1 \end{pmatrix} = \begin{pmatrix} 3 \\ 3 \\ 0 \end{pmatrix}$ $\Rightarrow$ Spurpunkt mit der x_1-x_2-Ebene: $S_{12}(3|3|0)$

Spurpunkt mit der x_1-x_3-Ebene. Es gilt: $x_2=0$ $\Leftrightarrow$ $1-2r = 0$ $\Leftrightarrow$ $r = ½$

r=½ in g : $\vec{x} = \begin{pmatrix} 2 \\ 1 \\ 1 \end{pmatrix} + \frac{1}{2} \cdot \begin{pmatrix} -1 \\ -2 \\ 1 \end{pmatrix} = \begin{pmatrix} 1{,}5 \\ 0 \\ 1{,}5 \end{pmatrix}$ $\Rightarrow$ Spurpunkt mit der x_1-x_3-Ebene: $S_{13}(1{,}5|0|1{,}5)$

Spurpunkt mit der x_2-x_3-Ebene. Es gilt: $x_1=0$ $\Leftrightarrow$ $2-r = 0$ $\Leftrightarrow$ $r = 2$

r=2 in g : $\vec{x} = \begin{pmatrix} 2 \\ 1 \\ 1 \end{pmatrix} + 2 \cdot \begin{pmatrix} -1 \\ -2 \\ 1 \end{pmatrix} = \begin{pmatrix} 0 \\ -3 \\ 3 \end{pmatrix}$ $\Rightarrow$ Spurpunkt mit der x_2-x_3-Ebene: $S_{23}(0|-3|3)$

Kap.02b) Spurpunkte, Spurgeraden bei Ebenen (∰)

Die **Spurpunkte einer Ebene sind die**
Schnittpunkte der Ebene mit den Koordinatenachsen.
Spurpunkte heißen deswegen auch Achsenschnittpunkte !
Spurpunkte erhält man sehr einfach (zumindest, wenn man die Ebene in Koordinatenform hat).

Die **Spurgeraden sind die Schnittgeraden einer Ebene mit den Koordinatenebenen.**
Spurgeraden erhält man am einfachsten, indem man zwei Spurpunkte zu einer Geraden verbindet.

Wie berechnet man Spurpunkte ?
Jeder Spurpunkt einer Ebene liegt ja auf einer der drei Koordinatenachsen, deswegen sind zwei seiner drei Koordinaten = Null.
Jeder Punkt, der auf der x_1-Achse liegt, hat die Koordinaten $x_2 = 0$ und $x_3 = 0$,
bei einem Punkt der x_2-Achse ist $x_1=0$ und $x_3=0$.

Bsp.3)

Nehmen wir also an, wir wollen die Spurpunkte der Ebene: $E: 2x_1 - 4x_2 - 2x_3 = 8$

Lösung:

Der Spurpunkt S_1 (Schnitt mit x_1-Achse) hat die Form $S_1(x_1 \mid 0 \mid 0)$.
Wenn man diesen in die Ebene E einsetzt,
erhält man: $2 \cdot x_1 - 4 \cdot 0 - 2 \cdot 0 = 8 \Rightarrow 2 \cdot x_1 = 8 \Rightarrow x_1 = 4 \Rightarrow S_1(4|0|0)$

Der Spurpunkt S_2 hat die Form: $S_2(0 \mid x_2 \mid 0)$
$\Rightarrow 2 \cdot 0 - 4 \cdot x_2 - 2 \cdot 0 = 8 \Rightarrow -4x_2 = 8 \Rightarrow x_2 = -2 \Rightarrow$ $S_2(0|-2|0)$

S_3 sieht so aus: $S_3(0|0|x_3) \Rightarrow 2 \cdot 0 - 4 \cdot 0 - 2 \cdot x_3 = 8 \Rightarrow x_3 = -4 \Rightarrow S_3(0|0|-4)$

Bsp.4)

Berechnen Sie die Spurpunkte und Spurgeraden der Ebene $E: 3x_1 - 4x_2 + 2x_3 = 12$.

Lösung:

Von den Spurpunkten wissen wir, dass sie immer folgende Form haben:
$S_1(x_1|0|0)$ $S_2(0|x_2|0)$ $S_3(0|0|x_3)$

$S_1: \quad 3 \cdot x_1 - 4 \cdot 0 + 2 \cdot 0 = 12 \Rightarrow x_1 = 4$ $\qquad S_1(4|0|0)$
$S_2: \quad 3 \cdot 0 - 4 \cdot x_2 + 2 \cdot 0 = 12 \Rightarrow x_2 = -3$ $\qquad S_2(0|-3|0)$
$S_3: \quad 3 \cdot 0 - 4 \cdot 0 + 2 \cdot x_3 = 12 \Rightarrow x_3 = 6$ $\qquad S_3(0|0|6)$

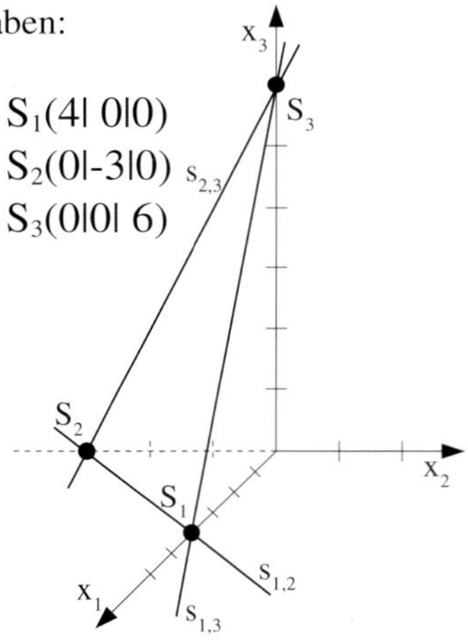

Wenn man je zwei von diesen drei Spurpunkten verbindet, erhält man wieder die Spurgeraden.

(als Beispiel ist die Spurgerade durch S_1 und S_2 gleichzeitig auch der Schnitt unserer Ebene mit der $x_{1,2}$ Koordinatenebene)

$$s_{1,2}: \vec{x} = \begin{pmatrix} S_1 \end{pmatrix} + t \cdot \begin{pmatrix} S_2 - S_1 \end{pmatrix} = \begin{pmatrix} 4 \\ 0 \\ 0 \end{pmatrix} + t \cdot \begin{pmatrix} -4 \\ -3 \\ 0 \end{pmatrix}$$

$$s_{1,3}: \vec{x} = \begin{pmatrix} S_1 \end{pmatrix} + t \cdot \begin{pmatrix} S_3 - S_1 \end{pmatrix} = \begin{pmatrix} 4 \\ 0 \\ 0 \end{pmatrix} + t \cdot \begin{pmatrix} -4 \\ 0 \\ 6 \end{pmatrix} \qquad s_{2,3}: \vec{x} = \begin{pmatrix} S_2 \end{pmatrix} + t \cdot \begin{pmatrix} S_3 - S_2 \end{pmatrix} = \begin{pmatrix} 0 \\ -3 \\ 0 \end{pmatrix} + t \cdot \begin{pmatrix} 0 \\ 3 \\ 6 \end{pmatrix}$$

Die Spurgeraden sind nun auch die einzige vernünftige Möglichkeit, wie man in ein Koordinatensystem eine Ebene einzeichnen kann. Wenn man sich das Dreieck anschaut, das von den Spurpunkten S_1, S_2 und S_3 gebildet wird, kriegt man vielleicht eine Vorstellung, wie diese Ebene im Koordinatensystem liegen könnte.
[Wollte man nämlich die ganze Ebene anmalen, wäre im Normalfall jede Zeichnung ganz schwarz! Blöd sowas !]

Bsp.5)

Bestimmen Sie Spurpunkte und Spurgeraden der Ebene E : $2x_1+1{,}5x_2+3x_3 = 6$
Veranschaulichen Sie die Ebene im Koordinatensystem mit Hilfe ihrer Spurgeraden! (siehe ↓ Bsp.21)

Lösung:
(Veranschaulichen von Ebenen, bedeutet die Ebene einzeichnen!)

Spurpunkte: (kann man im Kopf berechnen: S_1: $\frac{6}{2}=3$ S_2: $\frac{6}{1{,}5}=4$ S_3: $\frac{6}{3}=2$)

$S_1(3|0|0)$ $S_2(0|4|0)$ $S_3(0|0|2)$

Spurgeraden:

$$s_{1,2}: \vec{x} = \begin{pmatrix}3\\0\\0\end{pmatrix} + t\cdot\begin{pmatrix}0-3\\4-0\\0-0\end{pmatrix} = \begin{pmatrix}3\\0\\0\end{pmatrix} + t\cdot\begin{pmatrix}-3\\4\\0\end{pmatrix}$$

$$s_{1,3}: \vec{x} = \begin{pmatrix}3\\0\\0\end{pmatrix} + t\cdot\begin{pmatrix}0-3\\0-0\\2-0\end{pmatrix} = \begin{pmatrix}3\\0\\0\end{pmatrix} + t\cdot\begin{pmatrix}-3\\0\\2\end{pmatrix}$$

$$s_{2,3}: \vec{x} = \begin{pmatrix}0\\4\\0\end{pmatrix} + t\cdot\begin{pmatrix}0-0\\0-4\\2-0\end{pmatrix} = \begin{pmatrix}0\\4\\0\end{pmatrix} + t\cdot\begin{pmatrix}0\\-4\\2\end{pmatrix}$$

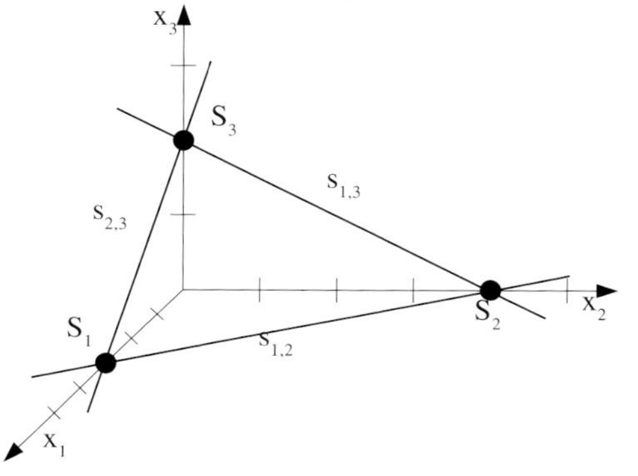

(Wenn man sich die drei [fettgezeichneten] Spurgeraden anschaut, sieht man praktisch die Ebene.)

Ich hatte es anfangs bereits erwähnt: die Spurgeraden sind gleichzeitig auch der Schnitt jeder Ebene E mit den Koordinatenebenen.
Man könnte die Schnittgeraden also auch erhalten, in dem man den Schnitt Ebene-Koordinatenebene rechnet.
Allerdings geht es zehnmal schneller, wenn man (so wie wir's hier gemacht haben) zuerst die Spurpunkte ausrechnet und daraus die Spurgeraden aufstellt.
(selbst wenn die Spurpunkte nicht direkt gefragt sind).

Die wenigsten Lehrer nehmen die Achsenabschnittsform (AAF) einer Ebene durch.
Die AAF ist somit nicht sonderlich wichtig.

Die AAF erhält man aus der Koordinatengleichung, indem man immer durch die Zahl teilt, die rechts vom „=“ Zeichen steht.
Für diejenigen, die die AAF lernen müssen, folgen zwei Beispiele von Spurpunktberechnungen über die Achsenabschnittsform der Ebene.

Bsp.6)

Sei $E : 2x_1 + 3x_2 - 4x_3 = 12$ Bestimme die Spurpunkte der Ebene E!

Lösung:

Rechts vom „=“ steht die Zahl „12“. Wir teilen die Koordinatengleichung durch 12 und erhalten umgehend die AAF.

$$E: \quad 2x_1 + 3x_2 - 4x_3 = 12 \qquad | : 12$$

$$\frac{1}{6}x_1 + \frac{1}{4}x_2 - \frac{1}{3}x_3 = 1$$

Die Spurpunkte der Ebene stehen mehr oder weniger im Nenner der Brüche.

$S_1(6 \mid 0 \mid 0)$ $S_2(0 \mid 4 \mid 0)$ $S_3(0 \mid 0 \mid -3)$

Bsp.7) Gegeben ist die Ebene $E : \frac{5}{36}x_1 + \frac{1}{18}x_2 - \frac{2}{9}x_3 = 1$

Bestimme die Spurpunkte von E!

Lösung:

Diese Ebene ist schon fast in Achsenabschnittsform gegeben. Man muss nur noch die Zahlen im Zähler, nach unten bringen (Doppelbruch machen).

E in AAF umwandeln: $\frac{1}{\frac{36}{5}}x_1 + \frac{1}{18}x_2 - \frac{1}{\frac{9}{2}}x_3 = 1$

Nun stehen die Koordinaten der Spurpunkte wieder unten, im Nenner:

$S_1\left(\frac{36}{5} \middle| 0 \middle| 0 \right)$ $S_2(0 \mid 18 \mid 0)$ $S_3\left(0 \middle| 0 \middle| -\frac{9}{2} \right)$

Kap.02c) Besondere Lage von Geraden (∯)

Eine *besondere* Lage einer Geraden im Koordinatensystem hat man, wenn die Gerade parallel zu einer Koordinatenachse oder einer Koordinatenebene ist.

So eine „besondere Lage“ *erkennt man an Nullen* in der Geradengleichung.

Zuerst untersucht man den Richtungsvektor auf Nullen, falls an irgendeiner Stelle eine Null auftaucht, schaut man, ob in der gleichen Zeile auch der Stützvektor Null wird.

Ist die x_1-Koordinate des Richtungsvektors Null, so ist die Gerade parallel zur x_2-x_3-Ebene (schließlich hat die x_2-x_3-Ebene die Gleichung: $x_1=0$).

Ist zusätzlich auch die x_1-Koordinate des Stützvektors Null, so ist die Gerade nicht nur parallel zur x_2-x_3-Ebene, sondern liegt sogar in dieser Ebene.

Ist die x_2-Koordinate des Richtungsvektors Null, so ist die Gerade parallel zur x_1-x_3-Ebene (schließlich hat die x_1-x_3-Ebene die Gleichung: $x_2=0$).

Ist zusätzlich auch die x_2-Koordinate des Stützvektors Null, so ist die Gerade nicht nur parallel zur x_1-x_3-Ebene, sondern liegt sogar in dieser Ebene.

Ist die x_3-Koordinate des Richtungsvektors Null, so ist die Gerade parallel zur x_1-x_2-Ebene (schließlich hat die x_1-x_2-Ebene die Gleichung: $x_3=0$).

Ist zusätzlich auch die x_3-Koordinate des Stützvektors Null, so ist die Gerade nicht nur parallel zur x_1-x_2-Ebene, sondern liegt sogar in dieser Ebene.

Sind x_1- *und* x_2-Koordinaten des Richtungsvektors Null, so ist diese Gerade parallel zu der x_3-Achse.

Sind zusätzlich auch die x_1- *und* x_2-Koordinate des Stützvektors Null, so ist die Gerade nicht nur parallel zur x_3-Achse, sondern dann *ist* es sogar die x_3-Achse (sieht vielleicht nur auf den ersten Blick nicht danach aus).

Sind x_1- *und* x_3-Koordinaten des Richtungsvektors Null, so ist die Gerade parallel zur x_2-Achse .

Sind zusätzlich auch x_1- *und* x_3-Koordinate des Stützvektors Null, so ist die Gerade nicht nur parallel zur x_2-Achse, sondern dann *ist* es sogar die x_2-Achse.

Sind x_2- *und* x_3-Koordinaten des Richtungsvektors Null, so ist die Gerade parallel zur x_1-Achse .

Sind zusätzlich auch x_2- *und* x_3-Koordinate des Stützvektors Null, so ist die Gerade nicht nur parallel zur x_1-Achse, sondern dann *ist* es sogar die x_1-Achse.

Bsp.8) Bestimmen Sie die besondere Lage der Geraden $g:\ \vec{x}=\begin{pmatrix}1\\-2\\0\end{pmatrix}+t\cdot\begin{pmatrix}2\\0\\5\end{pmatrix}$

Lösung:
Diese Gerade ist parallel zur x_1-x_3-Ebene (die x_2-Koordinate des Richtungsvektor ist Null, die x_2-Koordinate des Stützvektors ist jedoch nicht Null). (Dass die x_3-Koordinate des Stützvektors Null ist, interessiert nicht, da die dementsprechende Koordinate des Richtungsvektors nicht Null ist.)

Bsp.9) Bestimmen Sie die besondere Lage der Geraden $g:\ \vec{x}=\begin{pmatrix}1\\-2\\0\end{pmatrix}+t\cdot\begin{pmatrix}2\\5\\0\end{pmatrix}$

Lösung:
g liegt in der x_1-x_2-Ebene
(die x_3-Koordinaten vom Richtungsvektor *und* vom Stützvektor sind Null).

Bsp.10) Bestimmen Sie die besondere Lage der Geraden $g:\ \vec{x}=\begin{pmatrix}0\\3\\0\end{pmatrix}+t\cdot\begin{pmatrix}0\\8\\0\end{pmatrix}$

Lösung:
g ist identisch mit der x_2-Achse (Es ist also die x_2-Achse).
(Die x_1- *und* die x_3-Koordinaten vom Richtungsvektor *und* vom Stützvektor sind Null.)

Bsp.11) Bestimmen Sie die besondere Lage der Gerade $g: \vec{x} = \begin{pmatrix} 1 \\ 3 \\ 2 \end{pmatrix} + t \cdot \begin{pmatrix} 4 \\ -7 \\ 2 \end{pmatrix}$

Lösung:
An dieser Geraden ist nichts besonders. Sie liegt irgendwie im Universum.

Kap.02d) Besondere Lage von Ebenen (∰)

Eine *besondere* Lage einer Ebene im Koordinatensystem hat man, wenn die Ebene parallel zu einer Koordinatenachse oder einer Koordinatenebene ist (also ähnlich wie die besondere Lage von Geraden).
So eine „besondere Lage" *erkennt man daran ob Spurpunkte existieren* oder nicht.
(Man kann sie auch an den Nullen des Normalenvektors erkennen. Das erkläre ich hier aber nicht.)
Man sollte vorher also unbedingt die Spurpunkte der Ebene bestimmen [siehe → Kap.02b].

Existiert der Spurpunkt S_1 nicht, so muss die Ebene parallel zur x_1-Achse sein.
(Wenn der Spurpunkt S_1 nicht existiert, bedeutet das nämlich, dass die Ebene und die x_1-Achse keinen Schnittpunkt haben und dieses wiederum bedeutet, dass die beiden parallel sein müssen.)
Ist zusätzlich die freie Zahl (die nicht vor den x_1, x_2 und x_3 steht) Null, so enthält die Ebene die x_1-Achse.

Existiert der Spurpunkt S_2 nicht, so ist die Ebene parallel zur x_2-Achse.
Ist zusätzlich die freie Zahl der Ebene Null, so enthält die Ebene die x_2-Achse.

Existiert der Spurpunkt S_3 nicht, so ist die Ebene parallel zur x_3-Achse.
Ist zusätzlich die freie Zahl der Ebene Null, so enthält die Ebene die x_3-Achse.

Existieren die Spurpunkte S_1 *und* S_2 nicht, so ist die Ebene parallel zur x_1-x_2-Ebene.
Ist zusätzlich die freie Zahl der Ebene Null, so sind diese Ebene und die x_1-x_2-Ebene identisch.

Existieren die Spurpunkte S_1 *und* S_3 nicht, so ist die Ebene parallel zur x_1-x_3-Ebene.
Ist zusätzlich die freie Zahl der Ebene Null, so sind diese Ebene und die x_1-x_3-Ebene identisch.

Existieren die Spurpunkte S_2 *und* S_3 nicht, so ist die Ebene parallel zur x_2-x_3-Ebene.
Ist zusätzlich die freie Zahl der Ebene Null, so sind diese Ebene und die x_2-x_3-Ebene identisch.

Bsp.12) Bestimmen Sie die besondere Lage der Ebene $E: 2x_1 + 4x_3 = 6$

Lösung:
Die Spurpunkte von E sind: $S_1(3 \mid 0 \mid 0)$ und $S_3(0 \mid 0 \mid 1{,}5)$. S_2 existiert nicht.
Die Ebene E ist also parallel zur x_2-Achse.

Bsp.13) Bestimmen Sie die besondere Lage der Ebene E : $2x_1 + 4x_3 = 0$

Lösung:
Die Spurpunkte von E sind: $S_1(3 \mid 0 \mid 0)$ und $S_3(0 \mid 0 \mid 1{,}5)$. S_2 existiert nicht.
(Besser gesagt: wenn man S_2 ausrechnen will, stößt man auf eine wahre Aussage: 0=0).
Die freie Zahl der Ebene ist Null, die Ebene E enthält also die x_2-Achse.

Bsp.14) Bestimmen Sie die besondere Lage der Ebene E : $2x_1 + 2x_2 - x_3 = 1$

Lösung:
Diese Ebene hat keine besondere Lage.
Sie schneidet alle drei Achsen (sie hat drei Spurpunkte).

Bsp.15) Bestimmen Sie die besondere Lage der Ebene E : $2x_1 + 2x_2 - x_3 = 0$

Lösung:
Diese Ebene hat keine besondere Lage. Als Höchstes der Gefühle könnte man sagen, dass sie den Ursprung enthält. (Wenn man O(0|0|0) einsetzt, stimmt die Punktprobe.)

Bsp.16) Bestimmen Sie die besondere Lage der Ebene E : $x_2 - 4x_3 = 12$

Lösung:
Die Spurpunkte von E sind: $S_2(0 \mid 12 \mid 0)$ und $S_3(0 \mid 0 \mid -3)$. S_1 existiert nicht.
Die Ebene E ist damit parallel zur x_1-Achse.

Bsp.17) Bestimmen Sie die besondere Lage der Ebene E : $x_2 - 4x_3 = 0$

Lösung:
Die Spurpunkte von E sind: $S_2(0 \mid 12 \mid 0)$ und $S_3(0 \mid 0 \mid -3)$.
S_1 existiert nicht wirklich. Die Ebene E enthält die x_1-Achse.

Bsp.18) Bestimmen Sie die besondere Lage der Ebene E : $4x_3 = 12$

Lösung:
Es gibt nur einen Spurpunkt von E: $S_3(0 \mid 0 \mid 3)$ S_1 und S_2 existieren nicht.
Die Ebene E ist damit parallel zur x_1-x_2-Ebene.

Bsp.19) Bestimmen Sie die besondere Lage der Ebene E : $5x_1 = 0$

Lösung:
Es gibt eigentlich überhaupt keinen Spurpunkt von E. Bei der Berechnung von S_1 würde man immerhin den Ursprung erhalten. Bei der Ebene E handelt es sich damit um die x_2-x_3-Ebene.

Kap.02e) Einzeichnen von Geraden (∰)

Will man Geraden einzeichnen, fängt man zuerst mit dem Stützvektor an.
Man zeichnet also zuerst den Stützvektor ein. Beginnend von diesem Punkt zeichnet man dann noch den Richtungsvektor ein und verbindet das Ganze.

Bsp.20) Es sei: $g : \vec{x} = \begin{pmatrix} 2 \\ 3 \\ 4 \end{pmatrix} + t \cdot \begin{pmatrix} 4 \\ -1 \\ 1 \end{pmatrix}$

Zeichnen Sie die Gerade in ein Koordinatensystem!

Lösung:
Zum Zeichnen von Geraden beginnen wir mit dem Stützvektor. Der Stützvektor hat die Koordinaten: $x_1=2$, $x_2=3$ und $x_3=4$. Daher beginnen wir im Ursprung, gehen von hier aus 2LE in die x_1-Richtung, danach 3LE in die x_2-Richtung und zuletzt 4LE in die x_3-Richtung.
Nun haben wir den Stützvektor eingezeichnet.

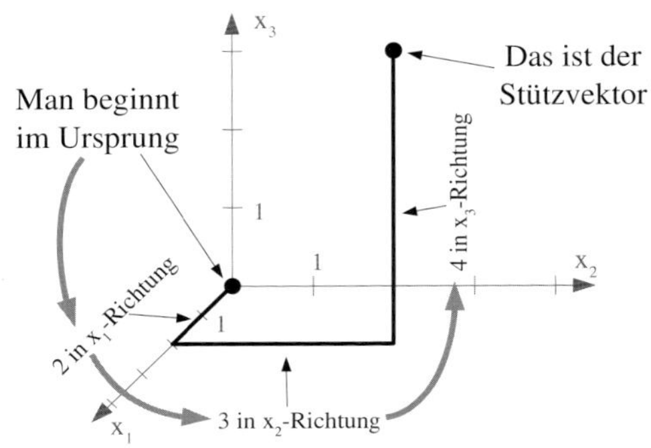

Danach kommt der Richtungsvektor.
Hierfür beginnen wir beim eingezeichneten Stützvektor.
Der Stützvektor hat die Koordinaten: $x_1=4$, $x_2=-1$ und $x_3=1$. Also beginnt man beim Stützvektor (den man eben eingezeichnet hat. NICHT wieder im Ursprung!) und geht von hier 4 nach links unten, in x_1-Richtung, danach 1 nach links, in negative x_2-Richtung und anschließend 1 nach oben, in x_3-Richtung.

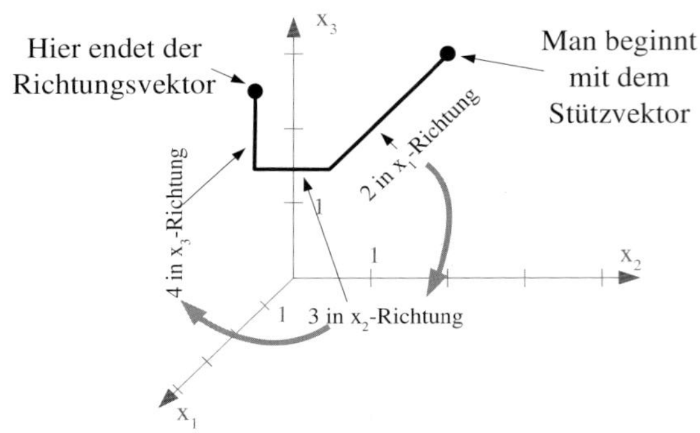

Wenn man diesen Punkt, bei welchem man eben angekommen ist, mit dem Stützvektor verbindet, hat man die gewünschte Gerade.

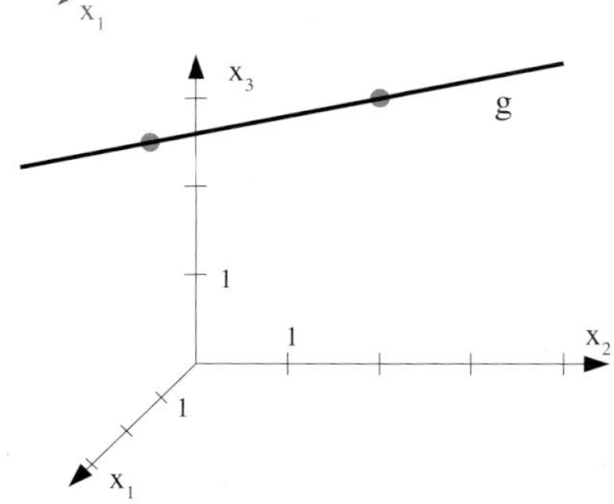

Es kann natürlich auch sein, dass man von einer Geraden zwei Punkte gegeben hat. Dann ist das Einzeichnen einfach. Man zeichnet die beiden Punkte ein, zieht ein Strich durch und hat die Gerade.
(Jeden Punkt zeichnet man so ein, wie den Stützvektor von eben [in Bsp.20)].)
Dazu machen wir kein Beispiel.

Kap.02f) Einzeichnen von Ebenen (∰)

Zum Zeichnen von Ebenen benötigt man die Spurpunkte.
Man muss also vor dem Zeichnen die Spurpunkte berechnen, diese zeichnet man ein und verbindet sie. Fertig ist die Ebene.

Bsp.21) (siehe ↑ Bsp.5)
Zeichnen Sie die Ebene E : $2x_1 + 1{,}5x_2 + 3x_3 = 6$ in ein Koordinatensystem ein.
(Oft lautet die Formulierung auch: „*Veranschaulichen von Ebenen* im Koordinatensystem ...“.)

Lösung:
Zuerst bestimmen wir die Spurpunkte:
$S_1(\,3\,|\,0\,|\,0\,)$ $S_2(\,0\,|\,4\,|\,0\,)$ $S_3(\,0\,|\,0\,|\,2\,)$
Diese zeichnen wir ein und verbinden sie.
Das Dreieck, das man erhält, symbolisiert die gesuchte Ebene.

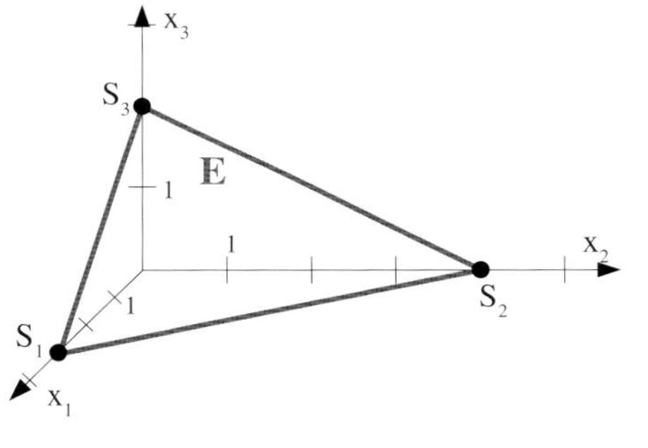

Wenn hinter Fliegen Fliegen fliegen, fliegen Fliegen Fliegen nach.
Als hinter Fuhren Fuhren fuhren, fuhren Fuhren Fuhren nach.
Wenn hinter Grillen Grillen Grillen grillen, grillen Grillen Grillen.
Wenn hinter Hacken Hacken hacken, hacken Hacken Hacken nach.
Wenn hinter Hallen Hallen hallen, hallen Hallen Hallen nach.

Kap.03 Schnittmengen

Es wird ja immer wieder behauptet, Mathe hätte nicht so viel mit dem „richtigen" Leben zu tun. Das ist natürlich völlig aus der Luft gegriffen und wirklich nicht wahr.

Zum Beispiel dreht sich in Mathe fast alles nur um das Eine (wie im richtigen Leben). In Mathe sind es Schnittpunkte und so Zeug. Welch Zufall, dass Schnittpunkte in Mathe manchmal auch *Durchstoßpunkte* heißen. (Ein Begriff, der die Fantasie ungeheuer anregt. Genau so wie der „Höhepunkt" einer Kurve; zwei geometrische Figuren, die „sich decken", wenn sie kongruent sind; etc...). Zurück zum Thema.
Wir waren also da stehengeblieben, dass sich auch in Mathematik alles um das Eine dreht, nämlich um ~~Durchstoßpunkte~~ Schnittpunkte.
Und wie im richtigen Leben, wo man auch nicht immer gleich zu der EINEN Sache kommt, sondern erst drum rum redet, wollen wir hier auch erst ein bisschen um die Theorie der Schnittmengen drumrumreden.

Wenn man zwei Sachen miteinander schneidet, erhält man immer eine Gleichung.
Je nachdem, welche Form diese Gleichung hat, erkennt man (im Normalfall) ganz schnell,

1) ob sich die beiden Dinge schneiden,
2) ob sie ineinander liegen (identisch sind) oder
3) ob sie parallel zueinander sind.

Bei einer Gleichung, die einen **Widerspruch** liefert, also:

$\mathbf{0 = 2}$, $\quad 2 = -4$, $\quad r^2<0$, ...

gibt es *keine Lösung*. Egal an welcher Stelle der Rechnung man ist, man braucht nicht weiterrechnen. Auch ein paar Zeilen weiter unten wird nichts anderes rauskommen. Die beiden Dinge, die man geschnitten hat, sind parallel.
(Ausnahme: bei zwei Geraden könnte es auch „windschief" sein. [hängt vom Richtungsvektor ab]).

Bei einer Gleichung, die eine **wahre Aussage** liefert, also:

$\mathbf{0 = 0}$, $\quad 2 = 2$, $\quad r^2>0$, ...

gibt es im Normalfall *unendlich viele Lösungen*. Im Normalfall heißt das:
Falls es die einzige Gleichung der Rechnung ist, ist man fertig und hat eben ∞-viele Lösungen.
Die beiden Dinge, die man geschnitten hat, liegen ineinander (oder sind identisch).

Bei einer Gleichung, in der man nach der Unbekannten auflösen kann:

$2r=4$, $\quad r^2-r-2=0$, ...

gibt es ein oder zwei Lösungen (so viele, wie die Gleichung eben liefert) und genau so viele Schnittpunkte gibt es auch. (im Normalfall)

Kap.03a) Schnitt Gerade - Gerade (∰)

Geraden können auf vier Arten zueinander liegen:

1) sie sind identisch, d.h. sie haben ∞-viele Schnittpunkte, damit müssen beim Gleichsetzen ∞-viele Lösungen `rauskommen.
2) sie sind parallel und verschieden, d.h. es kommt keine Lösung raus.
3) sie sind windschief. Auch hier kommt keine Lösung `raus. (Den Unterschied zu parallel sieht man nur daran, dass beide Richtungsvektoren keine Vielfache voneinander sind).
4) sie haben *einen* Schnittpunkt. Man erhält also *eine* Lösung für jeden Parameter.

Zur Vorgehensweise beim Geradengleichsetzen:

- Zuerst betrachtet man die Richtungsvektoren der Geraden und schaut ob sie Vielfache voneinander sind oder nicht.
  Sind sie Vielfache, so sind die Geraden parallel oder identisch.
  Sind die keine Vielfache, schneiden sich die Geraden oder sind windschief.
- Die beiden Geraden gleichsetzen. Die drei Zeilen der Geraden liefern uns drei Gleichungen, aber nur zwei Unbekannte. (Normalerweise braucht man für *zwei* Unbekannte nur *zwei* Gleichungen).
  Danach werden wir folgendermaßen vorgehen:
  Wir errechnen aus den ersten beiden Gleichungen die Parameter r und s. Die dritte Gleichung verwenden wir *nur* um die Probe zu machen, d.h die Werte, die wir für die Parameter aus der ersten und zweiten Gleichung erhalten haben, setzen wir beide in die dritte Gleichung ein und hoffen so `was wie „0=0" zu erhalten.

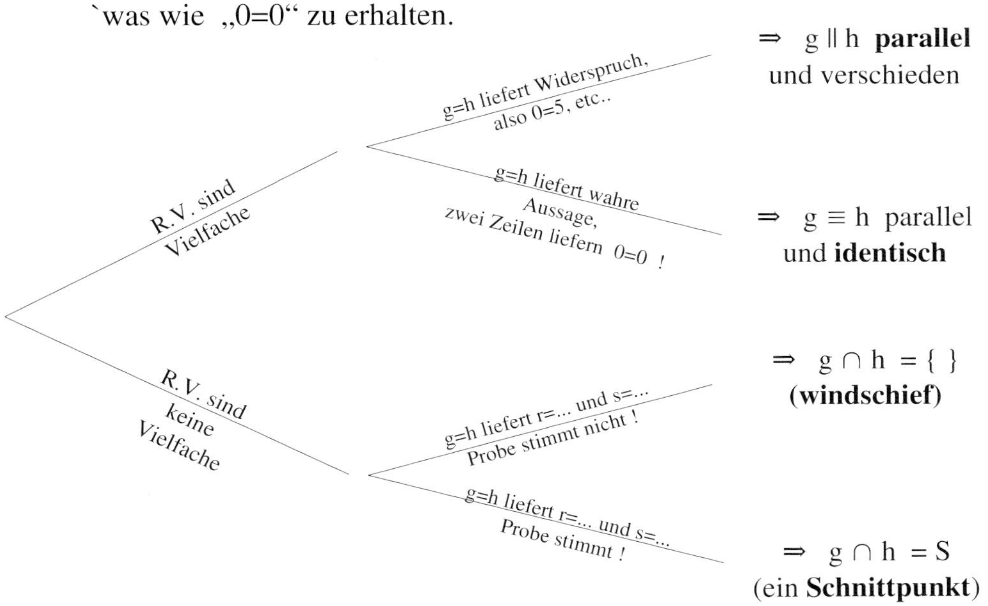

Bsp.1) Bestimme die Schnittmenge der Geraden g und h,

mit $g: \vec{x} = \begin{pmatrix} 3 \\ 2 \\ 0 \end{pmatrix} + r \begin{pmatrix} 1 \\ -1 \\ 2 \end{pmatrix}$ $\quad h: \vec{x} = \begin{pmatrix} -2 \\ 3 \\ -1 \end{pmatrix} + t \begin{pmatrix} -3 \\ 3 \\ -6 \end{pmatrix}$

Lösung:

Auf den ersten Blick erkennen wir natürlich, dass die Richtungsvektoren Vielfache voneinander sind. Die Geraden sind also entweder parallel (und verschieden) oder identisch. Wir erwarten also entweder keine Lösung oder ∞-viele Lösungen.

$$g = h$$

$$\begin{pmatrix} 3 \\ 2 \\ 0 \end{pmatrix} + r \begin{pmatrix} 1 \\ -1 \\ 2 \end{pmatrix} = \begin{pmatrix} -2 \\ 3 \\ -1 \end{pmatrix} + t \begin{pmatrix} -3 \\ 3 \\ -6 \end{pmatrix}$$

I) $3 + r = -2 - 3t$

II) $2 - r = 3 + 3t$ (+)

$5 = 1$ Widerspruch ⇒ kein Schnittpunkt ⇒ $g \parallel h$

Bsp.2) Bestimmen Sie die *gegenseitige Lage* von

$g: \vec{x} = \begin{pmatrix} 2 \\ -1 \\ 7 \end{pmatrix} + r \begin{pmatrix} 5 \\ -5 \\ 7{,}5 \end{pmatrix}$ und $h: \vec{x} = \begin{pmatrix} 8 \\ -7 \\ 16 \end{pmatrix} + t \begin{pmatrix} -4 \\ 4 \\ -6 \end{pmatrix}$

Lösung:

Auf den ersten (oder zweiten) Blick erkennen wir natürlich, dass die Richtungsvektoren Vielfache voneinander sind (wenn man mit dem Taschenrechner: $\frac{5}{-4}, \frac{-5}{4}, \frac{7{,}5}{-6}$ ausrechnet, kommt immer -1,25 raus.) Die Geraden sind also entweder parallel (und verschieden) oder identisch. Wir erwarten also entweder keine Lösung oder ∞-viele Lösungen.

$$g = h$$

$$\begin{pmatrix} 2 \\ -1 \\ 7 \end{pmatrix} + r \begin{pmatrix} 5 \\ -5 \\ 7{,}5 \end{pmatrix} = \begin{pmatrix} 8 \\ -7 \\ 16 \end{pmatrix} + t \begin{pmatrix} -4 \\ 4 \\ -6 \end{pmatrix}$$

I) $2 + 5r = 8 - 4t$

II) $-1 - 5r = -7 + 4t$ (+)

$1 = 1$ wahre Aussage. Jetzt auch noch erste mit dritter Gleichung überprüfen

I) $2 + 5r = 8 - 4t \quad |\cdot(-3)$

III) $7 + 7{,}5r = 16 - 6t \quad |\cdot 2$ (+)

$8 = 8$ wieder wahre Aussage. Damit haben wir mit allen Gleichungen immer nur ein Ergebnis: ∞-viele Schnittpunkte

⇒ $g \equiv h$ (identisch)

Bsp.3) Frage: Wie werden wohl die beiden Geraden

$$g: \vec{x} = \begin{pmatrix}2\\1\\5\end{pmatrix} + r\begin{pmatrix}1\\-1\\2\end{pmatrix} \text{ und } h: \vec{x} = \begin{pmatrix}-2\\-1\\-3\end{pmatrix} + t\begin{pmatrix}-2\\2\\4\end{pmatrix}$$ zueinander liegen ?

Lösung:
Auf den ersten Blick erkennen wir natürlich, dass die Richtungsvektoren *keine* Vielfache voneinander sind (die Vorzeichen sind falsch). g und h sind also entweder windschief oder haben einen Schnittpunkt.

$$g = h$$

$$\begin{pmatrix}2\\1\\5\end{pmatrix} + r\begin{pmatrix}1\\-1\\2\end{pmatrix} = \begin{pmatrix}-2\\-1\\-3\end{pmatrix} + t\begin{pmatrix}-2\\2\\4\end{pmatrix}$$

I) $2 + r = -2 - 2t$
II) $1 - r = -1 + 2t$ (I + II)

$3 = -3$ Widerspruch. g und h sind windschief

Bsp.4) Untersuchen Sie $g: \vec{x} = \begin{pmatrix}2\\6\\1\end{pmatrix} + r\begin{pmatrix}-1\\1\\0\end{pmatrix}$ und $h: \vec{x} = \begin{pmatrix}0\\1\\2\end{pmatrix} + t\begin{pmatrix}3\\4\\-1\end{pmatrix}$

auf Schnittpunkte!

Lösung:
Die Richtungsvektoren sind keine Vielfache voneinander. g und h sind entweder windschief oder haben einen Schnittpunkt. Wir erwarten also entweder keine oder eine Lösung.

$$g = h$$

$$\begin{pmatrix}2\\6\\1\end{pmatrix} + r\begin{pmatrix}-1\\1\\0\end{pmatrix} = \begin{pmatrix}0\\1\\2\end{pmatrix} + t\begin{pmatrix}3\\4\\-1\end{pmatrix}$$

I) $2 - r = 0 + 3t$
II) $6 + r = 1 + 4t$ (I + II)

$8 = 1 + 7t \Rightarrow t = 1$ t=1 in I oder in II $\Rightarrow r = -1$

Jetzt $t = 1$ und $r = -1$ in dritte Gleichung einsetzen (für Probe).

III) $1 + (-1)\cdot 0 = 2 + 1\cdot(-1)$ Probe stimmt. g und h schneiden sich!

Wo der Schnittpunkt liegt, erhält man, indem man entweder „r“ in g oder „t“ in h einsetzt.

$$„r“ \text{ in } g: \vec{x} = \begin{pmatrix}2\\6\\1\end{pmatrix} + (-1)\begin{pmatrix}-1\\1\\0\end{pmatrix} = \begin{pmatrix}3\\5\\1\end{pmatrix} \quad \Rightarrow \quad S(3\,|\,5\,|\,1)$$

Bsp.5) Bestimmen Sie die Schnittmenge von $g: \vec{x} = \begin{pmatrix}-8\\8\\-4\end{pmatrix} + r\begin{pmatrix}2\\-2\\1\end{pmatrix}$ und $h: \vec{x} = t\begin{pmatrix}4\\-4\\2\end{pmatrix}$

Lösung:
Sofort erkennt das geschulte Mathematikerauge die
Richtungsvektorenvielfachheitalsodoppeltheit.
Die Geraden sind also entweder parallel (und verschieden) oder identisch.
Wir erwarten also entweder keine Lösung oder ∞-viele Lösungen.

(Dass in h *kein* Stützvektor steht, stört nicht. Man stellt sich einfach vor, es hieße: $\vec{x} = \begin{pmatrix}0\\0\\0\end{pmatrix} + t\begin{pmatrix}4\\-4\\2\end{pmatrix}$)

$$\begin{pmatrix}-8\\8\\-4\end{pmatrix} + r\begin{pmatrix}2\\-2\\1\end{pmatrix} = t\begin{pmatrix}4\\-4\\2\end{pmatrix}$$

$$\begin{array}{ll} \text{I)} & -8 + 2r = 4t \\ \text{II)} & 8 - 2r = -4t \\ \hline & 0 = 0 \end{array}$$

wahre Aussage. Jetzt auch noch erste mit dritter Gleichung überprüfen

$$\begin{array}{lll} \text{I)} & -8 + 2r = 4t & \\ \text{III)} & -4 + r = 2t & |\cdot(-2) \quad + \\ \hline & 0 = 0 & \end{array}$$

wieder wahre Aussage. Damit haben wir mit allen Gleichungen immer nur ein Ergebnis: ∞-viele Schnittpunkte

$\Rightarrow \quad g \equiv h$ (identisch)

Bsp.6) $g: \vec{x} = \begin{pmatrix}6\\6\\6\end{pmatrix} + r\begin{pmatrix}0{,}4\\0{,}2\\1\end{pmatrix}$ und $h: \vec{x} = \begin{pmatrix}2\\4\\-4\end{pmatrix} + t\begin{pmatrix}14\\7\\35\end{pmatrix}$

~~Spiel's~~ Schneid's nochmal, Sam !! (1)

Lösung:
Auf den fünften Blick erkennen wir sofort, dass die Richtungsvektoren Vielfache voneinander sind ($\frac{14}{0{,}4} = \frac{7}{0{,}2} = \frac{35}{1} = 35$). Die Geraden sind also entweder parallel (und verschieden) oder identisch. Wir erwarten also entweder keine Lösung oder ∞-viele Lösungen.

$$g = h$$

1 „Spiels nochmal Sam...“ ist ein Zitat aus den Film „Casablanca“. Humphrey Bogart und Ingrid Bergmann mit „Schau mir in die Augen Kleines“ ..schnief..

$$\begin{pmatrix}6\\6\\6\end{pmatrix}+r\begin{pmatrix}0{,}4\\0{,}2\\1\end{pmatrix}=\begin{pmatrix}2\\4\\-4\end{pmatrix}+t\begin{pmatrix}14\\7\\35\end{pmatrix}$$

$$\begin{array}{lrcl} \text{I)} & 6+0{,}4r &=& 2+14t \\ \text{II)} & 6+0{,}2r &=& 4+7t \quad |\cdot(-2) \\ \hline & -6 &=& 0 \end{array}$$

Widerspruch. g und h sind parallel !

Bsp.7) Was haben $g: \vec{x}=\begin{pmatrix}2\\0\\4\end{pmatrix}+r\begin{pmatrix}1\\1\\2\end{pmatrix}$ und $h: \vec{x}=\begin{pmatrix}5\\3\\8\end{pmatrix}+t\begin{pmatrix}3\\3\\5\end{pmatrix}$ gemeinsam ?

Lösung:

Die Richtungsvektoren sind keine Vielfache voneinander. g und h sind entweder windschief oder haben einen Schnittpunkt. Wir erwarten also entweder keine oder eine Lösung.

$$g \quad = \quad h$$

$$\begin{pmatrix}2\\0\\4\end{pmatrix}+r\begin{pmatrix}1\\1\\2\end{pmatrix}=\begin{pmatrix}5\\3\\8\end{pmatrix}+t\begin{pmatrix}3\\3\\5\end{pmatrix}$$

$$\begin{array}{lrcl} \text{I)} & 2+r &=& 5+3t \\ \text{II)} & 0+r &=& 3+3t \\ \hline & 2 &=& 2 \end{array}$$

wahre Aussage. Jetzt auch noch erste mit dritter Gleichung überprüfen

$$\begin{array}{lrcl} \text{I)} & 2+r &=& 5+3t \quad |\cdot(-2) \\ \text{III)} & 4+2r &=& 8+5t \\ \hline & 0 &=& -2-1t \end{array}$$

$\Rightarrow$ t = -2 t=-2 in I oder in II $\Rightarrow$ r = -3

Wo der Schnittpunkt liegt, erhält man, indem man entweder „r" in g oder „t" in h einsetzt.

„r" in g: $\vec{x}=\begin{pmatrix}2\\0\\4\end{pmatrix}+(-2)\begin{pmatrix}1\\1\\2\end{pmatrix}=\begin{pmatrix}-1\\-3\\-2\end{pmatrix}$

$\Rightarrow$ Antwortsatz: g und h haben den Punkt S (-1 | -3 | -2) gemeinsam.

Bsp.8) Trägt die ∞e Liebe von $g: \vec{x}=\begin{pmatrix}0\\2\\1\end{pmatrix}+r\begin{pmatrix}2\\1\\3\end{pmatrix}$ und $h: \vec{x}=\begin{pmatrix}5\\3\\1\end{pmatrix}+t\begin{pmatrix}1\\1\\1\end{pmatrix}$ Früchte ?

Lösung:

Die Richtungsvektoren sind keine Vielfache voneinander. g und h sind entweder windschief oder haben einen Schnittpunkt. Wir erwarten also entweder keine oder eine Lösung.

$$g = h$$

$$\begin{pmatrix}0\\2\\1\end{pmatrix} + r\begin{pmatrix}2\\1\\3\end{pmatrix} = \begin{pmatrix}5\\3\\1\end{pmatrix} + t\begin{pmatrix}1\\1\\1\end{pmatrix}$$

I) $0 + 2r = 5 + t$

II) $2 + r = 3 + t$ (I − II)

$-2 + r = 2 \quad \Rightarrow \quad r = 4 \qquad r=4$ in I oder in II $\Rightarrow t = 3$

Jetzt $r = 4$ und $t = 3$ in dritte Gleichung einsetzen (für Probe).

III) $1 + 4\cdot 3 = 1 + 3\cdot 1$ Probe stimmt nicht. g und h schneiden sich nicht!

Antwortsatz:
Keine Hoffnung auf irgendeine Gemeinsamkeit von g und h. - Traurig.
(Die beiden Geraden sind windschief)

Kap.03b) Schnitt Gerade-Ebene (∰)

Das Allereinfachste auf der ganzen Welt ist es, Geraden mit Ebenen zu schneiden: Man setzt die Gerade in die (Koordinatenform der) Ebene ein und löst nach dem Parameter auf.

Bsp.9) Bestimme die Schnittmenge von $E: 4x_1 - 4x_2 + 2x_3 = 12$ mit $g: \vec{x} = \begin{pmatrix}5\\3\\6\end{pmatrix} + t\begin{pmatrix}1\\1\\1\end{pmatrix}$

Lösung:

Von der Gerade kennen wir x_1, x_2, x_3: $\vec{x} = \begin{pmatrix}x_1\\x_2\\x_3\end{pmatrix} = \begin{pmatrix}5\\3\\6\end{pmatrix} + t\begin{pmatrix}1\\1\\1\end{pmatrix} \Rightarrow \begin{array}{l} x_1 = 5 + t \\ x_2 = 3 + t \\ x_3 = 6 + t \end{array}$

Wenn wir diese x_1, x_2, x_3 in die Ebene einsetzen, erhalten wir:

$$4\cdot(5+t) - 4\cdot(3+t) + 2\cdot(6+t) = 12$$

$$20 + 2t = 12 \qquad \Rightarrow \quad t = -4$$

$t = -4$ in $g \Rightarrow \vec{x} = \begin{pmatrix}5\\3\\6\end{pmatrix} + (-4)\begin{pmatrix}1\\1\\1\end{pmatrix} = \begin{pmatrix}1\\-1\\2\end{pmatrix} \Rightarrow S(1 \mid -1 \mid 2)$

Bsp.10) Bestimme die Schnittmenge von $E: 2x_1-3x_2+4x_3=5$ mit $g: \vec{x} = \begin{pmatrix}1\\3\\0\end{pmatrix} + t\begin{pmatrix}3\\-2\\-3\end{pmatrix}$

Lösung:

x_1 , x_2 , x_3 setzen wir in die Ebene ein:

$$2\cdot(1+3t) - 3\cdot(3-2t) + 4\cdot(-3t) = 5$$
$$-7 = 12 \qquad \text{Widerspruch,}$$

g und E schneiden sich also nicht. Sie müssen also parallel sein! $g \parallel h$

Bsp.11) Bestimme die Schnittmenge von $E: 8x_1-4x_2+x_3=5$ mit $g: \vec{x} = \begin{pmatrix}1\\1\\1\end{pmatrix} + t\begin{pmatrix}0{,}5\\2\\4\end{pmatrix}$

Lösung:

Wir setzen x_1 , x_2 , x_3 von der Geraden in die Ebene ein:

$$8\cdot(1+0{,}5t) - 4\cdot(1+2t) + (1+4t) = 5$$
$$5 = 5 \qquad \text{wahre Aussage}$$

Es gibt ∞-viele Lösungen. g muss also in E enthalten sein. $g \subset E$

Bsp.12) Gegeben ist die Gerade $g: \vec{x} = \begin{pmatrix}a\\1\\3\end{pmatrix} + t\begin{pmatrix}3\\b\\1\end{pmatrix}$ und die Ebene $E: x_1-2x_2+3x_3=4$

Bestimme die Parameter a und b so, dass

a) g und E parallel zueinander sind,
b) g in E enthalten ist,
c) g und E sich in einem Punkt schneiden !

Lösung:

Wir setzen die Gerade in die Ebene ein:

$$(a+3t) - 2(1+bt) + 3(3+t) = 4$$
$$a + 7 + 6t - 2bt = 4 \qquad |-a-7$$
$$t\cdot(6-2b) = -a-3$$

Stellen Sie sich vor, wir hätten keine Parameter. Dann würden wir nach „t“ auflösen. Das machen wir jetzt auch hier, trotz Parameter.

Jetzt sind wir fertig und können bereits alles sehen, was wir brauchen.

Im Normalfall ergibt diese Gleichung eine Lösung (für t): $t = \frac{-a-3}{6-2b}$

Wir müssen uns aber auf jeden Fall noch überlegen, unter welchen Umständen diese Gleichung Sonderfälle (unendlich viele oder keine Lösung) liefert.

Eine Gleichung liefert unendlich viele Lösungen, wenn sie die Form „0=0“ hat.
Die Gleichung „$t\cdot(6-2b)=-a-3$“ hat aber nur dann die Form „0=0“,
wenn $6-2b=0$ ist und wenn $-a-3=0$ ist. ($6-2b=0 \Rightarrow b=3$ und $-a-3=0 \Rightarrow a=-3$)
Wir folgern also, dass die Gleichung ∞-viele Lösung hat, wenn b=3 und a=-3

Eine Gleichung liefert keine Lösungen, wenn sie die Form „0=NichtNull“ hat.
Die Gleichung „$t\cdot(6-2b)=-a-3$“ hat aber nur die Form „0=NichtNull“,
wenn $6-2b=0$ ist und wenn $-a-3\neq 0$ ist. ($6-2b=0 \Rightarrow b=3$ und $-a-3\neq 0 \Rightarrow a\neq -3$)
Wir folgern also, dass die Gleichung keine Lösung hat, wenn b=3 und $a\neq -3$.

Zusammenfassung:
Für b=3 und a=-3 gibt es unendlich viele Lösungen, g liegt also in E.
Für b=3 und $a\neq -3$ gibt es keine Lösung, g und E sind also parallel
Für $b\neq 3$ (alle anderen Fälle) gibt es eine Lösung, also einen Schnittpunkt.

Bsp.13) Gegeben sind $g: \vec{x} = \begin{pmatrix}3\\1\\b\end{pmatrix} + t\begin{pmatrix}1\\2\\-1\end{pmatrix}$ und $E: 2x_1+ax_2-2x_3=3a$

Bestimme die Parameter a und b so, dass

a) g und E parallel zueinander sind,
b) g in E enthalten ist,
c) g und E sich in einem Punkt schneiden !

Lösung:
Natürlich schneiden wir g und E wieder und lösen nach „t“ auf.

g in E: $2\cdot(3+t) + a\cdot(1+2t) - 2\cdot(b-t) = 3a$
$6+ a - 2b +4t + 2at = 3a$ | $-6-a+2b$
$t\cdot(4+2a) = 2a+2b-6$

- g liegt in E, wenn es unendlich viele Lösungen gibt.
  Das ist der Fall, wenn die Gleichung die Form 0=0 hat, bei a=-2 und b=5
  ($4+2a=0 \Rightarrow a=-2$ und $2a+2b-6=0 \Rightarrow ... \Rightarrow b = 3-a = 3-(-2) = 5$)
- g und E sind parallel, wenn es keine Lösung gibt.
  Das ist der Fall, wenn die Gleichung die Form 0=Zahl hat, bei a=-2 und $b\neq 5$

($4+2a=0 \Rightarrow a=-2$ und $2a+2b-6\neq 0 \Rightarrow ... \Rightarrow b \neq 5$)

- g und E haben einen Schnittpunkt, wenn es *eine* Lösung gibt.

  Das ist der Fall, wenn die Gleichung die Form Zahl·t=Zahl hat, bei $a\neq 2$.

Kap.03c) Schnitt Ebene-Ebene (∰)

Man kann zwei Ebenen gut miteinander schneiden, wenn beide in Koordinatenform sind oder eine in Koordinatenform und die andere in Parameterform (=Vektorform). Wenn beide in Parameterform gegeben sind, empfiehlt es sich eine oder beide in Koordinatenform umzuwandeln.

Bsp.14)

Bestimme die Schnittgerade der Ebenen $E_1 : 2x_1+3x_2-x_3=6$ und $E_2 : x_1+x_2-2x_3=2$

Bei zwei Koordinatengleichungen schreibt man die beiden Gleichungen untereinander und verrechnet sie derart, dass ein x_1 x_2 oder x_3 wegfällt. Nehmen wir einfachheits halber an, x_1 würde wegfallen. Es bleiben also x_2 und x_3 übrig. Nun setzt man x_2 oder x_3 gleich „t" und versucht nun auch x_2 und x_1 in Abhängigkeit von „t" zu erhalten. Dann ist man mehr oder weniger fertig.

$$\begin{array}{rl} 2x_1 + 3x_2 - x_3 = 6 & \\ x_1 + x_2 - 2x_3 = 2 & \mid \cdot(-2) \\ \hline x_2 + 3x_3 = 2 & \\ \Rightarrow x_2 = 2 - 3x_3 & \end{array}$$

x_1 \`rausschmeißen

setze: $\underline{x_3 = t}$

$\Rightarrow$ $\underline{x_2 = 2-3t}$

x_2 und x_3 in eine der beiden Ebenengleichungen einsetzen..

$$\begin{aligned} 2\cdot x_1 + 3\cdot(2-3t) - t &= 6 \\ 2x_1 + 6 - 9t - t &= 6 \\ 2x_1 &= 10t \end{aligned}$$

$\Rightarrow$ $\underline{x_1 = 5t}$

Nun suchen wir ja eine Schnitt*gerade*.

Geraden haben immer die Form: $\vec{x} = \begin{pmatrix} x_1 \\ x_2 \\ x_3 \end{pmatrix} = ...$

Wir können also x_1 x_2 x_3 einsetzen und erhalten:

$$\vec{x} = \begin{pmatrix} x_1 \\ x_2 \\ x_3 \end{pmatrix} = \begin{pmatrix} 5t \\ 2-3t \\ t \end{pmatrix} = \text{(Vektor aufspalten)} = \begin{pmatrix} 0 \\ 2 \\ 0 \end{pmatrix} + \begin{pmatrix} 5t \\ -3t \\ 1t \end{pmatrix} = \text{(t ausklammern)} = \begin{pmatrix} 0 \\ 2 \\ 0 \end{pmatrix} + t \begin{pmatrix} 5 \\ -3 \\ 1 \end{pmatrix}$$

Die Gleichung der Schnittgeraden lautet: $s: \vec{x} = \begin{pmatrix} 0 \\ 2 \\ 0 \end{pmatrix} + t \begin{pmatrix} 5 \\ -3 \\ 1 \end{pmatrix}$ ✓

Bsp.15) $E_1 : 2x_1 - 3x_2 - x_3 = -2$ und $E_2 : \vec{x} = \begin{pmatrix} 1 \\ 2 \\ 6 \end{pmatrix} + r \begin{pmatrix} 5 \\ 1 \\ -1 \end{pmatrix} + s \begin{pmatrix} 4 \\ -1 \\ -5 \end{pmatrix}$

Bestimme die Schnittgerade !

Lösung:
Wenn eine Ebenengleichung in Koordinatenform und die andere in Parameterform gegeben ist, gehen wir ähnlich vor, wie bei Schnitt Gerade-Ebene. Wir setzen die Parameterform in die Koordinatenform ein und lösen nach „r" oder „s" auf. Dieses setzen wir dann wieder in die Parameterform ein, (wo es herkommt).

E_2 in E_1 $\quad 2\cdot(1+5r+4s) - 3\cdot(2+r-s) - (6-r-5s) = -2$

$-10 + 8r + 16s = -2 \quad \Rightarrow \quad r = 1 - 2s$

r in E_2

$$\vec{x} = \begin{pmatrix} 1 \\ 2 \\ 6 \end{pmatrix} + (1-2s)\cdot \begin{pmatrix} 5 \\ 1 \\ -1 \end{pmatrix} + s \begin{pmatrix} 4 \\ -1 \\ -5 \end{pmatrix} = \begin{pmatrix} 1 \\ 2 \\ 6 \end{pmatrix} + 1\cdot \begin{pmatrix} 5 \\ 1 \\ -1 \end{pmatrix} + (-2s)\cdot \begin{pmatrix} 5 \\ 1 \\ -1 \end{pmatrix} + s \begin{pmatrix} 4 \\ -1 \\ -5 \end{pmatrix} =$$

$$= \begin{pmatrix} 1 \\ 2 \\ 6 \end{pmatrix} + \begin{pmatrix} 5 \\ 1 \\ -1 \end{pmatrix} + s \begin{pmatrix} -10 \\ -2 \\ +2 \end{pmatrix} + s \begin{pmatrix} 4 \\ -1 \\ -5 \end{pmatrix} =^{(1)}= \begin{pmatrix} 6 \\ 3 \\ 5 \end{pmatrix} + s \begin{pmatrix} -6 \\ -3 \\ -3 \end{pmatrix}$$

Die Schnittgerade: $s: \vec{x} = \begin{pmatrix} 6 \\ 3 \\ 5 \end{pmatrix} + s \begin{pmatrix} -6 \\ -3 \\ -3 \end{pmatrix}$ ✓

Bsp.16) Bestimme die Parameter „a" und „b" so, dass die Ebenen
$E: 2x_1 + ax_2 - 4x_3 = 5$ und $F: -x_1 + 4x_2 + bx_3 = 8$ parallel sind !

Lösung:
Damit die Ebenen parallel sind, müssen die Normalenvektoren Vielfache voneinander sein.

$\vec{n}_E = v\cdot\vec{n}_F \Leftrightarrow \begin{pmatrix} 2 \\ a \\ -4 \end{pmatrix} = v \cdot \begin{pmatrix} -1 \\ 4 \\ b \end{pmatrix}$

aus der ersten Zeile folgt: v = -2
aus der zweiten Zeile folgt damit: a = -8
aus der dritten Zeile folgt dann: b = +2

Fertig!

1 die ersten zwei Vektoren *ohne* „s" kann man verrechnen und die zwei letzten *mit* „s" verrechnet man auch

Bsp.17) Sei $E: x_1 + 3x_2 - 2x_3 = 2$ und $F: (k+1)x_1 + (2k+4)x_2 + (-3-k^2)x_3 = 5-k$

Bestimme „k“ so, dass die Ebenen E und F identisch sind.

Lösung:

Damit die Ebenen identisch sind, müssen die Normalenvektoren Vielfache voneinander sein.

Zusätzlich müssen die rechten Seiten dann auch passen, aber darum kümmern wir uns erst am Schluss.

$$v \cdot \vec{n}_E = \vec{n}_F \Leftrightarrow v \cdot \begin{pmatrix} 1 \\ 3 \\ -2 \end{pmatrix} = \begin{pmatrix} k+1 \\ 2k+4 \\ -3-k^2 \end{pmatrix} \Leftrightarrow \begin{aligned} 1v &= k+1 \\ 3v &= 2k+4 \\ -2v &= -3-k^2 \end{aligned}$$

$$\begin{aligned} \text{I} \quad 1v &= k+1 \qquad |\cdot(-3) \\ \text{II} \quad 3v &= 2k+4 \qquad + \\ \hline 0 &= -k+1 \qquad \Rightarrow \qquad k = 1 \end{aligned}$$

Man könnte die Probe wieder machen, indem man v ausrechnet und dann v und k in die dritte Gleichung einsetzt. Ich setze k jedoch gleich in die Ebenengleichung von F ein, damit sieht man dann auch gleich, ob die rechten Seiten übereinstimmen.

$$E: \ x_1 + 3x_2 - 2x_3 = 2$$

k=1 in F: $$F: 2x_1 + 6x_2 - 4x_3 = 4$$

Beide Ebenen sind perfekt gleich (genau das Doppelte), damit sind sie identisch.

Wenn hinter Hexen Hexen hexen, hexen Hexen Hexen nach.
Wenn hinter Hupen Hupen hupen, hupen Hupen Hupen nach.
Wenn hinter Karren Karren Karren karren, karren Karren Karren Karren nach.
Wenn hinter Klammern Klammern klammern, klammern Klammern Klammern ein.
Wenn hinter Klatschen Klatschen klatschen, klatschen Klatschen Klatschen nach.

Kap.04 Abstände

In die Abi-Prüfung in Mathe zu gehen, ohne Abstand *Punkt-Punkt*, Abstand *Punkt-Ebene* oder *Punkt-Gerade* zu können, ist derart sinnlos, dass Sie stattdessen daheim bleiben und sich einen schönen Tag machen können.
Seien Sie also bitte brave Kinder und lernen diese drei Sachen besonders fleißig.

Kap.04a) Abstand Punkt - Punkt (∰)

Seit Kap.01a) wissen wir ja, wie das mit Abstand Punkt-Punkt funktioniert.
Zur Wiederholung:

Bsp.1) Bestimme den Abstand von A(4 | -2 | 1) zu B(1 | 3 | 6) !

Lösung:

→ Verbindungsvektor AB aufstellen: $\overrightarrow{AB} = \begin{pmatrix} 1-4 \\ 3-(-2) \\ 6-1 \end{pmatrix} = \begin{pmatrix} -3 \\ 5 \\ 5 \end{pmatrix}$

→ Länge des Vektors bestimmen: $d(A,B) = |\overrightarrow{AB}| = \sqrt{(-3)^2 + 5^2 + 5^2} = \sqrt{59} \approx 7{,}68$

Bsp.2)

Bestimme den Parameter „k" so, dass der Abstand von C(8 | 3 | 6) zu D(k | -5 | 4) 18LE beträgt !

Lösung:

$$d(C,D) = |\overrightarrow{CD}| = \left|\begin{pmatrix} k-8 \\ -5-3 \\ 4-6 \end{pmatrix}\right| = \left|\begin{pmatrix} k-8 \\ -8 \\ -2 \end{pmatrix}\right| = \sqrt{(k-8)^2 + (-8)^2 + (-2)^2}$$

Dieser Abstand soll nun den Wert 18 annehmen, es gilt also:

$$\sqrt{(k-8)^2+(-8)^2+(-2)^2} = 18$$

(Eigentlich würde ich diese Gleichung ab dieser Stelle mit dem GTR lösen.
Also entweder im Grafikmenü [linke Seite als y_1 eingeben, rechte Seite als y_2, dann Schnittpunkte berechnen] oder mit dem „solve"-Befehl.
Ich rechne die Gleichung aber noch der Form halber „von Hand" weiter.)

$$\sqrt{k^2-16k+132} = 18 \qquad |\,(\,)^2$$

$$k^2 - 16k + 132 = 324 \qquad |\,-324$$

$$k^2 - 16k - 192 = 0$$

$$k_{1,2} = 8 \pm \sqrt{8^2+192} = +8 \pm 16 \qquad \Rightarrow \qquad k_1 = 24 \quad k_2 = -8$$

Bsp.3) Welche Punkte der Gerade g : $\vec{x} = \begin{pmatrix} -1 \\ 2 \\ -6 \end{pmatrix} + t \cdot \begin{pmatrix} 1 \\ -1 \\ 4 \end{pmatrix}$ haben von P (4 I 3 I 2) den Abstand 6 ?

Lösung:

Immer, wenn man von einem Punkt *nur* weiß, dass er auf einer Gerade liegt, bekommt er die „Koordinaten“ von dieser Gerade (nennt sich auch „laufender Punkt einer Geraden“ oder „Einzelpunktform“ einer Gerade) [x_1=-1+1·t, x_2=2-1·t, x_3=-6+4·t].

Jeder Punkt von g hat also die Koordinaten: G(-1+t I 2–t I -6+4t)

Nun rechnen wir ganz stupide den Abstand von G zu P aus.

$$d(P,G) = \left|\overrightarrow{PG}\right| = \left|\begin{pmatrix} -1+t & - & 4 \\ 2-t & - & 3 \\ -6+4t & - & 2 \end{pmatrix}\right| = \left|\begin{pmatrix} t-5 \\ -t-1 \\ 4t-8 \end{pmatrix}\right| =$$

$$= \sqrt{(t-5)^2 + (-t-1)^2 + (4t-8)^2} =...= \sqrt{18t^2 - 72t + 90}$$

$$d(P,G) = 6$$

$$\sqrt{18t^2 - 72t + 90} = 6 \qquad |\ (\ )^2$$

(Ab hier könnte man die Gleichung wieder vom GTR lösen lassen.)

$$18t^2 - 72t + 90 = 36 \qquad |\ -36\ |\ :18$$

$$t^2 - 4t + 3 = 0$$

$$t_{1,2} = +2 \pm \sqrt{4-3} = 2 \pm 1 \Rightarrow t_1 = 1 \quad t_2 = 3$$

t_1 in g: $\Rightarrow$ G_1(0 I 1 I -2) t_2 in g: $\Rightarrow$ G_2(2 I -1 I 6)

Kap.04b) Abstand Punkt - Ebene (über HNF) (ƒƒƒ)

Es gibt mehrere Möglichkeiten die HNF (=Hesse-Normal-Form) einer Ebene aufstellen. Ich hab' nicht vor, alle aufzuführen, nur eine davon halte ich persönlich für am einfachsten.

Man braucht dafür die Koordinatengleichung der Ebene, bringt alles nach links (so dass also rechts „0“ steht) und teilt nun durch den Betrag des Normalenvektors.

Es sei eine Ebene E : $2x_1 + 2x_2 - x_3 = 6$

Die HNF davon lautet E : $\dfrac{2x_1 + 2x_2 - x_3 - 6}{\sqrt{2^2 + 2^2 + (-1)^2}} = 0 \quad \Leftrightarrow \quad E: \dfrac{2x_1 + 2x_2 - x_3 - 6}{3} = 0$

oder anderes Beispiel:

Es sei eine Ebene F : $6x_1 - 2x_1 + 3x_3 = -18$

Die HNF davon lautet $F: \frac{6x_1 - 2x_2 + 3x_3 + 18}{\sqrt{6^2 + (-2)^2 + 3^2}} = 0 \quad \Leftrightarrow \quad F: \frac{6x_1 - 2x_2 + 3x_3 + 18}{7} = 0$

Um nun den Abstand irgendeines Punktes zu irgendeiner Ebene zu berechnen, nimmt man die HNF der Ebene, setzt den Punkt für x_1, x_2, x_3 ein und erhält auf der rechten Seite statt „=0“ den Abstand
(also „ = d(E,P) “) (Weil Abstände immer positiv sind, wird das Ganze in' Betrag gesetzt)

Bsp.4) Bestimme Sie den Abstand von P(7 | 8 | 9) zu $E: 4x_1 + 4x_2 - 2x_3 = 9$

Lösung:

HNF der Ebene aufstellen $E: \frac{4x_1 + 4x_2 - 2x_3 - 9}{\sqrt{4^2 + 4^2 + (-2)^2}} = \frac{4x_1 + 4x_2 - 2x_3 - 9}{6} = 0$

$\Rightarrow \quad d(E,P) = \left| \frac{4 \cdot 7 + 4 \cdot 8 - 2 \cdot 9 - 9}{6} \right| = \left| \frac{33}{6} \right| = 5{,}5$

Bsp.5) Welche Ebene ist parallel zu $F: 4x_1 - 7x_2 - 4x_3 = 0$
und hat von Ü(6|6|6) den Abstand d=9?

Lösung:

Wenn die Ebene parallel zu F sein soll, hat sie den gleichen Normalenvektor, hat damit die Form: $E: 4x_1 - 7x_2 - 4x_3 = ??$ besser: $E: 4x_1 - 7x_2 - 4x_3 = a$

HNF der Ebene aufstellen $E: \frac{4x_1 - 7x_2 - 4x_3 - a}{\sqrt{4^2 + (-7)^2 + (-4)^2}} = \frac{4x_1 - 7x_2 - 4x_3 - a}{9} = 0$

$\Rightarrow \quad d(E,Ü) = \left| \frac{4 \cdot 6 - 7 \cdot 6 - 4 \cdot 6 - a}{9} \right|$

$\Rightarrow \quad 9 = \left| \frac{-42 - a}{9} \right| \qquad \cdot 9$

(Ab hier könnte man die Gleichung wieder vom GTR lösen lassen.)

$81 = |-42 - a|$ ← den Betrag löst man auf, indem

$\pm 81 = -42 - a$ auf die andere Seite ein „±“ kommt.

$81 = -42 - a \quad \Rightarrow \quad 123 = -a \Rightarrow \quad a_1 = -123$

$-81 = -42 - a \quad \Rightarrow \quad -39 = -a \Rightarrow \quad a_2 = 39$

Die gesuchten Ebenen sind damit: $E_1: 4x_1 - 7x_2 - 4x_3 = -123$
$E_2: 4x_1 - 7x_2 - 4x_3 = 39$

Bsp.6) Sei $g: \vec{x} = \begin{pmatrix} 10 \\ 7 \\ -2 \end{pmatrix} + t \cdot \begin{pmatrix} 7 \\ 2 \\ 1 \end{pmatrix}$ und $E: 3x_1 + 3x_3 + 12 = 0$

Welche Punkte der Gerade g haben von E den Abstand $d = \sqrt{8}$?

Lösung:

Jeder Punkt der Gerade hat die Koordinaten G(10+7t | 7+2t | -2+t).

Mit diesem miesen, fiesen, allgemeinen Punkt stellen wir den Abstand zur Ebene E auf und setzen ihn dann gleich $\sqrt{8}$. (Und lösen dann nach „t“ auf).

HNF der Ebene aufstellen $E: \dfrac{3x_1 + 3x_3 + 12}{\sqrt{3^2+0^2+3^2}} = \dfrac{3x_1 + 3x_3 + 12}{\sqrt{18}} = 0$

Um den Abstand zu berechnen: G in HNF einsetzen.

$$d(E,G) = \left| \frac{3\cdot(10+7t)+3\cdot(-2+t)+12}{\sqrt{18}} \right| = \sqrt{8}$$

$$\left| \frac{24t+36}{\sqrt{18}} \right| = \sqrt{8} \qquad | \cdot \sqrt{18}$$

(Ab hier könnte man die Gleichung wieder vom GTR lösen lassen.)

$$| 24t+36 | = 12 \qquad \text{Betrag auflösen}$$

$$24t + 36 = \pm 12$$

$$24t + 36 = +12 \quad \Rightarrow \quad t_1 = -1$$

$$24t + 36 = -12 \quad \Rightarrow \quad t_2 = -2 \qquad t_1 \text{ und } t_2 \text{ wieder in g einsetzen}$$

$\Rightarrow$ G_1 (3 | 5 | -3) $\Rightarrow$ G_2 (-4 | 3 | -4)

Kap.04c) Abstand Punkt - Ebene (über Lotgerade) (∯)

Wir stellen immer zuerst die Lotgerade g_{Lot} auf,

dann errechnen wir den Lotfußpunkt L (als Schnittpunkt von g_{Lot} mit E)

Der gesuchte Abstand ist dann der Abstand von L zum gegebenen Punkt.

(Abstand Punkt-Ebene geht über HNF aber *immer* schneller.)

Bsp.7) Bestimme den Abstand von P(7 | 8 | 9) zu $E: 4x_1 + 4x_2 - 2x_3 = 6$

Lösung:

Wir werden die Lotgerade auf E durch P bestimmen. (Um den Lotfußpunkt zu erhalten).

$$g_{Lot}: \vec{x} = \begin{pmatrix} \\ P \\ \\ \end{pmatrix} + t \cdot \begin{pmatrix} \\ \vec{n}_E \\ \\ \end{pmatrix} = \begin{pmatrix} 7 \\ 8 \\ 9 \end{pmatrix} + t \cdot \begin{pmatrix} 4 \\ 4 \\ -2 \end{pmatrix}$$

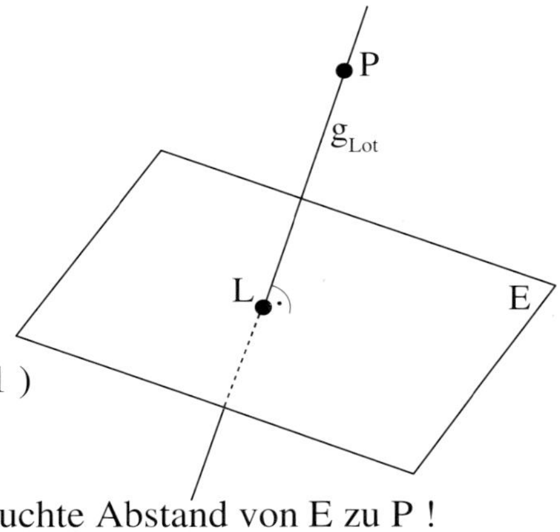

g_{Lot} in E:

$$4\cdot(7+4t) + 4\cdot(8+4t) - 2\cdot(9-2t) = 6$$

$$42 + 36t = 6 \quad \Rightarrow \quad t = -1$$

$$t \text{ in } g: \quad \vec{x} = \begin{pmatrix} 7 \\ 8 \\ 9 \end{pmatrix} - 1 \cdot \begin{pmatrix} 4 \\ 4 \\ -2 \end{pmatrix} \quad \Rightarrow \quad L\,(\,3 \mid 4 \mid 11\,)$$

Der Abstand von L zu P ist gleichzeitig der gesuchte Abstand von E zu P !

$$d(E,P) = d(L,P) = \left|\begin{pmatrix} 7-3 \\ 8-4 \\ 9-11 \end{pmatrix}\right| = \left|\begin{pmatrix} 4 \\ 4 \\ -2 \end{pmatrix}\right| = \sqrt{4^2 + 4^2 + (-2)^2} = 6$$

Zu den nächsten beiden Kapiteln: Ob man den Abstand Punkt-Gerade über die Lotebene oder über die Einzelpunktform berechnet, ist völlig egal. Theoretisch reicht es aus, wenn man nur *eine* dieser Möglichkeiten beherrscht. Es gibt nichts, was man mit der einen Methode berechnen kann, mit der anderen Methode jedoch nicht funktionieren würde. (Wobei ich natürlich seehhr froh wääre, wenn Sie beide Methoden können würden).

Kap.04d) Abstand Punkt - Gerade (über Lotebene) (∯)

Um den Abstand Punkt-Gerade zu bestimmen, werden wir:

→ erst die Lotebene E_{Lot} aufstellen,

→ dann den Lotfußpunkt L (als Schnittpunkt von E_{Lot} mit h) bestimmen,

→ dann den Abstand von L zum gegebenen Punkt.

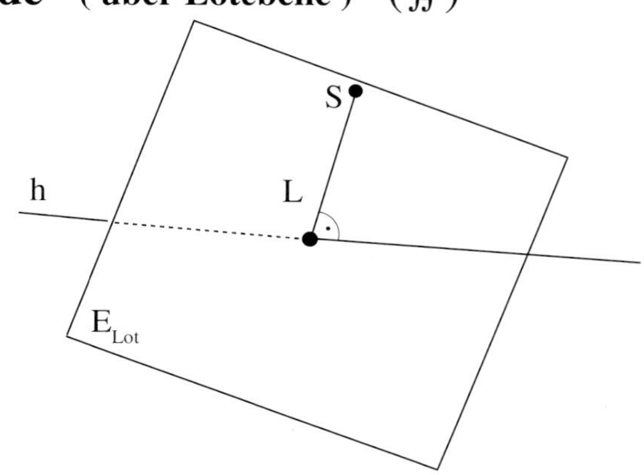

Bsp.8) Der Vogel „Schlumpi" befindet sich im Punkt S(15|4|-2). Er ist sehr müde. Da sichtet er plötzlich eine Hochspannungsleitung, welche entlang der Geraden h : $\vec{x} = \begin{pmatrix} 7 \\ -10 \\ 15 \end{pmatrix} + t \cdot \begin{pmatrix} 3 \\ -6 \\ 6 \end{pmatrix}$ verläuft.

Wie weit muss Schlumpi noch fliegen, um sich auf der Hochspannungsleitung ausruhen zu können ??

Lösung:

Erst `mal bestimmen wir den Punkt L der Hochspannungsleitung, welcher von Schlumpi aus gesehen, am nächsten liegt. (Unromantiker würden sagen: wir errechnen den Lotfußpunkt.) Dazu stellen wir in Gedanken eine Ebene auf, welche senkrecht zur Hochspannungsleitung liegt und durch Schlumpi geht. (Natürlich tut das Schlumpi nicht weh, es ist ja nur eine imaginäre Ebene.) Der Normalenvektor dieser Ebene müsste also der Richtungsvektor der Hochspannungsleitung h sein.

Wir wissen also: diese (imaginäre!) Lotebene hat die Form $E_{lot} : 3x_1 - 6x_2 + 6x_3 = d$

Da E_{lot} durch Schlumpi geht (ohne ihm weh zu tun!!) kann man mit diesem Punkt S eine Punktprobe machen, man kann also S in E_{Lot} einsetzen.

S in E_{lot} : $3 \cdot 15 - 6 \cdot 4 + 6 \cdot (-2) = d \quad \Rightarrow \quad d = 9$

Unsere Lotebene lautet also E_{Lot} : $3x_1 - 6x_2 + 6x_3 = 9$

Nun schneiden wir diese Lotebene (welche Schlumpi wirklich überhaupt nicht weh tut) mit der Hochspannungsleitung h und erhalten den Lotfußpunkt L (Schlumpis Ausruhpunkt).

$h \cap E_{lot}$ $3 \cdot (7+3t) - 6 \cdot (-10-6t) + 6 \cdot (15+6t) = 9$

$171 + 81t = 9 \quad \Rightarrow \quad t = -2$ t in h $\Rightarrow$ L (1 | 2 | 3)

„Schlumpi, flieg so schnell Du kannst zum Punkt L(1|2|3).
Dahin ist es am kürzesten !"

Wir berechnen derweil, wie weit es wirklich ist.

$$d(L,S) = |\overrightarrow{LS}| = \left| \begin{pmatrix} 15-1 \\ 4-2 \\ -2-3 \end{pmatrix} \right| = \left| \begin{pmatrix} 14 \\ 2 \\ -5 \end{pmatrix} \right| = \sqrt{14^2 + 2^2 + (-5)^2} = 15$$

Schlumpi muss noch 15 Längeneinheiten fliegen.

(Während der vielen Minuten, die wir für diese Rechnung gebraucht haben, hat sich Schlumpi auf dem Boden ausgeruht und wurde derweil vom Fuchs gefressen)

Kap.04e) Abstand Punkt - Gerade (über Einzelpunktform) (∯)

Mal schauen, ob wir die „Schlumpi"-Aufgabe auch anders lösen können.

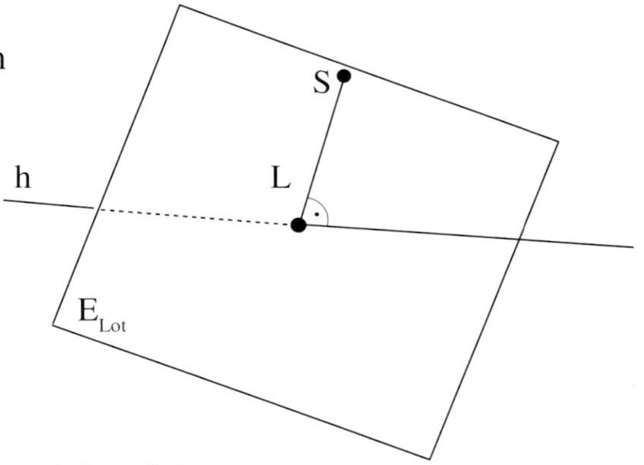

Bsp.9) Der Vogel „Schlumpi2" befindet sich im Punkt S(15|4|-2).
(Schlumpi1 wurde ja vom Fuchs gefressen)
Auch er ist sehr müde.
Da sichtet er plötzlich wieder die Hochspannungsleitung, welche entlang der Geraden

$$h:\ \vec{x} = \begin{pmatrix} 7 \\ -10 \\ 15 \end{pmatrix} + t \cdot \begin{pmatrix} 3 \\ -6 \\ 6 \end{pmatrix} \text{ verläuft.}$$

Wie weit muss Schlumpi2 noch fliegen, um sich auf der Hochspannungsleitung ausruhen zu können ??

Lösung:
Wir probieren folgenden Ansatz: Da der Lotfußpunkt L sich auf der Geraden h befindet, hat er die Koordinaten L(7+3t | -10–6t | 15+6t).
Da L ein Lotfußpunkt ist, muss der Vektor $\overrightarrow{SL}$ senkrecht auf der Geraden h stehen. Wie wir aus Kap.01a) wissen, gibt das Skalarprodukt von zwei Vektoren, die senkrecht aufeinander stehen, Null. Das bedeutet, dass auch das Skalarprodukt von $\overrightarrow{SL}$ mit dem Richtungsvektor von h Null ergeben muss. Das isch kuhl.

$$\overrightarrow{SL} = \begin{pmatrix} 7+3t & - & 15 \\ -10-6t & - & 4 \\ 15+6t & - & (-2) \end{pmatrix} = \begin{pmatrix} -8+3t \\ -14-6t \\ 17+6t \end{pmatrix} \qquad \overrightarrow{RV}_g = \begin{pmatrix} 3 \\ -6 \\ 6 \end{pmatrix}$$

$$\overrightarrow{SL} \perp \overrightarrow{RV}_g \Rightarrow \begin{pmatrix} -8+3t \\ -14-6t \\ 17+6t \end{pmatrix} \circ \begin{pmatrix} 3 \\ -6 \\ 6 \end{pmatrix} = 0$$

$$\Leftrightarrow \quad (-8+3t)\cdot 3 + (-14-6t)\cdot(-6) + (17+6t)\cdot 6 = 0$$

$$162 + 81t = 0 \quad \Rightarrow \quad t = -2 \qquad \text{in h} \quad \Rightarrow \quad L(\ 1 \mid 2 \mid 3\ )$$

Der gesuchte Abstand von Punkt S zur Gerade h ist gleich dem Abstand vom Punkt P zum Lotfußpunkt L.

$$d(L,S) = \left|\overrightarrow{LS}\right| = \left|\begin{pmatrix} 15-1 \\ 4-2 \\ -2-3 \end{pmatrix}\right| = \left|\begin{pmatrix} 14 \\ 2 \\ -5 \end{pmatrix}\right| = \sqrt{14^2 + 2^2 + (-5)^2} = 15$$

Schlumpi2 muss auch wieder 15 Längeneinheiten fliegen.

(Da wir nicht so viel gelabert haben wie in Bsp.8), hat es Schlumpi2 mit heiler Haut auf die Hochspannungsleitung geschafft)

Kap.04f) Abstand Punkt - Gerade (über GTR) (∰)

Für die überhaupt schnellste Methode den Abstand vom Punkt zu einer Gerade zu berechnen, verwendet man den GTR.

Bsp.10) Der Vogel „Schlumpine“ befindet sich im Punkt S(15|4|-2).
(Schlumpine ist die Freundin von Schlumpi1)
Sie ist ein bisschen müde.
Plötzlich sichtet sie wieder die gleiche Hochspannungsleitung, welche entlang der Geraden

$$h: \vec{x} = \begin{pmatrix} 7 \\ -10 \\ 15 \end{pmatrix} + t \cdot \begin{pmatrix} 3 \\ -6 \\ 6 \end{pmatrix}$$ verläuft.

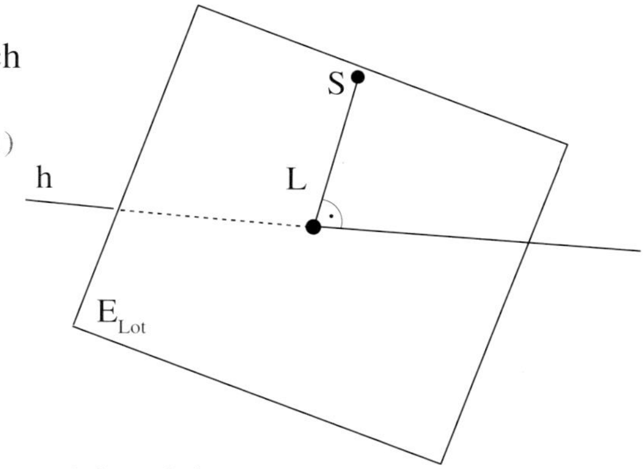

Wie weit muss Schlumpine noch fliegen, um sich auf der Hochspannungsleitung ausruhen zu können ??

Lösung:
Der Ansatz geht wieder über den laufenden Punkt der Geraden.
L(7+3t | -10–6t | 15+6t).
Der Abstand eines Punktes zur Geraden ist immer der *kleinste* Abstand.
Also berechnen wir jetzt einfach den Abstand von S zu L (in Abhängigkeit von t) und bestimmen davon das Minimum mit dem Taschenrechner.

Der Verbindungsvektor: $$\overrightarrow{SL} = \begin{pmatrix} 7+3t & - & 15 \\ -10-6t & - & 4 \\ 15+6t & - & (-2) \end{pmatrix} = \begin{pmatrix} -8+3t \\ -14-6t \\ 17+6t \end{pmatrix}$$

Der Abstand von S zu L: $$\left|\overrightarrow{SL}\right| = \sqrt{(-8+3t)^2 + (-14-6t)^2 + (17+6t)^2}$$

Diese lange Wurzel geben wir (so wie sie ist) in den GTR ein und bestimmen davon das Minimum.
(Möglichkeit 1: Man gibt sie im Grafik-Menü als Funktion ein und lässt sich das Minimum berechnen oder
Möglichkeit 2: Je nach GTR-Modell erhält man im Hauptmenü über den „fMin“-Befehl das Minimum)
Man erhält ein Minimum bei x bzw. t=-2 und bei y bzw. d=15

In dieser Aufgabe war nur der Abstand gefragt, den haben wir nun. d=15
Wollte man auch noch den Lotfußpunkt haben, könnte man nun t=-2 in L(7+3t | -10–6t | 15+6t) einsetzen und hätte den Lotfußpunkt L(1 | 2 | 3)

Kap.04g) Abstand von zwei parallelen Geraden (∯)

(Zur Erinnerung:
Man erkennt an den Richtungsvektoren, ob zwei Geraden parallel[1] sind oder nicht.
[Falls die Richtungsvektoren gleich oder Vielfache voneinander sind, sind die Geraden parallel]).

Da der Abstand zwischen zwei Geraden, sofern sie parallel sind, überall gleich ist, führt man die Berechnung des Abstandes auf „Abstand Punkt-Gerade" zurück:
Man nimmt irgendeinen Punkt der einen Gerade (z.Bsp. den Stützvektor) und berechnet dessen Abstand zur anderen Gerade. (entweder über Lotebene oder über laufenden Punkt).

Bsp.11) Sei $g: \vec{x} = \begin{pmatrix}7\\8\\5\end{pmatrix} + r \cdot \begin{pmatrix}4\\3\\1\end{pmatrix}$ und $h: \vec{x} = \begin{pmatrix}5\\1\\8\end{pmatrix} + t \cdot \begin{pmatrix}8\\6\\2\end{pmatrix}$

Bestimmen Sie den Abstand beider Geraden.

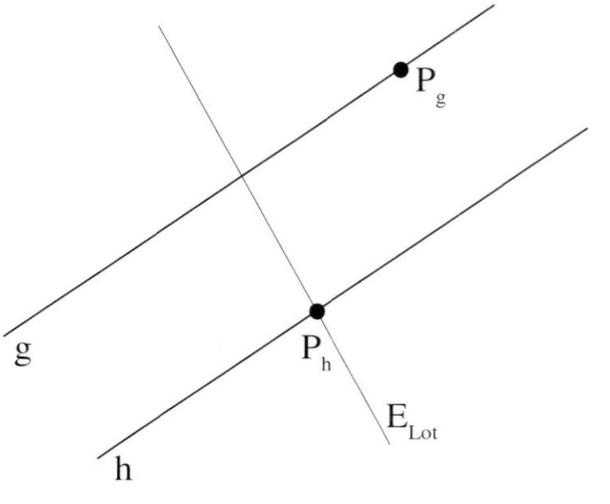

Lösung:
Dass es sich um zwei parallele Geraden handelt, sieht man mit einem Blick, am Richtungsvektor. Damit ist der Abstand zwischen beiden Geraden überall gleich. Wir können also den Abstand von einem Stützvektor zur anderen Geraden berechnen.
(Ich werde hier die Methode über die Lotebene anwenden.)

Wir können z.B. den Abstand von der Gerade g zum Stützvektor von h ausrechnen.
Den Stützvektor von h nennen wir \`mal P_h, er hat die Koordinaten: $P_h(5 \mid 1 \mid 8)$
Wir stellen zuerst die Lotebene auf, die senkrecht auf g steht und durch P_h geht.

E_{Lot} : $4x_1 + 3x_2 + x_3 = d$

P_h in E_{Lot} : $4 \cdot 5 + 3 \cdot 1 + 8 = d \quad \Rightarrow \quad d=31 \quad \Rightarrow \quad E_{Lot} : 4x_1 + 3x_2 + x_3 = 31$

Da wir für die Lotebene den Stützvektor von *h* genommen haben, schneiden wir E_{Lot} mit *g*!

$E_{Lot} \cap g$: $4 \cdot (7+4t) + 3 \cdot (8+3t) + (5+t) = 31$

$57 + 26t = 31 \quad \Rightarrow \quad t = -1$

t in g $\Rightarrow$ Lotfußpunkt $L(7-1 \cdot 4 \mid 8-1 \cdot 3 \mid 5-1 \cdot 1) \Rightarrow L(3 \mid 5 \mid 4)$

1 In Mathe ist „parallel" der Oberbegriff für „parallel und identisch" und „parallel und verschieden"!

$$d(g,h) = d(L,P_h) = \left|\overrightarrow{P_h L}\right| = \left|\begin{pmatrix} 3-5 \\ 5-1 \\ 4-8 \end{pmatrix}\right| = \left|\begin{pmatrix} -2 \\ 4 \\ -4 \end{pmatrix}\right| = \sqrt{(-2)^2 + 4^2 + (-4)^2} = 6$$

Kap.04h) Abstand von zwei windschiefen Geraden (∯)

Es gibt mehrere Methoden, den Abstand zweier windschiefen Geraden zu berechnen.
Eine Methode (siehe nächstes Beispiel) besteht darin, die Lotfußpunkte zu berechnen. Das dauert zwar etwas länger, aber es gibt viele Aufgaben, in welchen man die Lotfußpunkte tatsächlich braucht.
Die zweite Methode (siehe übernächstes Beispiel) geht über die
„einfache" Formel: $d = \vec{n}_0 \cdot (\vec{p} - \vec{q})$.
Das geht zwar schneller, hat aber manchmal den Nachteil, dass man die Lotfußpunkte nicht erhält.

Fazit:
Wenn man die Lotfußpunkte braucht, ist Bsp.11 angebracht.
Wenn man die Lotfußpunkte nicht braucht, ist Bsp.12 besser.

Bsp.12) (über Berechnung der Lotfußpunkte)

Sei $g: \vec{x} = \begin{pmatrix} -5 \\ 8 \\ 4 \end{pmatrix} + t \cdot \begin{pmatrix} -1 \\ 4 \\ 1 \end{pmatrix}$ und $h: \vec{x} = \begin{pmatrix} 4 \\ -3 \\ 9 \end{pmatrix} + r \cdot \begin{pmatrix} 1 \\ 4 \\ -3 \end{pmatrix}$

Welche Punkte der Geraden g und h haben den geringsten Abstand voneinander? Bestimmen Sie den Abstand von g und h !

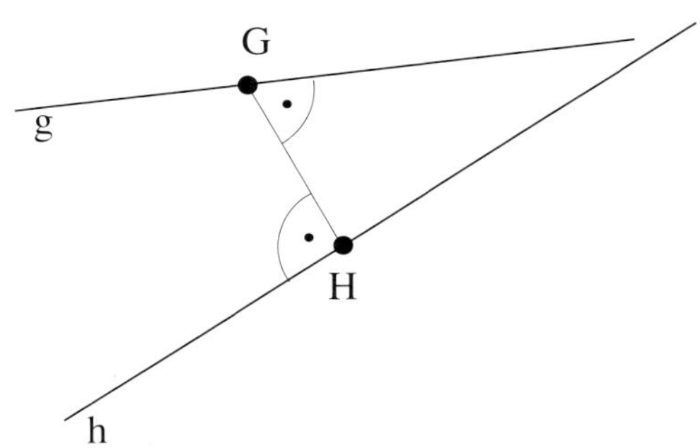

Lösung:
Wir werden so vorgehen: Stellt Euch eine Gerade vor, die sowohl g als auch h in einem rechten Winkel schneidet. Die Länge von dieser Verbindungsstrecke [in der Zeichnung: $\overrightarrow{GH}$] wäre der Abstand der beiden Geraden. Wir werden also diese beiden Punkte bestimmen, die Anfang- und Endpunkt dieser senkrechten Verbindungsgeraden sind.
Die Punkte sind die *Lotfußpunkte* und ich nenne sie analog zu ihren Geraden „G" und „H".

Von G und H wissen wir nur, dass sie auf den Geraden g und h liegen, daher „geben wir" G und H die Koordinaten der Geraden g und h:

G(-5-t | 8+4t | 4+t) **H**(4+r | -3+4r | 9-3r)

Unser Vektor $\overrightarrow{GH}$ sieht demnach so aus: $\overrightarrow{GH} = \begin{pmatrix} (4+r) & - & (-5-t) \\ (-3+4r) & - & (8+4t) \\ (9-3r) & - & (4+t) \end{pmatrix} = \begin{pmatrix} 9+r+t \\ -11+4r-4t \\ 5-3r-t \end{pmatrix}$

$\overrightarrow{GH}$ muss ja nun sowohl auf der Geraden g, als auch auf der Geraden h senkrecht stehen, deswegen muss das Skalarprodukt von $\overrightarrow{GH}$ sowohl mit dem Richtungsvektor von g, als auch das mit dem Richtungsvektor von h Null ergeben.

$$\overrightarrow{GH} \circ \overrightarrow{RV}_g = 0 \quad \Leftrightarrow \quad \begin{pmatrix} 9+r+t \\ -11+4r-4t \\ 5-3r-t \end{pmatrix} \circ \begin{pmatrix} -1 \\ 4 \\ 1 \end{pmatrix} = 0$$

$$\Leftrightarrow \quad (9+r+t)\cdot(-1) + (-11+4r-4t)\cdot(4) + (5-3r-t)\cdot(1) = 0 \quad \Leftrightarrow \quad -48 + 12r - 18t = 0$$

$$\overrightarrow{GH} \circ \overrightarrow{RV}_h = 0 \quad \Leftrightarrow \quad \begin{pmatrix} 9+r+t \\ -11+4r-4t \\ 5-3r-t \end{pmatrix} \circ \begin{pmatrix} 1 \\ 4 \\ -3 \end{pmatrix} = 0$$

$$\Leftrightarrow \quad (9+r+t)\cdot(1) + (-11+4r-4t)\cdot(4) + (5-3r-t)\cdot(-3) = 0 \quad \Leftrightarrow \quad -50 + 26r - 12t = 0$$

Aus diesen beiden Gleichungen berechnen wir „r“ und „t“.

$$\begin{array}{llr} -48 + 12r - 18t = 0 & | \cdot (-2) & \\ -50 + 26r - 12t = 0 & | \cdot 3 & + \\ \hline -54 + 54r \qquad = 0 & & \Rightarrow \quad r = +1 \\ & & \Rightarrow \quad t = -2 \end{array}$$

r und t zurück in G und H eingesetzt, ergibt: **G**(-3 | 0 | 2) **H**(5 | 1 | 6)

$$d(g,h) = d(G,H) = \left|\overrightarrow{GH}\right| = \left|\begin{pmatrix} 5-(-3) \\ 1 - 0 \\ 6 - 2 \end{pmatrix}\right| = \left|\begin{pmatrix} 8 \\ 1 \\ 4 \end{pmatrix}\right| = \sqrt{8^2 + 1^2 + 4^2} = 9$$

Bsp.13) (über Formel: $d = n_0 \cdot (p-q)$) (gleiche Aufgabe wie letztes Beispiel, nur ohne Berechnung der Lotfußpunkte)

Sei $g: \vec{x} = \begin{pmatrix} -5 \\ 8 \\ 4 \end{pmatrix} + t \cdot \begin{pmatrix} -1 \\ 4 \\ 1 \end{pmatrix}$ und $h: \vec{x} = \begin{pmatrix} 4 \\ -3 \\ 9 \end{pmatrix} + r \cdot \begin{pmatrix} 1 \\ 4 \\ -3 \end{pmatrix}$

Bestimmen Sie den Abstand von g und h !

Lösung:

Da die Lotfußpunkte nicht gefragt sind, verwenden wir die Formel: $d = \vec{n}_0 \cdot (\vec{p} - \vec{q})$

$\vec{p}$ und $\vec{q}$ sind die Stützvektoren der beiden Geraden.

Wir brauchen also nur noch den Normaleneinheitsvektor $\vec{n}_0$.

Zuerst berechnen wir den Normalenvektor

(aus den beiden Richtungsvektoren der beiden Geraden).

(Ich berechne den Normalenvektor über die Methode vom Skalarprodukt. Falls Sie das Kreuzprodukt beherrschen, sollten Sie die Methode verwenden, da das viel schneller geht)

Aus $\vec{n}_0 \cdot \begin{pmatrix} -1 \\ 4 \\ 1 \end{pmatrix} = 0$ und $\vec{n}_0 \cdot \begin{pmatrix} 1 \\ 4 \\ -3 \end{pmatrix} = 0$ folgt: $\begin{array}{r} -1n_1 + 4n_2 + 1n_3 = 0 \\ 1n_1 + 4n_2 - 3n_3 = 0 \\ \hline \end{array}$

Addieren der beiden (rechten) Gleichungen liefert: $8n_2 - 2n_3 = 0$

Wähle z.B. $n_2=1 \Rightarrow \ldots \Rightarrow n_3 = 4 \Rightarrow \ldots \Rightarrow n_1 = 8$

$$\Rightarrow \vec{n} = \begin{pmatrix} 8 \\ 1 \\ 4 \end{pmatrix} \Rightarrow \vec{n}_0 = \frac{1}{\sqrt{8^2+1^2+4^2}} \begin{pmatrix} 8 \\ 1 \\ 4 \end{pmatrix} = \frac{1}{9} \cdot \begin{pmatrix} 8 \\ 1 \\ 4 \end{pmatrix}$$

$$\Rightarrow \quad \vec{n}_0 \cdot (\vec{p} - \vec{q}) = \frac{1}{9} \cdot \begin{pmatrix} 8 \\ 1 \\ 4 \end{pmatrix} \cdot \left[\begin{pmatrix} -5 \\ 8 \\ 4 \end{pmatrix} - \begin{pmatrix} 4 \\ -3 \\ 9 \end{pmatrix} \right] = \frac{1}{9} \cdot \begin{pmatrix} 8 \\ 1 \\ 4 \end{pmatrix} \cdot \begin{bmatrix} -9 \\ 11 \\ -5 \end{bmatrix} = \frac{1}{9} \cdot (\, 8\cdot(-9) + 1\cdot 11 + 4\cdot(-5)\,) = -9$$

$\Rightarrow \quad d = +9$ (Abstände sind immer positiv)

Bsp.14) Sei $g: \vec{x} = \begin{pmatrix} -4 \\ 2 \\ 20 \end{pmatrix} + t \cdot \begin{pmatrix} 3 \\ 2 \\ -6 \end{pmatrix}$ und $h: \vec{x} = \begin{pmatrix} 3 \\ -3 \\ 9 \end{pmatrix} + r \cdot \begin{pmatrix} 0 \\ 1 \\ -2 \end{pmatrix}$

Bestimmen Sie den Abstand von g und h !

Lösung:

G und H „geben wir" wieder die Koordinaten der Geraden g und h, also:

G(-4+3t | 2+2t | 20-6t) **H**(3 | -3+r | 9-2r)

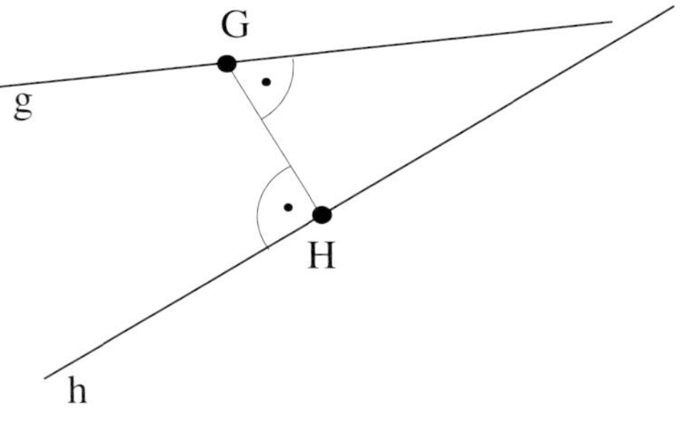

Unser Vektor $\overrightarrow{GH}$ sieht demnach so aus:

$$\overrightarrow{GH} = \begin{pmatrix} (3) & - & (-4+3t) \\ (-3+r) & - & (2+2t) \\ (9-2r) & - & (20-6t) \end{pmatrix} = \begin{pmatrix} 7 - 3t \\ -5 + r - 2t \\ -11 - 2r + 6t \end{pmatrix}$$

$\overrightarrow{GH}$ muss auf beiden Geraden senkrecht stehen, damit muss das Skalarprodukt mit beiden Richtungsvektoren Null ergeben.

$$\overrightarrow{GH} \circ \overrightarrow{RV}_g = 0 \quad \Leftrightarrow \quad \begin{pmatrix} 7 - 3t \\ -5 + r - 2t \\ -11 - 2r + 6t \end{pmatrix} \circ \begin{pmatrix} 3 \\ 2 \\ -6 \end{pmatrix} = 0$$

$$\Leftrightarrow \quad (7-3t)\cdot(3) + (-5+r-2t)\cdot(2) + (-11-2r+6t)\cdot(-6) = 0 \quad \Leftrightarrow \quad 77+14r-49t = 0$$

$$\overrightarrow{GH} \circ \overrightarrow{RV}_h = 0 \quad \Leftrightarrow \quad \begin{pmatrix} 7 - 3t \\ -5 + r - 2t \\ -11 - 2r + 6t \end{pmatrix} \circ \begin{pmatrix} 0 \\ 1 \\ -2 \end{pmatrix} = 0$$

$$\Leftrightarrow \quad (7-3t)\cdot(3) + (-5+r-2t)\cdot(2) + (-11-2r+6t)\cdot(-6) = 0 \quad \Leftrightarrow \quad 17+5r-14t = 0$$

Aus diesen beiden Gleichungen berechnen wir „r“ und „t“.

$$\begin{array}{rll} 77 + 14r - 49t = 0 & | \cdot (-5) & \\ 17 + 5r - 14t = 0 & | \cdot 14 & + \\ \hline -147 \qquad + 49t = 0 & & \end{array}$$

$$\Rightarrow \quad t = +3 \quad \Rightarrow \quad r = 5$$

r und t zurück in G und H eingesetzt, ergibt: **G**(5 | 8 | 2) **H**(3 | 2 | -1)

$$d(g,h) = d(G,H) = \left|\overrightarrow{GH}\right| = \left|\begin{pmatrix} 3-5 \\ 2-8 \\ -1-2 \end{pmatrix}\right| = \left|\begin{pmatrix} -2 \\ -6 \\ -3 \end{pmatrix}\right| = \sqrt{(-2)^2 + (-6)^2 + (-3)^2} = 7$$

Kap.04i) Abstand Gerade - Ebene, Ebene - Ebene (∯)

Die beiden Sachen sind ziemlich einfach,
weil man beides auf Abstand Punkt-Ebene zurückführen kann.

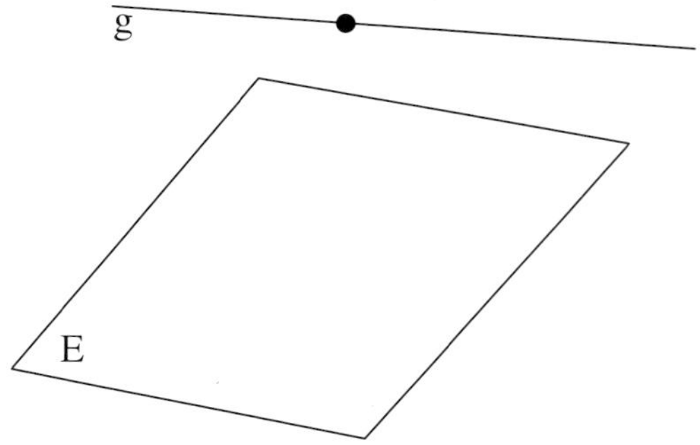

Der Abstand von der Gerade zur Ebene ist überall gleich. Man nimmt irgendeinen Punkt P der Gerade und berechnet den Abstand zur Ebene.

Gerade-Ebene:

Sollten die Gerade und die Ebene *nicht* parallel sein, hat sich das mit dem Abstand eh' erübrigt, denn dann schneiden sich g und E und damit ist die Frage nach dem Abstand sinnlos.

Wenn sich Ebene und Gerade nicht schneiden, also parallel sind, ist der Abstand zwischen den beiden überall gleich, man kann also beispielsweise den Abstand vom

Stützvektor der Geraden zur Ebene berechnen. (mit HNF)

Ebene-Ebene:

Sollten die beiden Ebenen *nicht* parallel sein, hat sich das mit dem Abstand wieder erübrigt, denn dann schneiden sich die beiden Ebenen und die Frage nach dem Abstand ist sinnlos.

Wenn die beiden Ebenen parallel sind, ist der Abstand zwischen den beiden überall gleich, man kann also beispielsweise den Abstand von einer Ebene zu irgendeinem Punkt der anderen Ebene (z.Bsp. einem Spurpunkt) berechnen. (mit HNF)

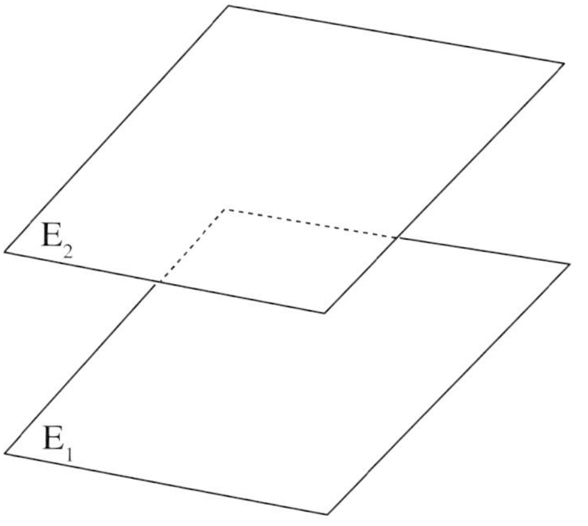

Der Abstand der beiden Ebenen ist überall gleich. Man nimmt irgendeinen Punkt der einen Ebene und berechnet den Abstand zur anderen Ebene.

Bsp.15) Sei $g : \vec{x} = \begin{pmatrix} 7 \\ 8 \\ -6 \end{pmatrix} + t \cdot \begin{pmatrix} 2 \\ 2 \\ 3 \end{pmatrix}$ und $E : 2x_1 + 4x_2 - 4x_3 = 16$

Bestimmen Sie den Abstand von g und E !

Lösung:

Da g und E parallel sind (das Skalarprodukt von $\vec{n}_E$ mit dem RVg ist Null), kann man einfach den Abstand vom Stützvektor zur Ebene ausrechnen.

$$\text{HNF}_E \qquad \frac{2x_1+4x_2-4x_3-16}{\sqrt{2^2+4^2+(-4)^2}} = \frac{2x_1+4x_2-4x_3-16}{6} = 0$$

$$d(g,E) = d\left(\begin{pmatrix} 7 \\ 8 \\ -6 \end{pmatrix}, E\right) = \left|\frac{2\cdot 7+4\cdot 8-4\cdot(-6)-16}{6}\right| = \left|\frac{54}{6}\right| = 9$$

Bsp.16) Sei $E: 3x_1 + 2x_2 + 5x_3 = 66$ und $F: 6x_1 + 4x_2 + 10x_3 = -50$
Bestimmen Sie den Abstand der Ebenen E und F !

Lösung:
Da E und F parallel sind (beide Normalenvektoren sind Vielfache voneinander), kann man einfach den Abstand von irgendeinem Punkt der einen Ebene zur anderen Ebene ausrechnen.
Ein Punkt der Ebene E ist z.Bsp. der Punkt (22 | 0 | 0)

$$d(E,F) = d\left(\begin{pmatrix}22\\0\\0\end{pmatrix}, F\right) = \left|\frac{6\cdot 22 + 4\cdot 0 + 10\cdot 0 + 50}{\sqrt{152}}\right| = \left|\frac{182}{\sqrt{152}}\right| \approx 14{,}76$$

Wenn hinter Klingen Klingen klingen, klingen Klingen Klingen nach.
Wenn hinter Krähen Krähen krähen, krähen Krähen Krähen nach.
Wenn hinter Kugeln Kugeln kugeln, kugeln Kugeln Kugeln nach.
Wenn hinter Kurven Kurven kurven, kurven Kurven Kurven nach.
Wenn hinter Latschen Latschen latschen, latschen Latschen Latschen nach.

Kap.05 Dreiecke und Pyramiden

Die Fläche eines Dreiecks berechnet sich so:

$$A_{\Delta} = \frac{1}{2} \cdot \text{Grundlinie} \cdot \text{Höhe}$$

Man muss die Grundlinie berechnen,
(also der Abstand z.B. von A zu B),
dann berechnet man die Dreieckshöhe, im Normalfall ist das Abstand Punkt-Gerade. (Also von Punkt C zur Gerade g_{AB}).

Das Volumen einer Pyramide berechnet sich so:

$$V_{Pyr} = \frac{1}{3} \cdot \text{Grundfläche} \cdot \text{Höhe}$$

Man muss die Grundfläche berechnen,
(also die Fläche vom Dreieck, Quadrat, .. je nachdem was die Grundfläche für eine Figur ist),
dann berechnet man die Pyramidenhöhe, im Normalfall ist das Abstand Punkt-Ebene. (Also der Abstand von der Spitze S zur Ebene der Grundfläche).

Die Oberfläche einer Pyramide erhält man etwas umständlicher.
Man muss die Grundfläche berechnen,
dann alle Seitenflächen (also alle seitlichen Dreiecke).
Dann muss man aus allen Schwerpunkten der Flächen das Volumen des entstehenden Tetraeders berechnen und falls das logarithmische Verhältnis der Flächengröße, positiv ist kann man nach einer Substitution Integrieren.
(Quatsch! War natürlich ein blöder Scherz.
Man muss Grundfläche und Seitenflächen natürlich nur zusammenzählen)

Es gibt natürlich noch ein paar geniale Methoden, Flächeninhalte und Volumina zu berechnen. Dazu braucht man jedoch das Kreuzprodukt.
In Kap.05g) gibt's eine Übersicht über alle Formeln mit dem Kreuzprodukt.
Falls Sie das Kreuzprodukt nicht gelernt haben, möchten Sie sich unbedingt durch die anderen, hässlichen Methoden durchkämpfen (Über viele Abstandberechnungen, wie z.B. in Kap.05a)–Kap.05d), ...).

Kap.05a) Fläche eines Dreiecks (∰)

Es gibt drei nennenswerte Möglichkeiten, die Fläche eines Dreiecks zu berechnen:

- Über A=½·g·h. Die Grundfläche g wird als Abstand Punkt-Punkt berechnet, die Höhe wird als Abstand Punkt-Gerade berechnet. (→ Bsp.01)
- Über A=½·g·h. Die Grundfläche g wird als Abstand Punkt-Punkt berechnet, für die Höhe berechnet man die Länge einer zweiten Seite, dann den Winkel zwischen beiden Seiten und erhält über sinα die Höhe. (→ Bsp.02)
- Über die Formel mit dem Kreuzprodukt: $A_{ABC} = \frac{1}{2} \cdot \left|\overrightarrow{AB} \times \overrightarrow{AC}\right|$ (→ Bsp.09)

Bsp.01)

Gegeben sind die drei Punkte A(1 | -2 | 3), B(4 | 4 | 9) und C(6 | 2 | 1)
Bestimmen Sie den Flächeninhalt des Dreiecks ABC!

Lösung:
Der Flächeninhalt eines Dreiecks berechnet sich über A=½·g·h
Als Grundlinie kann man die Strecke AB wählen,
die Höhe ist dann der Abstand des Punktes C von der Geraden g_{AB}.

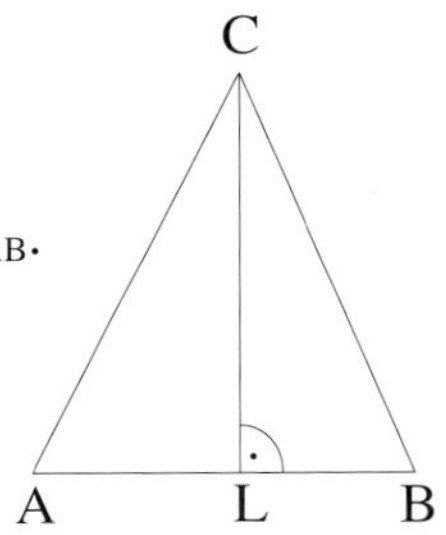

Die Länge der Grundlinie AB ist einfach.
Man bestimmt den Abstand von A zu B.

$$g = d(A,B) = \left|\overrightarrow{AB}\right| = \left|\begin{pmatrix} 4 & - & 1 \\ 4 & - & -2 \\ 9 & - & 3 \end{pmatrix}\right| = \sqrt{3^2+6^2+6^2} = 9$$

Um die Höhe des Dreiecks zu berechnen, bestimmt man den Abstand von der Spitze C zur Geraden durch A und B, g_{AB}.
(Ohne bestimmten Grund, verwende ich bei der Abstandberechnung Punkt-Gerade diesmal die Methode über den laufenden Punkt.)

Zuerst stelle ich die Gerade g_{AB} auf:

$$g_{AB}: \vec{x} = \begin{pmatrix} 1 \\ -2 \\ 3 \end{pmatrix} + t \cdot \begin{pmatrix} 4 & - & 1 \\ 4 & - & -2 \\ 9 & - & 3 \end{pmatrix} = \begin{pmatrix} 1 \\ -2 \\ 3 \end{pmatrix} + t \cdot \begin{pmatrix} 3 \\ 6 \\ 6 \end{pmatrix}$$

Der laufende Punkt auf g_{AB} hat damit die Form: L(1+3t | -2+6t | 3+6t)
Nun bestimmen wir den Abstand von L zu C:

$$\left|\overrightarrow{CL}\right| = \left|\begin{pmatrix} 1+3t & - & 6 \\ -2+6t & - & 2 \\ 3+6t & - & 1 \end{pmatrix}\right| = \left|\begin{pmatrix} -5+3t \\ -4+6t \\ 2+6t \end{pmatrix}\right| = \sqrt{(-5+3t)^2+(-4+6t)^2+(2+6t)^2}$$

Wenn der Abstand CL am *kleinsten* ist, dann handelt es sich um den Abstand von C zur Gerade g_{AB}. Also bestimmen wir das Minimum von dem Abstand (von der Wurzel), was natürlich am einfachsten mit dem GTR geht.
(Man kann das Minimum entweder bestimmen,
indem man die Wurzel im Grafikmenü als Funktion eingibt und dann das Minimum bestimmt. Man

erhält dann: Min(0,333 | 6). Die x-Werte sind t, die y-Werte der gesuchte Abstand $d(C,g_{AB})$ oder man bestimmt das Minimum der Wurzel im „normalen Rechenmenü" des GTR. Hier sollte man dann t=0,333 erhalten. Dieses „t" setzt man in die Wurzel ein und erhält den Abstand d=6)

Egal wie man das Minimum mit dem GTR berechnet, man sollte entweder für t den Wert $t={}^1/_3$ erhalten oder gleich den Abstand d=6.

Der Abstand ist die Höhe im Dreieck ⇒ h=6.

Der Flächeninhalt des Dreiecks ist also: $A_{ABC} = ½\cdot g\cdot h = ½\cdot 9\cdot 6 = 27$

Bsp.02) (gleiche Aufgabe wie Bsp.01, nur anderer Rechenweg)

Gegeben sind die drei Punkte A(1 | -2 | 3), B(4 | 4 | 9) und C(6 | 2 | 1)
Bestimmen Sie den Flächeninhalt des Dreiecks ABC!

Lösung:

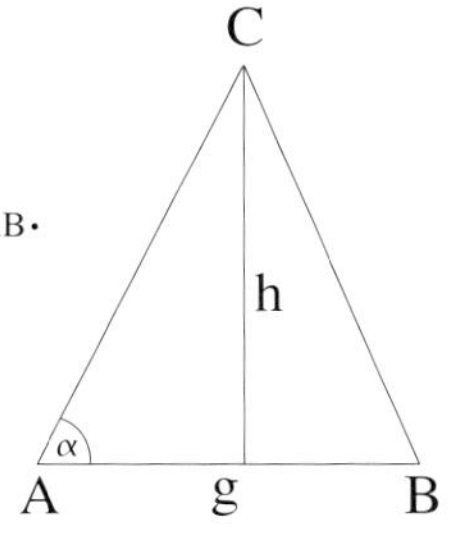

Der Flächeninhalt eines Dreiecks berechnet sich über $A=½\cdot g\cdot h$
Als Grundlinie kann man die Strecke AB wählen,
die Höhe ist dann der Abstand des Punktes C von der Geraden g_{AB}.

Für die Länge der Grundlinie AB,
bestimmt man den Abstand von A zu B.

$$g = d(A,B) = \left|\overrightarrow{AB}\right| = \left\|\begin{pmatrix} 4 - 1 \\ 4 - -2 \\ 9 - 3 \end{pmatrix}\right\| = \sqrt{3^2+6^2+6^2} = 9$$

Um die Höhe des Dreiecks zu berechnen, bestimmt man erst mal den

Abstand von A zu C: $d(A,C) = \left|\overrightarrow{AC}\right| = \left\|\begin{pmatrix} 6 - 1 \\ 2 - -2 \\ 1 - 3 \end{pmatrix}\right\| = \sqrt{5^2+4^2+(-2)^2} \approx 6{,}71$

Nun bestimme ich den Winkel α zwischen AB und AC:

$$\cos\alpha = \frac{\left|\overrightarrow{AB}\circ\overrightarrow{AC}\right|}{\left|\overrightarrow{AB}\right|\cdot\left|\overrightarrow{AC}\right|} = \frac{\left|\begin{pmatrix}3\\6\\6\end{pmatrix}\circ\begin{pmatrix}5\\4\\-2\end{pmatrix}\right|}{9\cdot 6{,}71} = \frac{|15+24-12|}{60{,}39} \approx 0{,}447 \quad\Rightarrow\quad \alpha = 63{,}45°$$

Nun kann ich die Dreieckshöhe h bestimmen:

$$\sin(\alpha) = \frac{\text{Gegenkathete}}{\text{Hypotenuse}} = \frac{h}{\left|\overrightarrow{AC}\right|} \Rightarrow h = \sin(\alpha)\cdot\left|\overrightarrow{AC}\right| = \sin(63{,}45)\cdot 6{,}71 \approx 6$$

Wir haben die Grundlinie und die Höhe des Dreiecks.
Daraus können wir die Fläche bestimmen:
$A_{ABC} = ½\cdot g\cdot h = ½\cdot 9\cdot 6 = 27$

Kap.05b) senkrechte, quadratische Pyramide (∰)

Erstens: **Was genau ist überhaupt eine senkrechte, quadratische Pyramide ?**

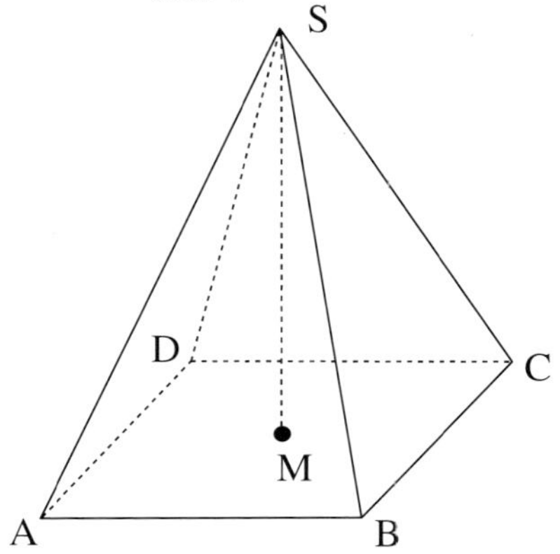

Eine quadratische Pyramide hat als Grundfläche natürlich ein Quadrat.
Bei einer senkrechten Pyramide ist die Spitze genau über der Mitte des Quadrats. Dadurch wird die Pyramide symmetrisch. Das macht vieles einfacher. (Egal, was von einer Seitenfläche gefragt ist, man muss normalerweise nur *eine* berechnen, da sie ja aus Symmetriegründen alle gleich sind.)

Bsp.03 (billiges Beispiel, die Grundfläche liegt in der x_1-x_2-Ebene)

Eine quadratische Pyramide ist durch die Punkte A(8|0|0) B(8|8|0) C(0|8|0) D(0|0|0) gegeben. Die Pyramide ist 12m hoch.
Bestimme die Koordinaten der Pyramidenspitze, das Volumen, sowie die Oberfläche der Pyramide ! (→ siehe auch Bsp.10)

Lösung:
Die Spitze der Pyramide liegt ja genau 12m über dem Mittelpunkt. Also berechnen wir den Mittelpunkt des Quadrats und gehen dann 12 nach oben (in x_3-Richtung).

$$M_{Quadrat} = M_{AC} = \frac{1}{2}\cdot(\vec{a}+\vec{c}) = \frac{1}{2}\cdot\left(\begin{pmatrix}8\\0\\0\end{pmatrix}+\begin{pmatrix}0\\8\\0\end{pmatrix}\right) = \begin{pmatrix}4\\4\\0\end{pmatrix} \quad\Rightarrow\quad \mathbf{M(4|4|0)}$$

Die Spitze liegt 12 weiter oben, hat also die Koordinaten: **S (4 | 4 | 12)**

Volumen:

Die Grundfläche der Pyramide ist ein Quadrat, es gilt:
Grundfläche $= a^2 = |\overrightarrow{AB}|^2 = 8^2$ [1]
Damit berechnet sich das Volumen unserer lieben Pyramide:

$$V_{Pyr} = \frac{1}{3}\cdot Gfl\cdot H = \frac{1}{3}\cdot 8^2\cdot 12 = 256$$

Oberfläche:

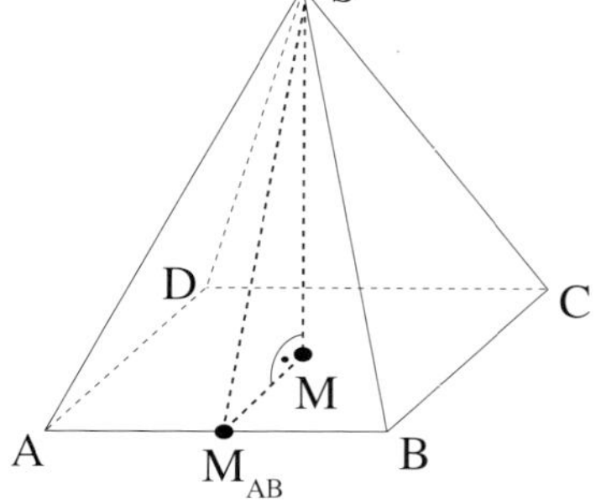

Die Oberfläche der Pyramide setzt sich aus einer Grundfläche (ein Quadrat) und vier Seitenflächen (vier identische Dreiecke) zusammen.
Die Grundfläche ist einfach (die haben wir schon

1 Normalerweise müsste man |AB| *berechnen*, hier kann man die Seitenlänge jedoch ablesen

für´s Volumen berechnet): $Gfl = |\overrightarrow{AB}|^2 = 8^2 = 64$

Die Seitenflächen sind alle gleich gebaut, es reicht also die Fläche vom Dreieck ABS zu berechnen.

$A_{ABS} = \frac{1}{2} \cdot \text{Grundlinie} \cdot \text{Höhe} = \frac{1}{2} \cdot |\overrightarrow{AB}| \cdot |\overrightarrow{SM_{AB}}|$

Die Länge von $|\overrightarrow{SM_{AB}}|$ haben wir noch nicht, den Mittelpunkt der Strecke AB, M_{AB}, haben wir auch noch nicht.

$$M_{AB} = \frac{1}{2} \cdot (A+B) = \frac{1}{2} \cdot \left(\begin{pmatrix} 8 \\ 0 \\ 0 \end{pmatrix} + \begin{pmatrix} 8 \\ 8 \\ 0 \end{pmatrix} \right) = \begin{pmatrix} 8 \\ 4 \\ 0 \end{pmatrix} \quad \Rightarrow \quad \mathbf{M_{AB}\ (\ 8 \mid 4 \mid 0\ )}$$

$$\Rightarrow \quad |\overrightarrow{SM_{AB}}| = \left| \begin{pmatrix} M_{AB} - S \end{pmatrix} \right| = \left| \begin{pmatrix} 8 - 4 \\ 4 - 4 \\ 0 - 12 \end{pmatrix} \right| = \left| \begin{pmatrix} 4 \\ 0 \\ -8 \end{pmatrix} \right| = \sqrt{4^2 + 0^2 + (-8)^2} \approx 8{,}94$$

$$\Rightarrow \quad A_{ABS} = \frac{1}{2} \cdot |\overrightarrow{AB}| \cdot |\overrightarrow{SM_{AB}}| = \frac{1}{2} \cdot 8 \cdot 8{,}94 = 35{,}76$$

$$\Rightarrow \quad O_{ges} = Gfl_{Quadrat} + 4 \cdot A_{ABS} = 64 + 4 \cdot 35{,}76 \approx 207{,}0 \ (LE^2)$$

Bsp.04 (eher unschönes Beispiel, keine Fläche ist parallel zu irgendeiner Koordinatenebene, man kann gar nichts ablesen).

Eine senkrechte, quadratische Pyramide ist durch die Punkte A(3|4|7) B(4|-5|3) C(-1|-2|-5) und S(13|5|-5) gegeben.
Bestimmen Sie die Koordinaten des vierten Quadratpunktes D.
Bestimmen Sie Oberfläche und Volumen der Pyramide.

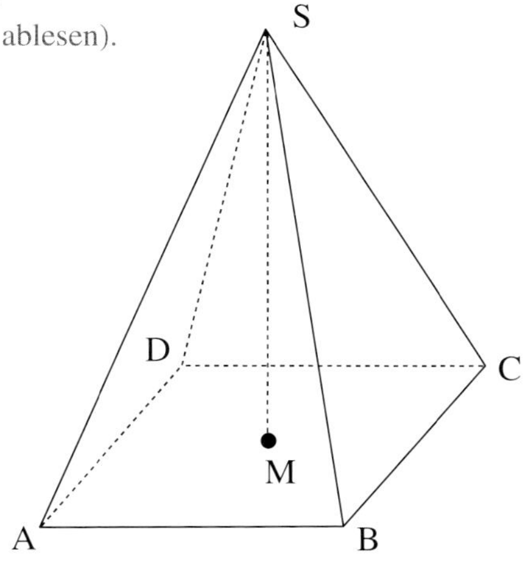

Lösung:
Koordinaten von D:

Es gilt ja: $\vec{d} = \vec{a} + \overrightarrow{BC} =$

(in der unmathematischen Schreibweise: $\vec{D} = \vec{A} + \overrightarrow{BC}$)

$$\Rightarrow \quad \vec{d} = \begin{pmatrix} 3 \\ 4 \\ 7 \end{pmatrix} + \begin{pmatrix} -1 - 4 \\ -2 - -5 \\ -5 - 3 \end{pmatrix} = \begin{pmatrix} -2 \\ 7 \\ -1 \end{pmatrix} \quad \Rightarrow \quad \mathbf{D\ (\ -2 \mid 7 \mid -1\ )}$$

Volumen der Pyramide: $V_{Pyr} = \frac{1}{3} \cdot Gfl \cdot H$

Die Grundfläche ist ein Quadrat, wir brauchen also nur dessen Seitenlänge:

$$a = |\overrightarrow{AB}| = \left| \begin{pmatrix} 4 - 3 \\ -5 - 4 \\ 3 - 7 \end{pmatrix} \right| = \left| \begin{pmatrix} 1 \\ -9 \\ -4 \end{pmatrix} \right| = \sqrt{98} \approx 9{,}90 \qquad \Rightarrow \quad \mathbf{Gfl = a^2 = 98}$$

Die Höhe kann man entweder als Abstand Punkt-Ebene berechnen, das wäre dann der Abstand von S zur Grundfläche ABCD. Allerdings müssten wir dann noch die Koordinatengleichung der Ebene ABC aufstellen (für die HNF) blablablah... Auf jeden Fall dauert es länger, als wenn wir einfach den Abstand von S zur Mitte des Quadrats errechnen.

$$M = M_{AC} = \frac{1}{2}\cdot(\vec{a}+\vec{c}) = \frac{1}{2}\cdot\left(\begin{pmatrix}3\\4\\7\end{pmatrix}+\begin{pmatrix}-1\\-2\\-5\end{pmatrix}\right) = \begin{pmatrix}1\\1\\1\end{pmatrix} \quad \Rightarrow \quad M(1 \mid 1 \mid 1)$$

$$\Rightarrow \quad H = d(S,M) = \left|\overrightarrow{SM}\right| = \left|\begin{pmatrix}1 & - & 13\\1 & - & 5\\1 & - & -5\end{pmatrix}\right| = \sqrt{(-12)^2+(-4)^2+6^2} = 14$$

$$\Rightarrow \quad V_{Pyr} = \frac{1}{3}\cdot Gfl\cdot H = \frac{1}{3}\cdot 98\cdot 14 \approx 457{,}33 \text{ (LE}^3\text{)}$$

Oberfläche der Pyramide: $O = A_{ABCD} + 4\cdot A_{ABS}$

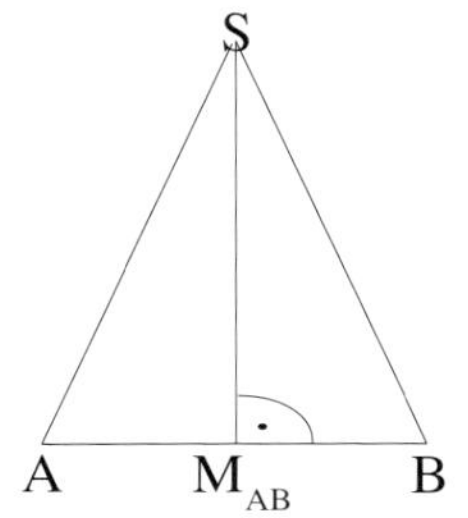

$A_{ABCD} = 98$ haben wir bereits für's Volumen berechnet

Also brauchen wir noch A_{ABS}.

$$A_{ABS} = \frac{1}{2}\cdot g\cdot h = \frac{1}{2}\cdot\left|\overrightarrow{AB}\right|\cdot\left|\overrightarrow{SM_{AB}}\right|$$

$$\left|\overrightarrow{AB}\right| = 9{,}90 \quad \text{(s.oben)}$$

$$M_{AB} = \frac{1}{2}\cdot(\vec{a}+\vec{b}) = \frac{1}{2}\cdot\left(\begin{pmatrix}3\\4\\7\end{pmatrix}+\begin{pmatrix}4\\-5\\3\end{pmatrix}\right) = \begin{pmatrix}3{,}5\\-0{,}5\\5\end{pmatrix} \quad \Rightarrow \quad M_{AB}(3{,}5 \mid -0{,}5 \mid 5)$$

$$\left|\overrightarrow{SM_{AB}}\right| = \left|\begin{pmatrix}3{,}5 & - & 13\\-0{,}5 & - & 5\\5 & - & -5\end{pmatrix}\right| = \left|\begin{pmatrix}-9{,}5\\-5{,}5\\10\end{pmatrix}\right| = \sqrt{(-9{,}5)^2+(-5{,}5)^2+10^2} \approx 14{,}85$$

$$A_{ABS} = \frac{1}{2}\cdot\left|\overrightarrow{AB}\right|\cdot\left|\overrightarrow{SM_{AB}}\right| = \frac{1}{2}\cdot 9{,}90\cdot 14{,}85 \approx 73{,}51$$

$$\Rightarrow \quad O = 98 + 4\cdot 73{,}51 \approx 392$$

Kap.05c) beliebige Ebene mit Koordinatenebenen (∯)

Wenn eine schiefliegende (=beliebige) Ebene die drei Koordinatenebenen schneidet, entsteht auch eine Pyramide. (Nämlich eine dreiseitige Pyramide.) Nett ist hierbei, dass man zwischen drei Kanten (den Koordinatenachsen) rechte Winkel hat. Das einzig Doofe, was man machen kann, ist dabei die Ebene E als Pyramidengrundfläche zu nehmen und den Ursprung als Pyramidenspitze. (In der Zeichnung wäre das, das Dreieck $S_1S_2S_3$ als Grundfläche zu nehmen)

Geschickt ist folgenden Methode: man nimmt z.B. das (rechtwinklige) Dreieck S_1S_2O als Grundfläche und S_3 als Pyramidenspitze.

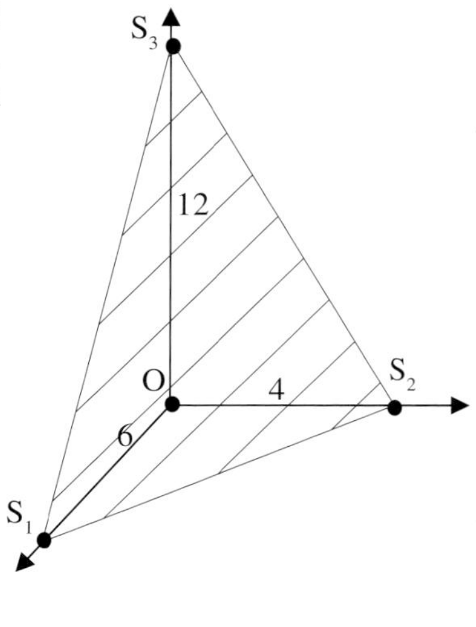

Bsp.05 Die Ebene E : $2x_1 + 3x_2 + x_3 = 12$ bildet mit den Koordinatenachsen eine Pyramide. Bestimme ihr Volumen!

Lösung:
Zuerst bestimmen wir die Schnittpunkte der Ebene mit den Koordinatenachsen (die Eckpunkte unserer Pyramide). $S_1(6 \mid 0 \mid 0)$ $S_2(0 \mid 4 \mid 0)$ und $S_3(0 \mid 0 \mid 12)$ und natürlich den Koordinatenursprung $O(0|0|0)$.

Wenn wir also tatsächlich das Dreieck S_1S_2O als Grundfläche nehmen, ist das ein rechtwinkliges Dreieck, dessen Katheten die Länge 6 bzw. 4 haben.

Die Grundfläche der Pyramide ist also: $\text{Gfl} = \frac{1}{2}\cdot g\cdot h = \frac{1}{2}\cdot 6\cdot 4 = 12$

Die Höhe der Pyramide ist der Abschnitt auf der x_3-Achse, die Pyramidenhöhe ist also 12.

Damit gilt für das Pyramidenvolumen: $V_{Pyr} = \frac{1}{3}\cdot \text{Gfl}\cdot H = \frac{1}{3}\cdot 12\cdot 12 = 48$

Kap.05d) beliebige dreiseitige Pyramide (∮)

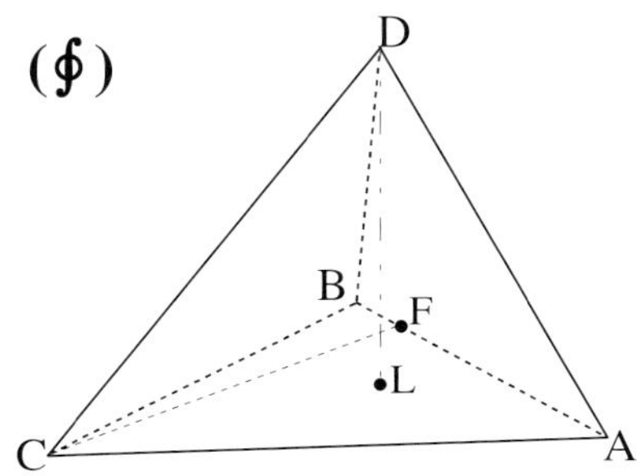

In einer beliebigen dreiseitigen Pyramide tauchen sehr viele Grundlagenberechnungen auf. Man muss meistens nur das Volumen berechnen (und nicht die Oberfläche). Ist aber aufwändig genug. Vermutlich wird man diese Aufgabe nie in einer Abi-Aufgabe sehen. Ab und zu taucht sie jedoch in Klassenarbeiten auf und wie gesagt... es sind Grundlagen, die jede(r) beherrschen solltet.

$V_{Pyr} = \frac{1}{3}\cdot \text{Gfl}\cdot H$ $\qquad$ $\text{Gfl} = \frac{1}{2}\cdot g\cdot h$

Nehmen wir `mal das Dreieck ABC als Grundfläche, dann ist D die Spitze der Pyramide. Die Pyramidenhöhe H ist also der Abstand von der Ebene E_{ABC} zum Punkt D (⇒HNF).

Um die Fläche des Dreiecks ABC ($A=\frac{1}{2}\cdot g\cdot h$) zu berechnen, könnte man AB als Grundlinie nehmen, dann wäre der Abstand von A zu B die Grundlinie g (Abstand Punkt-Punkt). Die Höhe des Dreiecks h ist dann der Abstand von C zur Geraden g_{AB}.

Bsp.06 Eine dreiseitige Pyramide ist durch die Punkte A(2|-2|0) B(-2|10|6) C(-3|6|-3) und D(7|5|1) gegeben. Bestimme das Volumen der Pyramide.

Lösung:

$V_{Pyr} = \frac{1}{3} \cdot Gfl \cdot H \qquad Gfl = \frac{1}{2} \cdot g \cdot h$

$Gfl = \frac{1}{2} \cdot g \cdot h = \frac{1}{2} \cdot |\overrightarrow{AB}| \cdot h_{AB}$

$|\overrightarrow{AB}| = \left| \begin{pmatrix} -2 & - & 2 \\ 10 & - & -2 \\ 6 & - & 0 \end{pmatrix} \right| = \left| \begin{pmatrix} -4 \\ 12 \\ 6 \end{pmatrix} \right|$

$= \sqrt{(-4)^2 + 12^2 + 6^2} = 14$

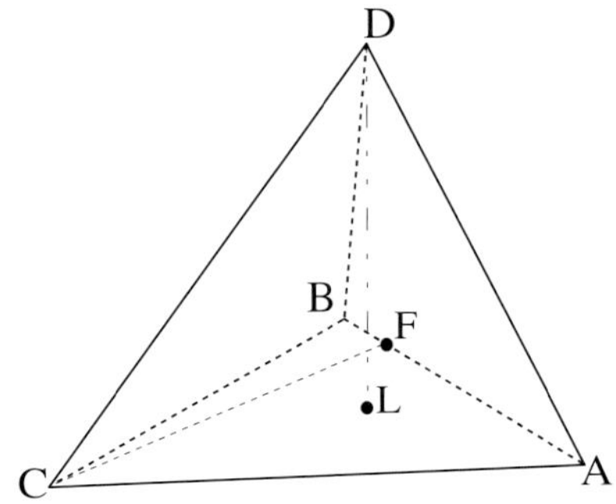

h_{AB} : (In der Zeichnung ist h_{AB}=CF)

Wir stellen die Lotebene auf, die senkrecht zu AB steht und durch C geht.
Die schneidet man mit der Geraden g_{AB}.
Dann bestimmen wir den Abstand von diesem Schnittpunkt F zur Dreieckspitze C.

E_{Lot} : Der Normalenvektor von E_{Lot} ist der Richtungsvektor von g_{AB}.
Also erst g_{AB} aufstellen.

$g_{AB} : \vec{x} = \begin{pmatrix} 2 \\ -2 \\ 0 \end{pmatrix} + t \cdot \begin{pmatrix} -2 & - & 2 \\ 10 & - & -2 \\ 6 & - & 0 \end{pmatrix} = \begin{pmatrix} 2 \\ -2 \\ 0 \end{pmatrix} + t \cdot \begin{pmatrix} -4 \\ 12 \\ 6 \end{pmatrix}$

$\Rightarrow \quad E_{Lot} : \; -4x_1 + 12x_2 + 6x_3 = d$ C in E_{Lot} einsetzen

$-4 \cdot (-3) + 12 \cdot 6 + 6 \cdot (-3) = d \quad \Rightarrow \quad d=66$

$\Rightarrow \quad E_{Lot} : \; -4x_1 + 12x_2 + 6x_3 = 66$

$g_{AB} \cap E_{Lot} : \; -4 \cdot (2-4t) + 12 \cdot (-2+12t) + 6 \cdot (6t) = 66$

$-32 + 196t = 66 \quad \Rightarrow \quad t = 0{,}5$

$t \text{ in } g_{AB} : \; \vec{x} = \begin{pmatrix} 2 \\ -2 \\ 0 \end{pmatrix} + 0{,}5 \cdot \begin{pmatrix} -4 \\ 12 \\ 6 \end{pmatrix} = \begin{pmatrix} 0 \\ 4 \\ 3 \end{pmatrix} \quad \Rightarrow \quad F(0 \mid 4 \mid 3)$

$\Rightarrow \quad h_{AB} = |\overrightarrow{FC}| = \left| \begin{pmatrix} -3 & - & 0 \\ 6 & - & 4 \\ -3 & - & 3 \end{pmatrix} \right| = \left| \begin{pmatrix} -3 \\ 2 \\ -6 \end{pmatrix} \right| = \sqrt{(-3)^2 + 2^2 + (-6)^2} = 7$

$\Rightarrow \quad Gfl = \frac{1}{2} \cdot |\overrightarrow{AB}| \cdot h_{AB} = \frac{1}{2} \cdot 14 \cdot 7 = 49$ **Gfl = 49**

Die Pyramidenhöhe ist der Abstand von D zur Ebene E_{ABC}.
Dumm ist natürlich, dass wir die Ebenengleichung von E_{ABC} noch nicht haben.
Also erst Parameterform aufstellen, dann die Koordinatenform.

$E_{ABC} : \; \vec{x} = \begin{pmatrix} A \end{pmatrix} + r \cdot \begin{pmatrix} B-A \end{pmatrix} + s \cdot \begin{pmatrix} C-A \end{pmatrix} = \begin{pmatrix} 2 \\ -2 \\ 0 \end{pmatrix} + r \cdot \begin{pmatrix} -4 \\ 12 \\ 6 \end{pmatrix} + s \cdot \begin{pmatrix} -5 \\ 8 \\ -3 \end{pmatrix}$

Koordinatenform von E_{ABC} bestimmen:

Variante über Skalarprodukt:

$$\begin{pmatrix} n_1 \\ n_2 \\ n_3 \end{pmatrix} \circ \begin{pmatrix} -4 \\ 12 \\ 6 \end{pmatrix} = 0 \;\Rightarrow\; -4n_1+12n_2+6n_3 = 0$$

$$\begin{pmatrix} n_1 \\ n_2 \\ n_3 \end{pmatrix} \circ \begin{pmatrix} -5 \\ 8 \\ -3 \end{pmatrix} = 0 \;\Rightarrow\; -5n_1+8n_2-3n_3 = 0$$

$$\begin{array}{rl} -4n_1 +12n_2 +6n_3 = 0 & \\ -5n_1 + \;\;8n_2 - 3n_3 = 0 & \mid \cdot 2 \quad + \\ \hline -14n_1 +28n_2 \qquad\quad = 0 & \end{array}$$

wähle $n_2 = 1 \;\Rightarrow\; n_1 = 2$

$n_2 = 1$ und $n_1=2$ in eine Gleichung $\Rightarrow$ $n_3 = -^2/_3$

$$\vec{n} = \begin{pmatrix} 2 \\ 1 \\ -2/3 \end{pmatrix} \;\hat{=}\; \begin{pmatrix} 6 \\ 3 \\ -2 \end{pmatrix}$$

Variante über Kreuzprodukt:

$$\begin{array}{cc} -4 & -5 \\ 12 & 8 \\ 6 & -3 \\ -4 & -5 \\ 12 & 8 \\ 6 & -3 \end{array} \qquad \vec{n} = \begin{pmatrix} 12\cdot(-3) - 6\cdot 8 \\ 6\cdot(-5) - (-4)\cdot(-3) \\ -4\cdot 8 - 12\cdot(-5) \end{pmatrix}$$

$$\Rightarrow \vec{n} = \begin{pmatrix} -84 \\ -42 \\ 28 \end{pmatrix} = \text{(gekürzt)} = \begin{pmatrix} 6 \\ 3 \\ -2 \end{pmatrix}$$

$\Rightarrow \quad E_{ABC} : \; 6\cdot x_1 +3\cdot x_2 - 2\cdot x_3 = d$ Stützvektor der Parameterform einsetzen,

$6\cdot 2+3\cdot(-2)-2\cdot 0 = d \quad \Rightarrow \quad d=6$

$\Rightarrow \quad E_{ABC} : \; 6\cdot x_1 +3\cdot x_2 - 2\cdot x_3 = 6$

Nun können wir den Abstand von D zur Ebene E_{ABC} ausrechnen.

HNF von E_{ABC} ausrechnen: $\dfrac{6x_1+3x_2-2x_3-6}{\sqrt{6^2+3^2+(-2)^2}} = \dfrac{6x_1+3x_2-2x_3-6}{7} = 0$

$H_{Pyr} = d(D,E_{ABC})$ = (D in HNF einsetzen) = $\left|\dfrac{6\cdot 7+3\cdot 5-2\cdot 1-6}{7}\right| = 7$

Jetzt sind wir fertig. $\qquad V_{Pyr} = \frac{1}{3}\cdot Gfl \cdot H = \frac{1}{3}\cdot 49\cdot 7 \approx 114{,}33$ (LE³)

Kugeln:

Natürlich sind Kugeln seit 2004 nicht mehr im Lehrplan.

Es gibt jedoch (ohne das Wort „Kugeln" explizit zu verwenden) die Möglichkeit, Fragen zum Thema Kugeln zu stellen, die man mit „normalen" Schulkenntnissen beantworten kann. Da Musteraufgaben vom Oberschulamt in diesem Stil existieren, gibt es eine reelle Chance, dass solche Fragen ab und zu im Abi auftauchen.

Wenn man mit Kugeln rumrechnen muss, reicht es im Normalfall, sich zwei Sachen vor Augen zu halten:

- Der Radius ist nichts anderes als der Abstand vom Kugelmittelpunkt zum „Rand“ der Kugel.
- Wenn eine Ebene eine Kugel berührt (das wäre dann eine Tangentialebene), steht der Radius auf dieser Ebene senkrecht.

Kap.05e) Inkugel einer senkrechten, quadratischen Pyramide (∮)

Die Inkugel einer Pyramide ist eine Kugel, die alle fünf Seitenflächen der Pyramide von innen berührt. Daher ist der Abstand vom Kugelmittelpunkt zu allen Seitenflächen gleich groß (immer der Kugelradius).

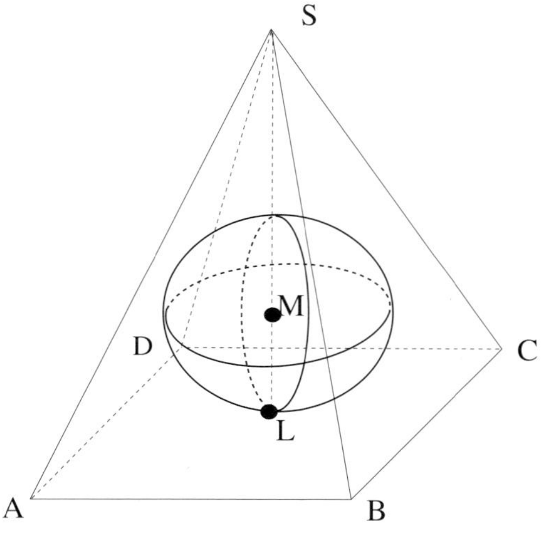

Die Aufgabe könnte also folgendermaßen gestellt sein:

Bestimme Mittelpunkt und Radius der Inkugel!

Wahrscheinlicher ist jedoch ist eine andere Formulierung:

Formulierung der Aufgabe: (→ Bsp.07)
Welcher Punkt hat von allen fünf Seitenflächen der Pyramide den gleichen Abstand ? Wie groß ist dieser Abstand?

Vorgehensweise zur Lösung:
Im Prinzip ist der Mittelpunkt und der Radius der Inkugel gesucht, allerdings muss man bei dieser Formulierung natürlich weder den Begriff „Inkugel“ kennen, noch muss einem auffallen, dass irgendwie eine Kugel im Spiel ist.

Da der gesuchte Punkt zu aller vier Seitenflächen gleich weit entfernt ist, muss er (aus Symmetriegründen) auf der Mittelachse liegen, welche von der Spitze S zum Quadratmittelpunkt L geht.
Wir berechnen also die Geradengleichung der Mittelachse SL wodurch wir die Koordinaten des Kugelmittelpunktes (in Abhängigkeit von „t“) erhalten.

Dann berechnen wir die Ebenengleichung der Grundfläche und die Ebenengleichung einer Seitenfläche (wir brauchen die Koordinatenform der Ebenen, wegen der HNF).
Jetzt können wir mit HNF den Abstand vom Kugelmittelpunkt zur Grundfläche und den Abstand vom Kugelmittelpunkt zur Seitenfläche ausrechnen (in Abhängigkeit von „t“) und diese beiden dann gleichsetzen. Mit dieser Gleichung erhält man „t“. (Alles klar?)

Bsp.07 Es seien die Eckpunkte folgender Pyramide gegeben: A(6 | 6 | -14) B(12 | 14 | 10) C(20 | -10 | 16) D(14 | -18 | -8) und S(37 | 4 | -7).
Bestimme jenen Punkt in der Pyramide, der von allen Pyramidenflächen gleich weit entfernt ist. Wie groß ist dieser Abstand ?

Lösung:
Zuerst stellen wir die Geradengleichung der Mittelachse auf (g_{SL}).
S haben wir, den Mittelpunkt der Grundfläche berechnen wir erst.

$$L = \frac{1}{2}\cdot(\vec{a}+\vec{c}) = \frac{1}{2}\cdot\left(\begin{pmatrix}6\\6\\-14\end{pmatrix}+\begin{pmatrix}20\\-10\\16\end{pmatrix}\right) = \begin{pmatrix}13\\-2\\1\end{pmatrix} \qquad \Rightarrow \quad \mathbf{L\,(\,13 \mid -2 \mid 1\,)}$$

$$g_{SL}: \vec{x} = \begin{pmatrix}13\\-2\\1\end{pmatrix}+t\cdot\begin{pmatrix}13-37\\-2-4\\1-(-7)\end{pmatrix} = \begin{pmatrix}13\\-2\\1\end{pmatrix}+t\cdot\begin{pmatrix}-24\\-6\\8\end{pmatrix} \qquad \Rightarrow \quad \mathbf{M\,(\,13-24t \mid -2-6t \mid 1+8t\,)}$$

Nun brauchen wir die Koordinatengleichung von der Pyramidengrund- und Seitenfläche:

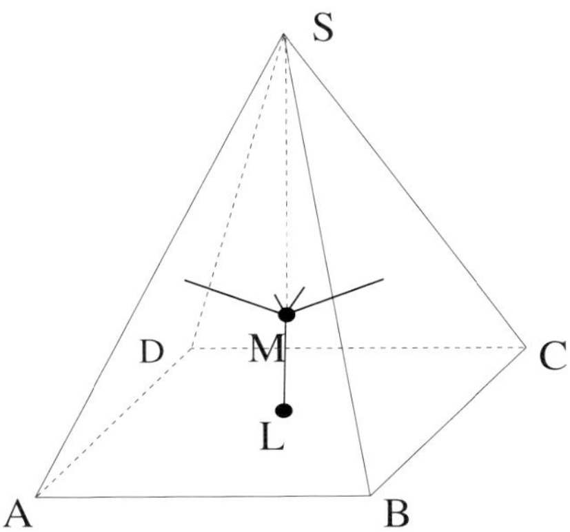

Die 5 dickeren Linien, die vom Punkt M ausgehen, stellen den Abstand zu den Flächen dar.

$$E_{ABCD}: \vec{x} = \begin{pmatrix}A\end{pmatrix}+r\cdot\begin{pmatrix}B-A\end{pmatrix}+s\cdot\begin{pmatrix}C-A\end{pmatrix} =$$
$$= \begin{pmatrix}6\\6\\-14\end{pmatrix}+r\cdot\begin{pmatrix}6\\8\\24\end{pmatrix}+s\cdot\begin{pmatrix}14\\-16\\30\end{pmatrix}$$

Koordinatenform von E_{ABC} bestimmen:

Variante über Skalarprodukt:

$$\begin{pmatrix}n_1\\n_2\\n_3\end{pmatrix}\circ\begin{pmatrix}6\\8\\24\end{pmatrix} = 0 \Rightarrow 6n_1+8n_2+24n_3 = 0$$

$$\begin{pmatrix}n_1\\n_2\\n_3\end{pmatrix}\circ\begin{pmatrix}14\\-16\\30\end{pmatrix} = 0 \Rightarrow 14n_1-16n_2+30n_3 = 0$$

Variante über Kreuzprodukt:

~~6 14~~
~~8 -16~~
~~24 30~~
6 14
8 -16
24 30

$$\vec{n} = \begin{pmatrix}8\cdot30-24\cdot(-16)\\24\cdot14-6\cdot30\\6\cdot(-16)-8\cdot14\end{pmatrix}$$

$$\begin{array}{rl} 6n_1 + 8n_2 + 24n_3 = 0 & \mid \cdot 2 \quad + \\ 14n_1 - 16n_2 + 30n_3 = 0 & \\ \hline 26n_1 \qquad + 78n_3 = 0 & \end{array}$$

wähle $n_3 = 1 \Rightarrow n_1 = -3$

$n_1=-3$ und $n_3=1$ in eine der Gleichungen

$\Rightarrow n_2 = -0{,}75$

$$\Rightarrow \quad \vec{n} = \begin{pmatrix} -3 \\ -0{,}75 \\ 1 \end{pmatrix} \triangleq \begin{pmatrix} 12 \\ 3 \\ -4 \end{pmatrix}$$

$$\Rightarrow \quad \vec{n} = \begin{pmatrix} 624 \\ 156 \\ -208 \end{pmatrix} = \begin{pmatrix} 12 \\ 3 \\ -4 \end{pmatrix}$$

$\Rightarrow E_{ABC} : 12\cdot x_1 + 3\cdot x_2 - 4\cdot x_3 = d$ Stützvektor der Parameterform einsetzen

$12\cdot 6 + 3\cdot 6 - 4\cdot(-14) = d \Rightarrow d=146$

$\Rightarrow E_{ABC} : 12x_1 + 3x_2 - 4x_3 = 146$

Die Seitenfläche E_{ABS}:

$$E_{ABS} : \vec{x} = \begin{pmatrix} A \end{pmatrix} + r\cdot\begin{pmatrix} B-A \end{pmatrix} + s\cdot\begin{pmatrix} S-A \end{pmatrix} = \begin{pmatrix} 6 \\ 6 \\ -14 \end{pmatrix} + r\cdot\begin{pmatrix} 6 \\ 8 \\ 24 \end{pmatrix} + s\cdot\begin{pmatrix} 31 \\ -2 \\ 7 \end{pmatrix}$$

Koordinatenform von E_{ABS} bestimmen:

Variante über Skalarprodukt:

$$\begin{pmatrix} n_1 \\ n_2 \\ n_3 \end{pmatrix} \circ \begin{pmatrix} 6 \\ 8 \\ 24 \end{pmatrix} = 0 \Rightarrow 6n_1+8n_2+24n_3 = 0$$

$$\begin{pmatrix} n_1 \\ n_2 \\ n_3 \end{pmatrix} \circ \begin{pmatrix} 31 \\ -2 \\ 7 \end{pmatrix} = 0 \Rightarrow 31n_1-2n_2+7n_3 = 0$$

$$\begin{array}{rl} 6n_1 + 8n_2 + 24n_3 = 0 & \quad + \\ 31n_1 - 2n_2 + 7n_3 = 0 & \mid \cdot 4 \\ \hline 130n_1 \quad + \quad 52n_3 = 0 & \mid : 13 \\ 10n_1 + 4n_3 = 0 & \end{array}$$

wähle $n_3 = -10 \Rightarrow n_1 = 4$

$n_1 = 4$ und $n_3=-10$ in eine Gleichung

$\Rightarrow n_2 = 27$

Variante über Kreuzprodukt:

~~6~~	~~31~~
8	-2
24	7
6	31
8	-2
24	7

$$\vec{n} = \begin{pmatrix} 8\cdot 7 - 24\cdot(-2) \\ 24\cdot 31 - 6\cdot 7 \\ 6\cdot(-2) - 8\cdot 31 \end{pmatrix} = \begin{pmatrix} 104 \\ 702 \\ -260 \end{pmatrix}$$

Normalenvektor mit 26 kürzen...

$$\vec{n} = \begin{pmatrix} 4 \\ 27 \\ -10 \end{pmatrix}$$

$\Rightarrow E_{ABS} : 4\cdot x_1+27\cdot x_2-10\cdot x_3 = d$ Stützvektor der Parameterform einsetzen,

$4\cdot 6+27\cdot 6-10\cdot(-14) = d \Rightarrow d = 326$

$\Rightarrow E_{ABS} : 4\cdot x_1+27\cdot x_2-10x_3 = 326$

Nun bestimmen wir die Abstände von M zu den beiden Seitenflächen, diese können wir dann gleichsetzen.
Einen Abstand von einem Punkt zu einer Ebene berechnet man über HNF, daher brauchen wir zuerst noch die HNF von beiden Ebenen.

HNF von E_{ABC} : $\frac{12x_1+3x_2-4x_3-146}{\sqrt{12^2+3^2+(-4)^2}} = \frac{12x_1+3x_2-4x_3-146}{13} = 0$

Abstand von M zu E_{ABC} :

$$d(M,E_{ABC}) = \left|\frac{12\cdot(13-24t)+3\cdot(-2-6t)-4\cdot(1+8t)-146}{13}\right| = \left|\frac{-338t}{13}\right|$$

HNF von E_{ABS} : $\frac{4x_1+27x_2-10x_3-326}{\sqrt{4^2+27^2+(-10)^2}} = \frac{4x_1+27x_2-10x_3-326}{\sqrt{845}} = 0$

Abstand von M zu E_{ABS} :

$$d(M,E_{ABS}) = \left|\frac{4\cdot(13-24t)+27\cdot(-2-6t)-10\cdot(1+8t)-326}{\sqrt{845}}\right| = \left|\frac{338t-338}{\sqrt{845}}\right|$$

Die beiden Abstände von M zu den Pyramidenflächen müssen nun gleich sein !

$$d(M,E_{ABCD}) = d(M,E_{ABS})$$

$$\left|\frac{-338t}{13}\right| = \left|\frac{338t-338}{\sqrt{845}}\right| \quad | : 338$$

(Ab dieser Stelle könnte man die Gleichung vom GTR lösen lassen.)

$$\left|\frac{-t}{13}\right| = \left|\frac{t-1}{\sqrt{845}}\right| \quad | \, (\,)^2$$

$$\frac{t^2}{169} = \frac{t^2-2t+1}{845} \quad | \cdot 169 \cdot 845$$

$$845t^2 = 169t^2 - 338t + 169$$

$$676t^2 + 338t - 169 = 0$$

ab hier p-q-Formel oder a-b-c-Formel ...

$\Rightarrow \ldots \Rightarrow \; t_1 = 0{,}31 \quad t_2 = -0{,}81$

Man könnte den Betrag auch auflösen, indem man auf die andere Seite ein ± schreibt, aber wenn ich quadriere, geht der Betrag weg (durchs Quadrieren wird alles ja positiv, damit wird der Betrag unnötig) und man kriegt auch noch die Wurzel von $\sqrt{845}$ weg.

t_1 und t_2 in M einsetzen und dadurch die gesuchten Punkte erhalten.
$t_1=0{,}31$ in M $\Rightarrow$ $M_1(5{,}56 \mid -3{,}86 \mid 2{,}48)$ $\Rightarrow$ $d_1(M_1,E_{ABC}) = \ldots = 8{,}06$
$t_2=-0{,}81$ in M $\Rightarrow$ $M_2(32{,}44 \mid 2{,}86 \mid -5{,}48)$ $\Rightarrow$ $d_2(M_2,E_{ABC}) = \ldots = 21{,}04$

$d_1 < d_2$ $\Rightarrow$ M_1 liegt innerhalb der Pyramide, M_2 liegt außerhalb der Pyramide
$\Rightarrow$ **M(5,56 | -3,86 | 2,48) d = 8,06**

schwere Geburt

Kap.05f) Umkugel einer senkrechten, quadratischen Pyramide (∮)

Die Umkugel einer Pyramide, ist eine Kugel, die durch alle fünf Eckpunkte der Pyramide geht. Daher ist der Abstand vom Kugelmittelpunkt zu allen Eckpunkten gleich groß (der Radius).

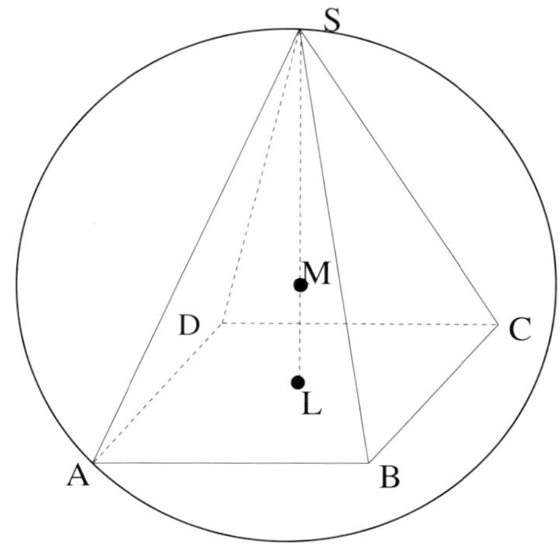

Die Aufgabe könnte also folgendermaßen gestellt sein:
Bestimme Mittelpunkt und Radius der Umkugel!

Wahrscheinlicher ist jedoch ist eine andere Formulierung:

Formulierung der Aufgabe: (→ Bsp.08)
Welcher Punkt hat von allen fünf Eckpunkten der Pyramide den gleichen Abstand ?
Wie groß ist dieser Abstand?

Vorgehensweise zur Lösung:
Im Prinzip ist der Mittelpunkt und der Radius der Umkugel gesucht, allerdings muss man, wie bei der Inkugel auch, bei dieser Formulierung weder den Begriff „Umkugel" kennen, noch muss einem auffallen, dass irgendwie eine Kugel im Spiel ist.

Wie bei der Inkugel muss auch bei der Umkugel der Kugelmittelpunkt aus Symmetriegründen auf der „Mittelachse" liegen. Wir werden also auch hier die Geradengleichung dieser Mittelachse (in der Zeichnung SL) aufstellen, dem gesuchten Punkt (Mittelpunkt der Umkugel) diese Koordinaten geben und dann einfach den Abstand vom Kugelmittelpunkt (in Abhängigkeit von „t") zu zwei Eckpunkten berechnen [(1)].
Wenn wir diese gleichsetzen, erhält man den gesuchten Mittelpunkt.
(Die Rechnung wird etwas kürzer sein, als die bei der Inkugel)

Bsp.08 Es seien die Eckpunkte folgender Pyramide gegeben:
A(6|6|-14) B(12|14|10) C(20|-10|16) D(14|-18|-8) und S(37|4|-7).
Welcher Punkt hat von allen Eckpunkten der Pyramide den gleichen Abstand?
Bestimme diesen Abstand !

---

1 Niemals den Abstand von M zu zwei Ecken der Grundfläche wählen, da kommt nur Müll raus! Immer einmal zur Spitze und einmal zu einer „Grundecke".

Lösung:
Wiederum muss der gesuchte Punkt (der Kugelmittelpunkt) auf der Verbindungsgeraden von S zu L liegen. Wir werden uns daher die ganze Rechnung sparen und die Koordinaten einfach aus Kap.05e) Bsp.07 übernehmen:

M (13-24t I -2-6t I 1+8t)

Der Abstand vom Kugelmittelpunkt zu zwei Eckpunkten muss gleich sein.
(Immer der Radius).

$$d(M,A) = \left|\overrightarrow{AM}\right| = \left\|\begin{pmatrix} 13-24t & - & 6 \\ -2-6t & - & 6 \\ 1+8t & - & -14 \end{pmatrix}\right\| = \left\|\begin{pmatrix} 7-24t \\ -8-6t \\ 15+8t \end{pmatrix}\right\|$$

$$= \sqrt{(7-24t)^2+(-8-6t)^2+(15+8t)^2} = \sqrt{676t^2+0t+338}$$

$$d(M,S) = \left|\overrightarrow{SM}\right| = \left\|\begin{pmatrix} 13-24t & - & 37 \\ -2-6t & - & 4 \\ 1+8t & - & -7 \end{pmatrix}\right\| = \left\|\begin{pmatrix} -24-24t \\ -6-6t \\ 8+8t \end{pmatrix}\right\|$$

$$= \sqrt{(-24-24t)^2+(-6-6t)^2+(8+8t)^2} = \sqrt{676t^2+1352t+676}$$

Die beiden Abstände gleichsetzen

$$d(M,A) = d(M,S)$$

$$\sqrt{676t^2+0t+338} = \sqrt{676t^2+1352t+676} \qquad |\,(\,)^2$$

(Ab hier könnte man die Gleichung auch vom GTR lösen lassen.
Von Hand geht's aber fast schneller.)

$$676t^2 + 338 = 676t^2 + 1352t + 676 \qquad |\,-676t^2$$

$$338 = 1352t + 676$$

$\Rightarrow \quad t = -0{,}25 \quad \Rightarrow$ **M (19 I -0,5 I -1)**

$\Rightarrow$ $\mathbf{d(M,A)} = \sqrt{676\cdot(-0{,}25)^2+0\cdot(-0{,}25)+338}$ **= 19,5**

Kap.05g) Flächen und Volumina mit dem Kreuzprodukt (∯)

Flächen und Rauminhalte kann man mit Hilfe des Kreuzproduktes recht einfach berechnen. Allerdings setzt es natürlich voraus, dass man das Kreuzprodukt in der Schule verwenden darf.

Dreieckfläche: $A_{ABC} = \frac{1}{2} \cdot \left|\overrightarrow{AB} \times \overrightarrow{AC}\right|$ (→ Bsp.09)

Parallelogrammfläche: $A_{ABCD} = \left|\overrightarrow{AB} \times \overrightarrow{AC}\right|$

Die Formel gilt natürlich auch für Rechtecke, Quadrate, .. da das alles Parallelogramme sind.
Die Fläche eines Parallelogramms besteht einfach aus zwei Dreiecken, daher die Ähnlichkeit zur Dreiecksfläche.

Spatvolumen: $V_{Spat} = \left(\overrightarrow{AB} \times \overrightarrow{AC}\right) \circ \overrightarrow{AD}$

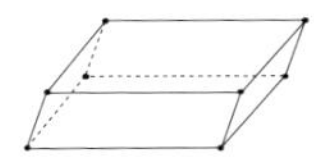

(Ein Spat ist ein „verschobener Quader", dessen Winkel *nicht* 90° sind).
Damit gilt die Formel natürlich auch für Quader und Würfel.
Die Kombination von Kreuzprodukt und Skalarprodukt: $\left(\overrightarrow{AB} \times \overrightarrow{AC}\right) \circ \overrightarrow{AD}$ heißt **Spatprodukt.**

Pyramidenvolumen (geht ebenfalls übers Spatprodukt): (→ Bsp.10)

Volumen einer dreiseitigen Pyramide: $V_{ABCD} = \frac{1}{6}\left(\overrightarrow{AB} \times \overrightarrow{AC}\right) \circ \overrightarrow{AD}$

Volumen einer quadratischen Pyramide: $V_{ABCDS} = \frac{1}{3}\left(\overrightarrow{AB} \times \overrightarrow{AD}\right) \circ \overrightarrow{AS}$

(Letzteres gilt auch für Pyramiden mit einem Parallelogramm als Grundfläche)

Bsp.09) (gleiche Aufgabe wie Bsp.01 und Bsp.02, nur anderer Rechenweg)

Gegeben sind die drei Punkte A(1 | -2 | 3), B(4 | 4 | 9) und C(6 | 2 | 1)
Bestimmen Sie den Flächeninhalt des Dreiecks ABC!

Lösung:

Eine geniale Methode, die Fläche eines Dreiecks zu berechnen, geht über das Kreuzprodukt. Es gilt dabei die Formel:

$$A_{ABC} = \frac{1}{2} \cdot \left|\overrightarrow{AB} \times \overrightarrow{AC}\right|$$

(Es ist hierbei nicht notwendig unbedingt die Vektoren AB und AC zu verwenden)

Zuerst stellen wir den Vektor $\overrightarrow{AB}$ auf: $\overrightarrow{AB} = \begin{pmatrix} 4 & - & 1 \\ 4 & - & -2 \\ 9 & - & 3 \end{pmatrix} = \begin{pmatrix} 3 \\ 6 \\ 6 \end{pmatrix}$

Danach stellen wir den Vektor $\overrightarrow{AC}$ auf: $\overrightarrow{AC} = \begin{pmatrix} 6 & - & 1 \\ 2 & - & -2 \\ 1 & - & 3 \end{pmatrix} = \begin{pmatrix} 5 \\ 4 \\ -2 \end{pmatrix}$

Nun bestimmen wir das Kreuzprodukt von $\overrightarrow{AB}$ und .

$$\overrightarrow{AB}\times\overrightarrow{AC} = \begin{array}{cc} 3 & 5 \\ 6 & 4 \\ 6 & -2 \\ 3 & 5 \\ 6 & 4 \\ 6 & -2 \end{array} = \begin{pmatrix} 6\cdot(-2) - 6\cdot 4 \\ 6\cdot 5 - 3\cdot(-2) \\ 3\cdot 4 - 6\cdot 5 \end{pmatrix} = \begin{pmatrix} -36 \\ 36 \\ -18 \end{pmatrix}$$

$$\Rightarrow \quad A_{ABC} = \frac{1}{2}\cdot\left|\overrightarrow{AB}\times\overrightarrow{AC}\right| = \frac{1}{2}\cdot\left|\begin{pmatrix} -36 \\ 36 \\ -18 \end{pmatrix}\right| = \frac{1}{2}\sqrt{(-36)^2+(36)^2+(-18)^2} = 27$$

Bsp.10 (ähnliche Aufgabe wie Bsp.03)

Eine quadratische Pyramide ist durch die Punkte A(8|0|0) B(8|8|0) C(0|8|0) D(0|0|0) und S(4|4|12) gegeben. Bestimme das Volumen der Pyramide !

Lösung:

Wir verwenden die Formel für das Volumen der quadratischen Pyramide.

$$V_{ABCDS} = \frac{1}{3}\left(\overrightarrow{AB}\times\overrightarrow{AD}\right)\circ\overrightarrow{AS}$$

Wir stellen die drei benötigten Vektoren auf:

$$\overrightarrow{AB} = \begin{pmatrix} 8 - 8 \\ 8 - 0 \\ 0 - 0 \end{pmatrix} = \begin{pmatrix} 0 \\ 8 \\ 0 \end{pmatrix} \qquad \overrightarrow{AD} = \begin{pmatrix} 0 - 8 \\ 0 - 0 \\ 0 - 0 \end{pmatrix} = \begin{pmatrix} -8 \\ 0 \\ 0 \end{pmatrix} \qquad \overrightarrow{AS} = \begin{pmatrix} 4 - 8 \\ 4 - 0 \\ 12 - 0 \end{pmatrix} = \begin{pmatrix} -4 \\ 4 \\ 12 \end{pmatrix}$$

$$\Rightarrow \quad V_{ABCDS} = \frac{1}{3}\left(\overrightarrow{AB}\times\overrightarrow{AD}\right)\circ\overrightarrow{AS} = \frac{1}{3}\left(\begin{pmatrix} 0 \\ 8 \\ 0 \end{pmatrix}\times\begin{pmatrix} -8 \\ 0 \\ 0 \end{pmatrix}\right)\circ\begin{pmatrix} -4 \\ 4 \\ 12 \end{pmatrix}$$

Nebenrechnung: $$\overrightarrow{AB}\times\overrightarrow{AD} = \begin{array}{cc} 0 & -8 \\ 8 & 0 \\ 0 & 0 \\ 0 & -8 \\ 8 & 0 \\ 0 & 0 \end{array} = \begin{pmatrix} 8\cdot 0 - 0\cdot 0 \\ 0\cdot(-8) - 0\cdot 0 \\ 0\cdot 0 - 8\cdot(-8) \end{pmatrix} = \begin{pmatrix} 0 \\ 0 \\ 64 \end{pmatrix}$$

$$\Rightarrow \quad V_{ABCDS} = \frac{1}{3}\begin{pmatrix} 0 \\ 0 \\ 64 \end{pmatrix}\circ\begin{pmatrix} -4 \\ 4 \\ 12 \end{pmatrix} = \frac{1}{3}\cdot(\ 0 + 0 + 64\cdot 12\ ) = 256$$

Wenn hinter Leuchten Leuchten leuchten, leuchten Leuchten Leuchten nach.
Wenn hinter Liegen Liegen liegen, liegen Liegen Liegen hinterher.
Wenn hinter Meißeln Meißeln meißeln, meißeln Meißeln Meißeln nach.
Wenn hinter Memmen Memmen memmen, memmen Memmen Memmen nach.
Wenn hinter Murmeln Murmeln murmeln, murmeln Murmeln Murmeln nach.

Kap.06 Parameter-Aufgaben

Z.Bsp: Sei A(4|3|a). Wie muss a gewählt werden, damit der Abstand zum Ursprung 5LE ist ?
Eigentlich ist das viel zu einfach und primitiv für uns [1].
(Verbindungsvektor $\overrightarrow{AO}$ aufstellen, Betrag davon $|\overrightarrow{AO}| = 5$ setzen, nach „a" auflösen).

Wir geben uns Folgendes:

Bsp.1 Sei A(4 | 3 | a). Zeige, dass alle Punkte A auf einer Geraden liegen !

Gut, zeigen wir:
Wir schreiben A als Vektor auf und spalten ihn in zwei Vektoren auf: ein Vektor nur mit Zahlen und ein Vektor mit Buchstaben (mit a).

$$A = \begin{pmatrix} 4 \\ 3 \\ a \end{pmatrix} = \begin{pmatrix} 4 \\ 3 \\ 0 \end{pmatrix} + \begin{pmatrix} 0 \\ 0 \\ a \end{pmatrix} = \begin{pmatrix} 4 \\ 3 \\ 0 \end{pmatrix} + a \cdot \begin{pmatrix} 0 \\ 0 \\ 1 \end{pmatrix} \longleftarrow$$

Das ist eine Geradengleichung.

Gezeigt !

(Es gäbe auch noch die Möglichkeit, für a zwei beliebige Zahlen einzusetzen, damit würde man zwei Punkte A_1 und A_2 erhalten. Aus diesen beiden Punkten stellt man dann eine Gerade auf.
In diesem Fall ist nicht nur nach der Gerade gefragt, wir müssen auch noch *beweisen,* dass alle Punkte „A" auf einer Gerade liegen. Wir müssten also noch A und die Gerade gleichsetzen und dann eine wahre Aussage erhalten.)

Kap.06a) Geradenscharen (∯)

Bsp.2 Gegeben sei die Geradenschar $g_b : \vec{x} = \begin{pmatrix} 4 \\ -2 \\ 1 \end{pmatrix} + t \cdot \begin{pmatrix} 1 \\ b \\ 2 \end{pmatrix}$

Geben Sie eine Gleichung der Ebene E an, in der alle Geraden g_b enthalten sind.

Lösung:
Oh, jehh. Gaanzschwerganzschwer. Vielleicht machen wir's ja wie in Bsp.1
Wir spalten den zweiten Richtungsvektor (da wo der Parameter „b" drinsteckt) auf.

$$\vec{x} = \begin{pmatrix} 4 \\ -2 \\ 1 \end{pmatrix} + t \cdot \begin{pmatrix} 1 \\ b \\ 2 \end{pmatrix} = \begin{pmatrix} 4 \\ -2 \\ 1 \end{pmatrix} + t \cdot \begin{pmatrix} 1 \\ 0 \\ 2 \end{pmatrix} + t \cdot \begin{pmatrix} 0 \\ b \\ 0 \end{pmatrix} = \begin{pmatrix} 4 \\ -2 \\ 1 \end{pmatrix} + t \cdot \begin{pmatrix} 1 \\ 0 \\ 2 \end{pmatrix} + t \cdot b \cdot \begin{pmatrix} 0 \\ 1 \\ 0 \end{pmatrix} =$$

1 siehe auch Kap.04a - Bsp.2

$= „t\cdot b“$ nennen wir ab jetzt „ü“ $= \begin{pmatrix} 4 \\ -2 \\ 1 \end{pmatrix} + t \cdot \begin{pmatrix} 1 \\ 0 \\ 2 \end{pmatrix} + ü \cdot \begin{pmatrix} 0 \\ 1 \\ 0 \end{pmatrix}$ ← Das ist eine Ebenengleichung. Gleichung angegeben !

So. Jetzt `mal wieder ein Beispiel, welches nicht mehr so arg weit unter unserem Niveau liegt.

Bsp.3 Gegeben sei die Geradenschar $g: \vec{x} = \begin{pmatrix} 4 \\ c \\ 1 \end{pmatrix} + t \cdot \begin{pmatrix} d \\ 1 \\ 2 \end{pmatrix}$ (→ Kap.03b)

und die Ebene $E: 2x_1 + 3x_2 - x_3 = 4$

Bestimmen Sie die Parameter c und d so, dass g und E

a) parallel und verschieden sind

b) g in E liegt

c) g und E sich schneiden !

Lösung:

Wir werden g und E einfach schneiden.

Wenn g und E parallel und verschieden sein sollen, dann darf es *keinen* Schnittpunkt geben, es muss also eine Gleichung `rauskommen, die *keine* Lösung liefert (z.Bsp. 0=5).

Wenn g in E liegen soll, muss es ∞-*viele* Schnittpunkte geben, wir müssen also eine Gleichung erhalten, die ∞-*viele* Lösungen liefert (z.Bsp. 0=0).

Wenn g und E *einen* Schnittpunkt haben sollen, muss *eine* Lösung `rauskommen. Das passiert nur dann, wenn „t“ nicht `rausfällt (eigentlich der Normalfall). Dann kann man nämlich nach „t“ auflösen und hat den Schnittpunkt.

$g \cap E$ $\quad 2\cdot(4+d\cdot t) + 3\cdot(c+t) - (1+2t) = 4$

$8 + 2dt + 3c + 3t - 1 - 2t = 4$

$t\cdot(2d+1) = -3 - 3c$

Annahme, wir hätten die Parameter „c“ und „d“ nicht. Dann würden wir ganz normal nach „t“ auflösen. Das machen wir hier jetzt auch. Trotz „c“ und „d“ !“

Nun kommt die Fallunterscheidung:

Falls $2d+1 \neq 0$ d.h **d≠-0,5** fällt „t“ *nicht* weg, man kann ganz normal nach „t“ auflösen und hat einen Schnittpunkt. g und E schneiden sich also in einem Schnittpunkt.

Falls $2d+1 = 0$ und $-3-3c=0$ d.h. **d =-0,5 und c=-1** haben wir eine Gleichung der Form $t\cdot 0 = 0$, also eine wahre Aussage und damit ∞-viele Lösungen. Es gibt also ∞-viele Schnittpunkte, die Gerade muss in der Ebene liegen.

Falls $2d+1 = 0$ aber $-3-3c \neq 0$ d.h. **$d = -0{,}5$ und $c \neq -1$**
haben wir eine Gleichung der Form $t \cdot 0 = \text{Zahl}$, also einen Widerspruch, damit keine Lösungen. Es gibt also keinen Schnittpunkt, die Gerade muss parallel zur Ebene liegen.

Kap.06b) Ebenenscharen (∯)

Bsp.4 Gegeben sei die Geradenschar $g: \vec{x} = \begin{pmatrix} 1 \\ 4 \\ e \end{pmatrix} + t \cdot \begin{pmatrix} 1 \\ 2 \\ 1 \end{pmatrix}$ und

die Ebenenschar $E: 4x_1 + f \cdot x_2 + 5x_3 = 11$

Bestimmen Sie die Parameter „e“ und „f“ so, dass g und E
a) parallel und verschieden sind
b) g in E liegt
c) g und E sich schneiden !

(Eigentlich haargenau das Gleiche wie in Bsp.3)

$g \cap E \quad 4 \cdot (1+t) + f \cdot (4+2t) + 5(e+t) = 11$
$4 + 4t + 4f + 2ft + 5e + 5t = 11$
$t \cdot (9+2f) = 7 - 4f - 5e$

Nun kommt wieder die Fallunterscheidung:

Falls $9+2f \neq 0$ d.h **$f \neq -4{,}5$** fällt „t“ *nicht* weg, man kann nach „t“ auflösen und hat einen Schnittpunkt.
g und E schneiden sich in einem Schnittpunkt.

Falls $9+2f = 0$ und $7-4f-5e=0$ d.h. **$f=-4{,}5$ und $e=5$** ($e = \frac{7-4f}{5} = \frac{25}{5}$) haben wir eine Gleichung der Form $0 = 0$, also eine wahre Aussage und damit ∞-viele Lösungen. Es gibt also ∞-viele Schnittpunkte, die Gerade muss in der Ebene liegen.

Falls $9+2f = 0$ aber $7-4f-5e \neq 0$ d.h. **$f = -4{,}5$ und $e \neq 5$** haben wir eine Gleichung der Form $t \cdot 0 = \text{Zahl}$ also einen Widerspruch, damit keine Lösungen. Es gibt also keinen Schnittpunkt, die Gerade muss parallel zur Ebene liegen.

Häufiger taucht bei Ebenenscharen folgendes Problem auf:
Für welche Werte des Parameters „t“ ist die Ebene E parallel zu E_{blah} ?
(siehe nächstes Beispiel)

Bsp.5 Für welche Werte von „ö“ enthält die Ebenenschar
$E_ö : 4ö \cdot x_1 + x_2 + (ö-2) \cdot x_3 = 3ö-4$
die Ebene $E : 4x_1 - 0{,}5x_2 + 2x_3 = 5$

Lösung:

(„E liegt in $E_ö$“ heißt: für einen bestimmten Wert von „ö“, sollen beide Ebenen gleich, also Vielfache voneinander sein.)
(Egal, ob zwei Ebenen identisch oder parallel sein sollen, müssen die beiden Normalenvektoren Vielfache voneinander sein. [Ob zwei Ebenen parallel oder identisch sind, hängt nur von der Zahl, auf der rechten Gleichungsseite ab, diese lassen wir erscht mal weg.])

Die Normalenvektoren müssen Vielfache voneinander sein.

$$\begin{pmatrix} 4ö \\ 1 \\ ö-2 \end{pmatrix} = k \cdot \begin{pmatrix} 4 \\ -0{,}5 \\ 2 \end{pmatrix} \qquad \Rightarrow \qquad k = -2$$

$\Rightarrow 4ö = -2 \cdot 4 \Rightarrow ö = -2$

$\Rightarrow ö-2 = -2 \cdot 2 \Rightarrow ö = -2$

Aus der zweiten Zeile berechnet man zuerst „k“. Das setzt man in die erste und dritte Zeile ein und erhält beide Male ö=-2. Das ist wunderschön.
Es gibt also tatsächlich einen Wert für „ö“, so dass die Normalenvektoren gleich (Vielfache) sind. E_{-2} aufschreiben und glücklich sein!

ö in $E_ö : -8x_1 + x_2 - 4x_3 = -10$
$E : 4x_1 - 0{,}5x_2 + 5x_3 = 5$

Akribisch-penible-sorgfältige Untersuchungen ergeben, dass nicht nur die linken Seite der Gleichung das „-2“-fache voneinander sind, sondern auch die rechte Gleichungsseiten. Damit sind die Ebenen ~~nicht nur sauber, sondern klinisch rein~~ nicht nur parallel, sondern identisch.

Bsp.6 (Anlehnung an Abiaufgabe vom LK, 1996 A2)

Es sei $E_t : (t+1) \cdot x_1 + 4x_2 + (2t-4)x_3 = 4t+2$ sowie $g : \vec{x} = \begin{pmatrix} 1 \\ 2 \\ 1 \end{pmatrix} + t \cdot \begin{pmatrix} -6 \\ 5 \\ 2 \end{pmatrix}$

a) Zeigen Sie, dass keine der Ebenen E_t orthogonal zur Geraden g ist !
b) Welche Ebene E_t ist parallel zur Geraden g ?
c) Zeigen Sie: Es gibt eine Gerade h, die in allen Ebenen E_t enthalten ist.
d) Zeigen Sie: Es gibt eine Ebene $E_\perp$, zu der keine andere Ebene der Schar orthogonal steht.
e) Es gibt eine Ebene E*. welche die Gerade h enthält und trotzdem nicht zur Ebenenschar E_t gehört. Bestimmen Sie eine Gleichung dieser Ebene !

Lösung:

a) Eine Ebene ist dann orthogonal zu einer Geraden, wenn der Normalenvektor der Ebene ein Vielfaches des Richtungsvektors der Geraden ist.

$$\vec{n}_E = k \cdot RV_g$$

$$\begin{pmatrix} t+1 \\ 4 \\ 2t-4 \end{pmatrix} = k \cdot \begin{pmatrix} -6 \\ 5 \\ 2 \end{pmatrix} \quad \Rightarrow \quad k = 0{,}8 \quad \begin{matrix} \Rightarrow \ t+1 = 0{,}8 \cdot (-6) \ \Rightarrow \ t = -5{,}8 \\ \\ \Rightarrow \ 2t-4 = 0{,}8 \cdot 2 \ \Rightarrow \ t = +2{,}8 \end{matrix}$$

Da wir einen Widerspruch erhalten (zwei verschiedene Werte für „t“), kann keine Ebene orthogonal zu g sein !

b) Eine Ebene ist dann parallel zu einer Gerade, wenn der Normalenvektor (der Ebene) senkrecht auf dem Richtungsvektor (der Gerade) steht.

$$\begin{pmatrix} t+1 \\ 4 \\ 2t-4 \end{pmatrix} \circ \begin{pmatrix} -6 \\ 5 \\ 2 \end{pmatrix} = 0 \qquad | \text{ Skalarprodukt ausrechnen}$$

$$(t+1) \cdot (-6) + 4 \cdot 5 + (2t-4) \cdot 2 = 0$$

$$-6t - 6 + 20 + 4t - 8 = 0$$

$$-2t + 6 = 0 \qquad \Rightarrow \qquad t = 3$$

Damit ist die Ebene E_3 parallel zu g. $\qquad E_3 : 4x_1 + 4x_2 + 2x_3 = 14$

c) Die einfachste Methode geht vermutlich so:
Man setzt in E_t zwei Werte für t ein (z.B. t=0 und t=1) und erhält damit zwei bestimmte Ebenen aus dieser Ebenenschar. Von diesen beiden Ebenen bestimmt man die Schnittgerade. Nun muss man jedoch noch beweisen, dass die Schnittgerade nicht nur zufällig durch unsere beiden Beispielebenen geht, sondern durch *alle* E_t. Dafür setzen wir die Schnittgerade in die Ebenenschar E_t ein und sollten dann 0=0 erhalten (eine wahre Aussage).

Wir bestimmen die Schnittgerade von E_0 und E_1.

$$E_0 : 1x_1 + 4x_2 - 4x_3 = 2 \qquad | \cdot (-1) \quad +$$

$$E_1 : 2x_1 + 4x_2 - 2x_3 = 6$$

$$1x_1 \qquad + 2x_3 = 4 \qquad \text{wähle} \qquad x_3 = r$$

$$\Rightarrow \quad x_1 + 2r = 4 \qquad \Rightarrow \qquad x_1 = -2r+4$$

x_1 und x_3 in E_0 einsetzen:

$$-2r+4 + 4x_2 - 4 \cdot (r) = 2$$

$$-6r + 4 + 4x_2 = 2 \quad \Rightarrow \quad 4x_2 = 6r-2 \qquad \Rightarrow \qquad x_2 = 1{,}5r-0{,}5$$

$$\Rightarrow \quad g_{Schnitt}: \ \vec{x} = \begin{pmatrix} x_1 \\ x_2 \\ x_3 \end{pmatrix} = \begin{pmatrix} -2r+4 \\ 1{,}5r-0{,}5 \\ r \end{pmatrix} = \begin{pmatrix} 4 \\ -0{,}5 \\ 0 \end{pmatrix} + r \cdot \begin{pmatrix} -2 \\ 1{,}5 \\ 1 \end{pmatrix}$$

(Damit im Richtungsvektor schönere Zahlen sind, multiplizieren wir den Richtungsvektor mit 2 [Stützvektoren darf man nie multiplizieren].)

$$\Rightarrow \quad g_{Schnitt}: \ \vec{x} = \begin{pmatrix} 4 \\ -0{,}5 \\ 0 \end{pmatrix} + r \cdot \begin{pmatrix} -4 \\ 3 \\ 2 \end{pmatrix}$$

Jetzt müssen wir noch zeigen, dass die gefundene Schnittgerade in allen E_t liegt. Dafür Schnittgerade mit E_t schneiden ($g_{Schnitt}$ in E_t einsetzen).

$E_t \cap g$ $\quad (t+1)\cdot(4-4r) + 4\cdot(-0{,}5+3r) + (2t-4)\cdot(2r) = 4t+2$

$4t+4-~~4rt~~-4r - 2+12r + ~~4rt~~ -8r = 4t+2$

$4t + 2 = 4t+2$

wahre Aussage, damit liegt die gefundene Gerade in *allen* E_t !

d) Wenn zwei Ebenen aufeinander orthogonal stehen, müssen auch die Normalenvektoren senkrecht aufeinander stehen, ihr Skalarprodukt muss also Null geben.
Wir nehmen also zwei beliebige Normalenvektoren (mit zwei verschiedenen Parametern) und machen daraus ein Skalarprodukt. Für irgend einen Wert des Parameters sollte es irgendwann `mal einen Widerspruch geben.
Das ist dann die gesuchte Ebene, auf der keine andere senkrecht steht.

$$\vec{n}_{E_k} \circ \vec{n}_{E_t} = 0$$

$$\begin{pmatrix} k+1 \\ 4 \\ 2k-4 \end{pmatrix} \circ \begin{pmatrix} t+1 \\ 4 \\ 2t-4 \end{pmatrix} = 0$$

$(k+1)\cdot(t+1) + 16 + (2k-4)\cdot(2t-4) = 0$

$kt + t + k + 1 + 16 + 4kt - 8t - 8k + 16 = 0$

$5kt + 7k - 7t + 33 = 0$ ← Nach „t" oder „k" auflösen. (Egal nach was). Ich löse jetzt nach „k" auf.

$k\cdot(5t+7) = 7t - 33$

$$\Rightarrow \quad k = \frac{7t-33}{5t+7}$$

Man erhält also immer ein Ergebnis für „k" (für welches beide Normalenvektoren senkrecht aufeinander stehen), außer für $t = -\frac{7}{5}$. Da ist nämlich der Nenner Null, es gibt also keine Lösung $\Rightarrow$ es gibt kein gesuchtes „k".
Damit gibt es für $t = -{}^7/_5$ auch *nicht* zwei Normalenvektoren, die senkrecht aufeinander stehen. Demzufolge gibt es für $t = -{}^7/_5$ auch keine zwei Ebenen, die senkrecht aufeinander stehen.

Die Ebene, auf der keine andere senkrecht steht ist also:

$$E_\perp: \left(-\tfrac{7}{5}+1\right)x_1+4x_2+\left(2\cdot\tfrac{7}{5}-4\right)x_3 = 4\cdot\left(-\tfrac{7}{5}\right)+2$$

$$E_\perp: -\tfrac{2}{5}x_1+4x_2-\tfrac{6}{5}x_3 = -\tfrac{18}{5} \qquad |\cdot 5 \quad |:2$$

$$\Rightarrow \quad E_\perp: -x_1 + 10x_2 - 3x_3 = -9$$

e) Zur Zeichnung:

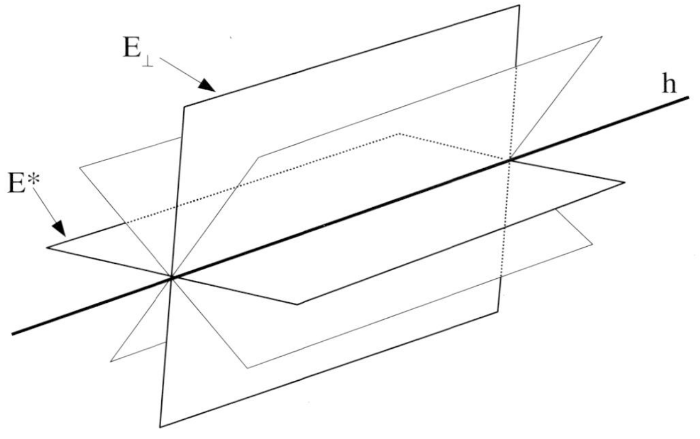

E_t ist eine Ebenenschar von unendlich-vielen Ebenen, die alle um eine gemeinsame Gerade h kreisen. In Teilaufgabe d) haben wir eine besondere Ebene berechnet: $E_\perp$. Diese Ebene hatte *keine* andere Ebene, auf welcher sie senkrecht stand. Wenn wir also eine Ebene aufstellen, die senkrecht auf $E_\perp$ steht und die Gerade h enthält, haben wir die in Teilaufgabe e) gesuchte Ebene E*.
Diese Ebene ist nämlich nicht in der Ebenenschar E_t enthalten.

Aufstellen von E*:
E* enthält h.
(Damit können wir den Stützvektor und den Richtungsvektor von h übernehmen).
Desweiteren steht E* senkrecht auf $E_\perp$.
Daher ist der Normalenvektor von $E_\perp$ ein Richtungsvektor von E*.
Hiermit können wir eine Parametergleichung von E* aufstellen.

$$E^*: \vec{x} = \begin{pmatrix} 4 \\ -0{,}5 \\ 0 \end{pmatrix} + r\cdot\begin{pmatrix} -4 \\ 3 \\ 2 \end{pmatrix} + s\cdot\begin{pmatrix} -1 \\ 10 \\ -3 \end{pmatrix}$$

(Da nur nach einer Ebenengleichung und nicht nach einer Koordinatengleichung gefragt ist, sind wir fertig).

Wenn hinter Muscheln Muscheln nuscheln, nuscheln Muscheln Muscheln nach.
Wenn hinter Pauken Pauken pauken, pauken Pauken pauken nach.
Wenn hinter Pressen Pressen pressen, pressen Pressen Pressen nach.
Wenn hinter Putzen Putzen putzen, putzen Putzen Putzen nach.
Wenn hinter Quietschen Quietschen quietschen, quietschen Quietschen Quietschen nach.

Teil 2

prüfungs-
ähnliche
Aufgaben

Kap.07 häufige, knifflige Aufgaben

Immer wenn man von einem Punkt nur weiß, dass er auf einer Geraden liegt, kann man die Gerade in Punktform umschreiben. Man erhält nun einen Punkt mit Parameter drin. Solche Punkte mit Parameter drin nennt man auch „**allgemeiner Punkt** einer Geraden" oder „**laufender Punkt** einer Geraden".

Zum Beispiel hat jeder Punkt, der auf der Geraden

$g: \vec{x} = \begin{pmatrix} 2 \\ -5 \\ 3 \end{pmatrix} + t \cdot \begin{pmatrix} 2 \\ 1 \\ 7 \end{pmatrix}$ liegt, die Koordinaten: P (2+2t | -5+1·t | 3+7t)

Der Vorteil ist der, dass man in P jetzt nur noch eine Unbekannte drin hat (das „t"). Wenn man nun irgendeine Rechnung mit dem Punkt P durchführen soll, braucht man nun nur noch eine einzige Gleichung, um „t" zu erhalten.

Machen wir \`mal\`n paar Tausend Beispiele:

Kap.07a) Punkt einer Geraden mit bestimmtem Abstand zu anderem Punkt (∯)

Bsp.1 Welcher Punkt der Geraden $g: \vec{x} = \begin{pmatrix} 6 \\ 6 \\ 7 \end{pmatrix} + t \cdot \begin{pmatrix} -1 \\ 1 \\ 4 \end{pmatrix}$

hat von A (1 | -1 | 3) den Abstand d=12 ?

Lösung:
Wenn der gesuchte Punkt auf der Geraden g liegt, muss er folgende Form haben:
P (6–1·t | 6+1·t | 7+4·t) Nun sind wir auch schon fast fertig.

$$d(A,P) = \left|\overrightarrow{AP}\right| = \left|\begin{pmatrix} 6-1t & - & 1 \\ 6+1t & - & -1 \\ 7+4t & - & 3 \end{pmatrix}\right| = \left|\begin{pmatrix} 5-1t \\ 7+1t \\ 4+4t \end{pmatrix}\right| = \sqrt{(5-t)^2+(7+t)^2+(4+4t)^2} =$$

$$= \ldots = \sqrt{18t^2+36t+90}$$

Dieser Abstand muss den Wert 12 annehmen.

$\Rightarrow \quad \sqrt{18t^2+36t+90} = 12 \qquad |(\ )^2$ ← oder ab hier mit dem GTR

$18t^2+36t+90 = 144 \qquad |-144 \qquad |:18$

$t^2 + 2t - 3 = 0$

$\Rightarrow \ldots \Rightarrow \quad t_1 = 1 \quad t_2 = -3 \quad \Rightarrow \quad P_1(5 | 7 | 11) \quad P_2(9 | 3 | -5)$

Bsp.2 Aasgeier Toni befindet sich auf direktem Weg vom Schlafplatz F(2|-7|-6) zum Kadaver, welcher sich im Punkt K(2|8|9) befindet. Dabei kommt er der verliebten Geierin Birgit gefährlich nahe, die sich erbarmungslos jedes männliche Wesen krallt, das sich in ihrer Sichtweite von 9km befindet.Toni vermutet, dass sich Birgit am Punkt B(-6|3|1) befindet. An welchen Punkten seines Fluges muss er sich vorsehen, um die Mahlzeit vor der Liebesnacht einnehmen zu können ?

Lösung:
Zuerst stellen wir eine Gerade auf, die Tonis Flugbahn beschreibt.
(Wir haben hierfür die Punkte F und K).

$$g_{Toni}: \vec{x} = \begin{pmatrix} F \end{pmatrix} + t \cdot \begin{pmatrix} K-F \end{pmatrix} = \begin{pmatrix} 2 \\ -7 \\ -6 \end{pmatrix} + t \cdot \begin{pmatrix} 0 \\ 15 \\ 15 \end{pmatrix}$$ (Richtungsvektor kürzen)

$$g_{Toni}: \vec{x} = \begin{pmatrix} 2 \\ -7 \\ -6 \end{pmatrix} + t \cdot \begin{pmatrix} 0 \\ 1 \\ 1 \end{pmatrix}$$

Damit kann jede Position Tonis durch den „laufenden Punkt“ T(2 | -7+t | -6+t) beschrieben werden.

Nun berechnen wir diejenigen Punkte, an denen Tonis Abstand von Birgit *genau* 9km beträgt. Zwischen diesen beiden Punkten besteht für Toni Liebesgefahr.
(Die Punkte nennen wir L_1 und L_2 [wie „Liebe“]).

$$d(B,T) = \left|\overrightarrow{BT}\right| = \left|\begin{pmatrix} 2 & - & -6 \\ -7+t & - & 3 \\ -6+t & - & 1 \end{pmatrix}\right| = \left|\begin{pmatrix} 8 \\ -10+t \\ -7+t \end{pmatrix}\right| = \sqrt{8^2+(-10+t)^2+(-7+t)^2} =$$
$$= \sqrt{2t^2-34t+213}$$

Dieser Abstand muss den Wert 9 annehmen.

$$\Rightarrow \quad \sqrt{2t^2-34t+213} = 9 \qquad |\,(\ )^2$$
$$2t^2-34t+213 = 81 \qquad |-81 \quad |:2$$
$$t^2-17t+66 = 0$$
$$\Rightarrow \ldots \Rightarrow \quad t_1 = 11 \quad t_2 = 6 \qquad \Rightarrow \quad \mathbf{L_1(\,2\,|\,4\,|\,5\,)} \quad \mathbf{L_2(\,2\,|\,-1\,|\,0\,)}$$

Toni muss auf der Hut sein, wenn er sich zwischen den Punkten L_1(2|4|5) und L_2(2|-1|0) befindet !

Bsp.3 Das Quadrat ABCD sei Grundfläche einer senkrechten Pyramide mit dem Volumen V = 432.
Bestimmen Sie die beiden möglichen Lagen der Spitze S,
wenn A(5|4|7) B(3|6|-1) C(-3|0|-1) D(-1|-2|7) vergleiche auch Bsp.6

Lösung:
Das Entscheidende bei dieser Aufgabe ist das Wort „senkrechte" (Pyramide).
Wenn die Pyramide senkrecht ist, muss die Pyramidenspitze auf der Lotgeraden durch den Quadratmittelpunkt liegen, also auf jener Gerade, die senkrecht zur Ebene E_{ABCD} liegt und durch die Mitte des Quadrats geht.
Wir hätten dann also wieder genau den Fall, dass ein gesuchter Punkt auf einer bestimmten Geraden liegt. Dieser Punkt muss dann eine bestimmte Bedingung erfüllen, er muss nämlich so liegen, dass das Volumen V=432 beträgt.
Um V=432 kümmern wir uns später. Zuerst bestimmen wir die Lotgerade.

Der Richtungsvektor der Lotgerade ist der Normalenvektor der Ebene E_{ABCD}.
Den Normalenvektor brauchen wir erst noch.

Wir stellen dafür zuerst die Parametergleichung der Grundfläche E_{ABCD} auf.

$$E_{ABCD}: \vec{x} = \begin{pmatrix} A \end{pmatrix} + r\cdot\begin{pmatrix} B-A \end{pmatrix} + s\cdot\begin{pmatrix} C-A \end{pmatrix} = \begin{pmatrix} 5\\4\\7 \end{pmatrix} + r\cdot\begin{pmatrix} -2\\2\\-8 \end{pmatrix} + s\cdot\begin{pmatrix} -8\\-4\\-8 \end{pmatrix} \qquad \vec{n} = \begin{pmatrix} n_1\\n_2\\n_3 \end{pmatrix}$$

Den Normalenvektor kann man entweder über's Skalarprodukt oder über Kreuzprodukt berechnen. Ich verwende hier nur den Rechenweg über's Skalarprodukt. (bei Unklarheiten: → Kap.01f)

$$\begin{aligned} -2\cdot n_1 + 2\cdot n_2 - 8\cdot n_3 &= 0 \\ -8\cdot n_1 - 4\cdot n_2 - 8\cdot n_3 &= 0 \quad \leftarrow (-) \\ \hline +6n_1 + 6n_2 \qquad &= 0 \end{aligned}$$

wähle $n_2=1 \Rightarrow n_1 = -1$
n_1 und n_2 eingesetzt $\Rightarrow n_3 = 0{,}5$ $\quad \vec{n} = \begin{pmatrix} -1\\1\\0{,}5 \end{pmatrix} \triangleq \begin{pmatrix} -2\\2\\1 \end{pmatrix}$

Der Stützvektor der Lotgeraden ist der Quadratmittelpunkt.

$$\vec{m} = \tfrac{1}{2}\cdot(\vec{a}+\vec{c}) = \tfrac{1}{2}\cdot(\vec{b}+\vec{d}) \quad \Rightarrow \quad \mathbf{M\,(\,1\,|\,2\,|\,3\,)}.$$

Nun können wir die Lotgerade angeben.

$$\Rightarrow \quad g_{Lot}: \vec{x} = \begin{pmatrix} 1\\2\\3 \end{pmatrix} + t\cdot\begin{pmatrix} -2\\2\\1 \end{pmatrix} \qquad \Rightarrow \qquad \mathbf{S\,(\,1-t\,|\,2+t\,|\,3+0{,}5t\,)}$$

Diese Pyramidenspitze S soll mit der Grundfläche eine Pyramide mit dem Volumen V=432 bilden. Zusammen mit dem Inhalt der Grundfläche kann man daraus die Höhe der Pyramide berechnen.

Berechnung der Pyramidenhöhe:

$$V = \frac{1}{3}\cdot G\cdot h \quad G_{Quadrat} = a^2 \qquad a = |\overrightarrow{AB}| = \left|\begin{pmatrix}-2\\2\\-8\end{pmatrix}\right| = \sqrt{(-2)^2+2^2+(-8)^2} = \sqrt{72}$$

$$V = \frac{1}{3}\cdot G\cdot h = \frac{1}{3}\cdot a^2\cdot h \Leftrightarrow 432 = \frac{1}{3}\cdot(\sqrt{72})^2\cdot h \qquad \Rightarrow \quad \mathbf{h = d(M,S) = 18}$$

Die Pyramidenhöhe soll den Wert h=18 annehmen, also muss der Abstand von S zum Quadratmittelpunkt 18 sein.

$$d(M,S) = |\overrightarrow{MS}| = \left|\begin{pmatrix}1-t & - & 1\\2+t & - & 2\\3+0{,}5t & - & 3\end{pmatrix}\right| = \left|\begin{pmatrix}-t\\t\\0{,}5t\end{pmatrix}\right| = \sqrt{(-t)^2+t^2+(0{,}5t)^2} = \sqrt{2{,}25t} = \pm 1{,}5t$$

$$d(M,S)=18 \quad \Rightarrow \quad \pm 1{,}5t = 18 \qquad |:1{,}5$$

$$t_{1,2} = \pm 12 \qquad \Rightarrow \qquad S_1(\,-11 \mid 14 \mid 9\,) \quad S_2(\,13 \mid -10 \mid -3\,)$$

Kap.07b) Punkt einer Geraden mit bestimmtem Abstand zu einer Ebene (∯)

Bsp.4 Welcher Punkt der Gerade g hat von der Ebene $E: 6x_1+2x_2-9x_3 = 18$ den Abstand d=33 ?

$$g: \vec{x} = \begin{pmatrix}8\\5\\-9\end{pmatrix} + t\cdot\begin{pmatrix}0\\-1\\1\end{pmatrix}$$

Lösung:

Der gesuchte Punkt P hat die Koordinaten P(8|5–t|-9+t).

Abstand Ebene-Punkt berechnet man über die HNF.

$$HNF_E: \frac{6x_1+2x_2-9x_3-18}{\sqrt{6^2+2^2+(-9)^2}} = \frac{6x_1+2x_2-9x_3-18}{11} = 0$$

$$d(E,P) = 33$$

$$\left|\frac{6\cdot(8)+2\cdot(5-t)-9\cdot(-9+t)-18}{11}\right| = 33 \qquad |\cdot 11$$

(Ab hier könnte man die Gleichung vom GTR lösen lassen).

$$|\,6\cdot 8 + 2\cdot(5-t) - 9\cdot(-9+t) - 18\,| = 363$$

$$|\,121 - 11t\,| = 363 \qquad \text{Betrag auflösen}$$

$$121 - 11t = \pm 363$$

$121-11t = +363$	$121-11t = -363$
$t_1 = -22$	$t_2 = 44$
$\Rightarrow P_1(\,8 \mid 27 \mid -31\,)$	$\Rightarrow P_2(\,8 \mid -39 \mid 35\,)$

Bsp.5 Die Ebene $E: -2x_1 + 2x_2 + x_3 = 6$ berührt die Kugeln K_1 und K_2.
Beide Kugeln haben den Radius r=6 und ihren Mittelpunkt auf der Geraden g.

$$g: \vec{x} = \begin{pmatrix} -2 \\ 4 \\ 3 \end{pmatrix} + t \cdot \begin{pmatrix} 3 \\ -1 \\ -1 \end{pmatrix}$$

Bestimme die Koordinaten der möglichen Mittelpunkte.

Lösung:
Wenn die Ebene E die Kugeln berührt, muss der Abstand von der Ebene zum Mittelpunkt genau so groß wie der Radius sein. D.h. in dieser Aufgabe muss der Abstand beider Kugelmittelpunkte zur Ebene E gleich 6 sein. Desweiteren liegen beide Mittelpunkte auf der Geraden g, die Mittelpunkte haben also beide die Form:
M(-2+3t | 4-t | 3-t)

$$HNF_E: \frac{-2x_1+2x_2+x_3-6}{\sqrt{(-2)^2+2^2+1^2}} = \frac{-2x_1+2x_2+x_3-6}{3} = 0$$

$$d(E,M) = 6$$

$$\frac{|-2\cdot(-2+3t)+2\cdot(4-t)+(3-t)-6|}{3} = 6 \qquad | \cdot 3$$

$$| 4 - 6t + 8 - 2t + 3 - t - 6 | = 18$$

$$| 9 - 9t | = 18$$

$9-9t=18$ $\qquad$ $9-9t = -18$

$t_1 = -1$ $\qquad$ $t_2 = +3$

$\Rightarrow$ **M_1(-5 | 5 |4)** $\qquad$ **M_2(7 | 1 | 0)**

Bsp.6 (vergleiche auch Bsp3)
Das Quadrat ABCD sei Grundfläche einer Pyramide mit dem Volumen V=432.
Bestimmen Sie die beiden möglichen Lagen der Spitze S, welche auf der Geraden g liegen, wenn A(5|4|7) B(3|6|-1) C(-3|0|-1) D(-1|-2|7) und $g: \vec{x} = \begin{pmatrix} 4 \\ -3 \\ 1 \end{pmatrix} + t \cdot \begin{pmatrix} 1 \\ 3 \\ 4 \end{pmatrix}$

Lösung:
Diesmal steht in der Aufgabe *nicht* drin, dass es sich um eine *senkrechte* Pyramide handelt. Wir können also *nicht* davon ausgehen, dass die Spitze auf der Lotgerade liegt. (Wir können mit der Lotgeraden also gar nichts anfangen). Allenfalls können wir die Ebenengleichung der Grundfläche aus Beispiel 3) übernehmen, da die Koordinaten der Punkte A,B,C,D gleichgeblieben sind.

Zwar hatten wir in Bsp.3) die Ebenengleichung nicht komplett berechnet, aber immerhin den Normalenvektor.

$$\vec{n} = \begin{pmatrix} -1 \\ 1 \\ 0,5 \end{pmatrix} \quad \Rightarrow \quad E_{ABCD}: -x_1 + x_2 + 0,5x_3 = ??$$ Punkt A oder B,C,D einsetzen

$$\Rightarrow \quad E_{ABCD}: \quad \mathbf{-x_1 + x_2 + 0,5x_3 = 2,5}$$

Ebenso ist die Höhe der Pyramide wieder 18. (Da die Koordinaten der Grundflächen-Punkte A,B,C,D und das Volumen der Pyramide gleichgeblieben sind.)

Ab hier haben wir nun wieder den Fall, dass ein Punkt auf einer Geraden liegen soll und dieser einen bestimmten Abstand von einer vorgegeben Ebene haben soll.
(Also ab hier Schema F, d.h. Abstand Punkt-Ebene mit HNF bestimmen.)

$$HNF_E: \frac{-x_1+x_2+0,5x_3-2,5}{\sqrt{(-1)^2+1^2+0,5^2}} = \frac{-x_1+x_2+0,5x_3-2,5}{1,5} = 0$$

beide Spitzen S liegen auf g, haben also die Form: S(4+t | -3+3t | 1+4t)

$$d(E,S) = 18$$

$$\left|\frac{-(4+t)+(-3+3t)+0,5\cdot(1+4t)-2,5}{1,5}\right| = 18 \qquad |\cdot 1,5$$

(Ab hier könnte man die Gleichung auch vom GTR lösen lassen)

$$|-(4+t)+(-3+3t)+0,5\cdot(1+4t)-2,5| = 27$$

$$|4t-9| = 27$$ Betrag auflösen

$$4t-9 = \pm 27$$

$\Rightarrow$ $4t-9 = +27$	oder	$4t-9 = -27$
$\Rightarrow$ $t_1 = 9$		$t_2 = -4,5$
$\Rightarrow$ $S_1(13 \mid 24 \mid 37)$		$S_2(-0,5 \mid -16,5 \mid -17)$

Kap.07c) Punkt einer Geraden soll im rechten Winkel erscheinen (∮)

Bsp.7 Der Punkt P liegt auf der Geraden g und bildet mit A(4|-1|3) und B(0|3|-1) ein rechtwinkliges Dreieck. Gib die beiden möglichen Lagen für P an. [1]

$$g: \vec{x} = \begin{pmatrix} 2 \\ 1 \\ 1 \end{pmatrix} + t\cdot\begin{pmatrix} 2 \\ 3 \\ 1 \end{pmatrix}$$

$$g: \vec{x} = \begin{pmatrix} 2 \\ 1 \\ 1 \end{pmatrix} + t\cdot\begin{pmatrix} 2 \\ 3 \\ 1 \end{pmatrix}$$

1 Eigentlich ist die Formulierung für diese Aufgabe recht „bescheiden". Es ist nicht klar, ob der rechte Winkel in A, in B oder in C liegen soll. Wir gehen einfach davon aus, das der rechte Winkel im unbekannten Punkt (in P) liegen soll. Genau diese Formulierung taucht jedoch in mehreren ehemaligen Abi-Aufgaben auf.

Lösung:
Wenn P auf g liegt, muss er die Form haben: P(2+2t | 1+3t | 1+t).
Wenn das Dreieck ABP in P einen rechten Winkel hat, muss $\overrightarrow{AP}\cdot\overrightarrow{BP} = 0$ geben.

$$\overrightarrow{AP} = \begin{pmatrix} 2+2t & - & 4 \\ 1+3t & - & -1 \\ 1+t & - & 3 \end{pmatrix} = \begin{pmatrix} -2+2t \\ 2+3t \\ -2+t \end{pmatrix} \qquad \overrightarrow{BP} = \begin{pmatrix} 2+2t & - & 0 \\ 1+3t & - & 3 \\ 1+t & - & -1 \end{pmatrix} = \begin{pmatrix} 2+2t \\ -2+3t \\ 2+t \end{pmatrix}$$

$$\overrightarrow{AP}\cdot\overrightarrow{BP} = 0 \;\Rightarrow\; \begin{pmatrix} -2+2t \\ 2+3t \\ -2+t \end{pmatrix} \circ \begin{pmatrix} 2+2t \\ -2+3t \\ 2+t \end{pmatrix} = 0$$

$$(-2+2t)\cdot(2+2t) + (2+2t)\cdot(-2+3t) + (-2+t)\cdot(2+t) = 0$$

$$9t^2 - 12 = 0 \quad\Rightarrow\quad t \approx \pm 1{,}15$$

$$\Rightarrow\quad P_1(4{,}6 \mid 4{,}45 \mid 2{,}15) \qquad P_2(-0{,}3 \mid -2{,}45 \mid -0{,}15)$$

Bsp.8 Von welchen Punkten der Gerade g aus, erscheint die Strecke AB unter einem rechten Winkel? A(0 | 3 | 4) B(8 | 0 | 9)

$$g : \vec{x} = \begin{pmatrix} 8 \\ 4 \\ 5 \end{pmatrix} + t\cdot\begin{pmatrix} -2 \\ 3 \\ 1 \end{pmatrix}$$

Lösung:
Bis auf die etwas gewöhnungsbedürftige Formulierung ist es genau die gleiche Aufgabe wie in Bsp.7.
Der gesuchte Punkt P liegt wieder auf der Geraden g, hat also die Form:
P(8–2t | 4+2t | 5+t)

Wir stellen erst mal die Vektoren $\overrightarrow{AP}$ und $\overrightarrow{BP}$ auf.

$$\overrightarrow{AP} = \begin{pmatrix} 8-2t & - & 0 \\ 4+2t & - & 3 \\ 5+t & - & 4 \end{pmatrix} = \begin{pmatrix} 8-2t \\ 1+2t \\ 1+t \end{pmatrix}$$

$$\overrightarrow{BP} = \begin{pmatrix} 8-2t & - & 8 \\ 4+2t & - & 0 \\ 5+t & - & 9 \end{pmatrix} = \begin{pmatrix} -2t \\ 4+2t \\ -4+t \end{pmatrix}$$

$$\overrightarrow{AP}\cdot\overrightarrow{BP} = 0 \;\Rightarrow\; \begin{pmatrix} 8-2t \\ 1+2t \\ 1+t \end{pmatrix} \circ \begin{pmatrix} -2t \\ 4+2t \\ -4+t \end{pmatrix} = 0$$

$$(8-2t)\cdot(-2t) + (1+2t)\cdot(4+2t) + (1+t)\cdot(-4+t) = 0$$

$$9t^2 - 9t = 0 \quad\Rightarrow\quad t_1 = 1 \qquad t_2 = 0$$

$$\Rightarrow\quad P_1(6 \mid 6 \mid 6) \qquad P_2(8 \mid 4 \mid 5)$$

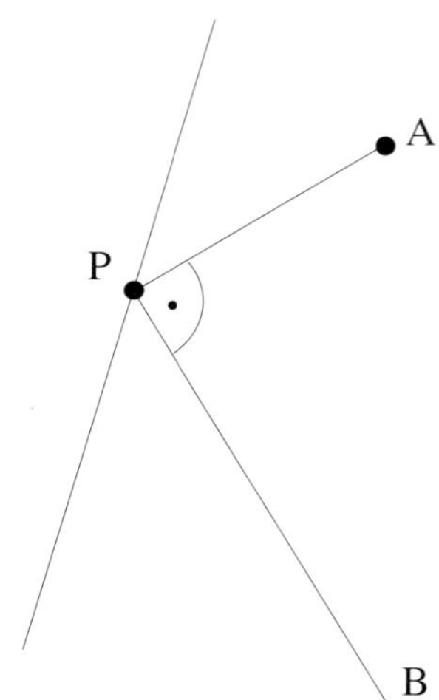

Vom Punkt P aus gesehen, erscheint die Strecke AB in einem rechten Winkel

Kap.07d) Verwendung des Einheitsvektors (∰)

Ein Einheitsvektor ist einfach ein Vektor, dessen Länge „1" ist.

Z.Bsp. betrachten wir den Vektor $\vec{a} = \begin{pmatrix} 5 \\ 6 \\ 7 \end{pmatrix}$.

Dieser Vektor hat die Länge $|\vec{a}| = \sqrt{5^2+6^2+7^2} = \sqrt{110}$

Insofern hat der Vektor $\vec{a}_0 = \frac{1}{\sqrt{110}} \cdot \begin{pmatrix} 5 \\ 6 \\ 7 \end{pmatrix}$ die Länge 1.

$\vec{a}_0$ ist deswegen ein Einheitsvektor.

Machen wir ein Ratespiel. Was könnte wohl ein Normaleneinheitsvektor sein?
Ein Normaleneinheitsvektor (oder Einheitsnormalenvektor) ist ein Normalenvektor, der die Länge 1 hat.

Z.Bsp. sei die Ebene E gegeben durch $E: 2x_1 + 4x_2 - 4x_3 = 10$

Der Normalenvektor der Ebene ist $\vec{n} = \begin{pmatrix} 2 \\ 4 \\ -4 \end{pmatrix}$,

Der Einheitsnormalenvektor ist $\vec{n}_0 = \frac{1}{\sqrt{2^2+4^2+(-4)^2}} \begin{pmatrix} 2 \\ 4 \\ -4 \end{pmatrix} = \frac{1}{6} \begin{pmatrix} 2 \\ 4 \\ -4 \end{pmatrix}$

Es gibt nicht viele Anwendungsmöglichkeiten hierfür,
aber in einigen Fällen kann der Einheitsvektor die Rechnung doch stark vereinfachen.

Hier mal wieder eine ehemalige (leicht abgeänderte) Abiaufgabe

Bsp.9 Die Punkte A(12 | 13 | 42) und C(-4 | -7 | -38) sind Eckpunkte eines Quadrats, welches in der Ebene $E: 5x_1-20x_2+4x_3 = -32$ liegt.
Bestimmen Sie die Koordinaten der anderen beiden Eckpunkte.

Lösung:
Wir werden so vorgehen:
Wir bestimmen zuerst die Koordinaten des Mittelpunktes M.
Das ist natürlich sehr einfach:

$\vec{m} = \frac{1}{2}(\vec{a}+\vec{c}) \quad \Rightarrow \quad M(4|3|2)$

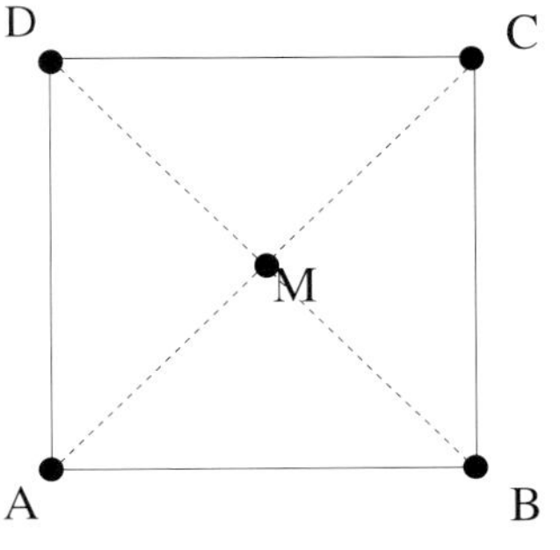

Um auf B zu kommen, zählen wir zum Punkt M den Vektor $\overrightarrow{MB}$ dazu.
(Das Gleiche gilt natürlich für D).

Das Problem dabei ist (das haben Sie sich sicherlich schon gedacht) der Vektor $\overrightarrow{MB}$.
Zwar kennen wir die Länge von $\overrightarrow{MB}$, denn

$$\left|\overrightarrow{MB}\right| = \left|\overrightarrow{MA}\right| = \sqrt{(4-12)^2+(3-13)^2+(2-42)^2} = \sqrt{1764} = 42$$

Nun brauchen wir die Richtung von $\overrightarrow{MB}$. $\overrightarrow{MB}$ steht senkrecht auf $\overrightarrow{MA}$ (weil Diagonalen in einem Quadrat immer senkrecht aufeinander stehen). Desweiteren steht $\overrightarrow{MB}$ natürlich senkrecht auf dem Normalenvektor der Ebene (weil ein Normalenvektor senkrecht auf einer Ebene steht und damit senkrecht auf jedem Vektor der Ebene). Hiermit kann man $\overrightarrow{MB}$ berechnen.

Sei $\overrightarrow{MB} = \begin{pmatrix} a \\ b \\ c \end{pmatrix}$ Es gilt ja: $\overrightarrow{MA} = \begin{pmatrix} 8 \\ 10 \\ 40 \end{pmatrix}$ und $\vec{n} = \begin{pmatrix} 5 \\ -20 \\ 4 \end{pmatrix}$

Wegen $\overrightarrow{MB} \perp \overrightarrow{MA} \Rightarrow \begin{pmatrix} a \\ b \\ c \end{pmatrix} \circ \begin{pmatrix} 8 \\ 10 \\ 40 \end{pmatrix} = 0 \Rightarrow 8a + 10b + 40c = 0$

Wegen $\overrightarrow{MB} \perp \vec{n} \Rightarrow \begin{pmatrix} a \\ b \\ c \end{pmatrix} \circ \begin{pmatrix} 5 \\ -20 \\ 4 \end{pmatrix} = 0 \Rightarrow 5a - 20b + 4c = 0$

$$\left.\begin{array}{l} 8a + 10b + 40c = 0 \quad |\cdot(-5) \\ 5a - 20b + 4c = 0 \quad |\cdot 8 \end{array}\right| \Rightarrow -210b - 168c = 0 \Rightarrow b = -\frac{168}{210}c = -\frac{4}{5}c$$

Wähle $c = 5 \Rightarrow b = -4 \Rightarrow a = -20 \Rightarrow \overrightarrow{MB} = ? \cdot \begin{pmatrix} -20 \\ -4 \\ 5 \end{pmatrix}$

Wir haben natürlich nur die *Richtung* von $\overrightarrow{MB}$ bestimmt. Wir wissen jedoch noch nicht, ob $\overrightarrow{MB}$ wirklich der Vektor $\begin{pmatrix} -20 \\ -4 \\ 5 \end{pmatrix}$ ist, oder ein Vielfaches davon.

Allerdings können wir die Länge von $\overrightarrow{MB}$ berechnen:

$$\left\|\begin{pmatrix} -20 \\ -4 \\ 5 \end{pmatrix}\right\| = \sqrt{(-20)^2+(-4)^2+5^2} = \sqrt{441} = 21$$

$\overrightarrow{MB}$ hat eine Länge von 21, sollte jedoch eine Länge von 42 haben (das war die Länge von $\overrightarrow{MA}$). Wir machen Folgendes: Wir bringen erstmal die Länge von $\begin{pmatrix} -20 \\ -4 \\ 5 \end{pmatrix}$ auf 1, indem wir den Vektor durch seine eigene Länge teilen.

Da $\begin{pmatrix}-20\\-4\\5\end{pmatrix}$ die Länge von 21 hat, muss $\frac{1}{21}\cdot\begin{pmatrix}-20\\-4\\5\end{pmatrix}$ die Länge 1 haben.

Insofern hat $42\cdot\frac{1}{21}\cdot\begin{pmatrix}-20\\-4\\5\end{pmatrix} = 2\cdot\begin{pmatrix}-20\\-4\\5\end{pmatrix}$ die gewünschte Länge von 42.

Damit wissen wir nun, dass man auf den Punkt B kommen kann, indem man $\vec{M}\pm\overrightarrow{MB}$ rechnet, also $\vec{B}_{1,2} = \begin{pmatrix}4\\3\\2\end{pmatrix} \pm 2\cdot\begin{pmatrix}-20\\-4\\5\end{pmatrix}$

(Das „±“ brauchen wir, weil wir nicht wissen, in welche Richtung wir von M aus gehen müssen. Außerdem kriegen wir nun zwei Lösungen `raus. Einmal den Punkt B, und dann noch D.)

$\vec{B} = \begin{pmatrix}4\\3\\2\end{pmatrix} + 2\cdot\begin{pmatrix}-20\\-4\\5\end{pmatrix} = \begin{pmatrix}-36\\-5\\12\end{pmatrix}$ $\quad\quad$ $\vec{D} = \begin{pmatrix}4\\3\\2\end{pmatrix} - 2\cdot\begin{pmatrix}-20\\-4\\5\end{pmatrix} = \begin{pmatrix}44\\11\\-8\end{pmatrix}$

Bsp.10 Der Punkt A(1 | 3 | 2) liegt auf der Geraden $g:\vec{x} = \begin{pmatrix}-1\\1\\0\end{pmatrix} + t\cdot\begin{pmatrix}1\\1\\1\end{pmatrix}$

Bestimmen Sie diejenigen Punkte von g, die von A den Abstand d=9 haben !

Lösung:

Wenn die gesuchten Punkte (nennen wir sie P_1 und P_2) auch auf g liegen, muss man von A in Richtung des Richtungsvektors der Geraden gehen, um auf sie zu stoßen.

Es gilt also: $\vec{P}_{1,2} = \begin{pmatrix}1\\3\\2\end{pmatrix} \pm ?\cdot\begin{pmatrix}1\\1\\1\end{pmatrix}$

Der Richtungsvektor von g hat die Länge von $\left|\begin{pmatrix}1\\1\\1\end{pmatrix}\right| = \sqrt{1^2+1^2+1^2} = \sqrt{3}$

Also hat $\frac{1}{\sqrt{3}}\cdot\begin{pmatrix}1\\1\\1\end{pmatrix}$ die Länge 1.

Da wir die Länge von 9 brauchen, nehmen wir den Vektor $9\cdot\frac{1}{\sqrt{3}}\cdot\begin{pmatrix}1\\1\\1\end{pmatrix}$

Man erhält die Punkte P_1 und P_2 mit: $\vec{P}_{1,2} = \begin{pmatrix}1\\3\\2\end{pmatrix} \pm \frac{9}{\sqrt{3}}\begin{pmatrix}1\\1\\1\end{pmatrix}$

$\Rightarrow$ $P_1 \approx$ (6,2 | 8,2 | 7,2) $\quad\quad$ $P_2 \approx$ (-4,2 | -2,2 | -3,2)

Kap.07e) windschiefe Geraden & Co. ($\oint$)

Viele der folgenden Rechnungen ähneln denen von windschiefen Geraden: → Kap.04g !

Bsp.11) Vom Punkt P(1 | 0 | 3) aus soll eine Gerade k gelegt werden, die sowohl

die Gerade $g : \vec{x} = \begin{pmatrix} 2 \\ -2 \\ -3 \end{pmatrix} + t \cdot \begin{pmatrix} 1 \\ 2 \\ 0 \end{pmatrix}$, als auch $h : \vec{x} = \begin{pmatrix} -4 \\ 0 \\ -1 \end{pmatrix} + t \cdot \begin{pmatrix} 2 \\ -1 \\ 2 \end{pmatrix}$ schneidet.

Bestimmen Sie eine Gleichung der Geraden k !

Lösung:

(Es wäre einfach, wenn sich g und h schneiden würden. Sie sind allerdings windschief.)

(Ich würde empfehlen, sich das Problem erst `mal genau klar zu machen. Auf eine Zeichnung habe ich verzichtet, da man dieses 3-dimensionale Problem mit einer [2-dimensionalen] Zeichnung nur schwer fassen kann).

Wir gehen so vor:

Erst `mal denken wir uns die Gerade h weg. Die Gerade k soll also durch den Punkt P gehen und durch die Gerade g. Dafür gibt es natürlich unendlich viele Möglichkeiten.

All diese unendlich vielen Geraden k bilden eine Ebene.

(Nämlich die Ebene, die durch P und g geht.)

Wenn man diese Ebene mit h schneidet, erhält man einen Schnittpunkt.

Die Verbindungsgerade von diesem Schnittpunkt mit P, geht natürlich durch P *und* durch die Gerade h. Allerdings geht sie auch durch die Gerade g, denn die Verbindungsgerade liegt in der Ebene, in welcher auch g liegt. Damit ist diese Verbindungsgerade die gesuchte Gerade k.

Zuerst stellen wir also die Ebene auf, die P und die Gerade g enthält !

$$E : \vec{x} = \begin{pmatrix} 1 \\ 0 \\ 3 \end{pmatrix} + s \cdot \begin{pmatrix} 1 - 2 \\ 0 - -2 \\ 3 - -3 \end{pmatrix} + t \cdot \begin{pmatrix} 1 \\ 2 \\ 0 \end{pmatrix} \Rightarrow E : \vec{x} = \begin{pmatrix} 1 \\ 0 \\ 3 \end{pmatrix} + s \cdot \begin{pmatrix} -1 \\ 2 \\ 6 \end{pmatrix} + t \cdot \begin{pmatrix} 1 \\ 2 \\ 0 \end{pmatrix}$$

Diese Parameterform in Koordinatenform umwandeln ...

(Das Umwandeln überlasse ich dem fleißigen Leser und gebe nur das Endergebnis an)

$E : 6x_1 - 3x_2 + 2x_3 = 12$

Diese Ebene schneiden wir mit der Geraden h:

$6\cdot(-4+2t) - 3\cdot(0-t) + 2\cdot(-1+2t) = 12$

$-24+12t + \quad 3t \qquad -2 + 4t = 12$

$\Rightarrow \; ... \; \Rightarrow \; t = 2$ t in h um Schnittpunkt zu erhalten

⇒ Schnittpunkt von E mit h: S(0 | -2 | 3)

Wenn wir nun durch P und S eine Gerade legen, erhalten wir eine Gerade, die P, g und h enthält.

$$\Rightarrow \quad k : \vec{x} = \begin{pmatrix}1\\0\\3\end{pmatrix} + s \cdot \begin{pmatrix}1 & - & 0\\0 & - & -2\\3 & - & 3\end{pmatrix} \qquad \Rightarrow \quad k : \vec{x} = \begin{pmatrix}1\\0\\3\end{pmatrix} + s \cdot \begin{pmatrix}1\\2\\0\end{pmatrix}$$

Bsp.12) Gegeben sind die Geraden $g : \vec{x} = \begin{pmatrix}5\\-1\\3\end{pmatrix} + s \cdot \begin{pmatrix}4\\-2\\3\end{pmatrix}$ und $h : \vec{x} = \begin{pmatrix}1\\7\\12\end{pmatrix} + t \cdot \begin{pmatrix}2\\4\\4\end{pmatrix}$.

Welche Gerade schneidet g und h im rechten Winkel ?

Lösung:

Wenn sich die Geraden g und h schneiden würden, wäre das alles kein Problem. Man würde sich aus g und h eine Ebene bauen, stellt mit Hilfe des Normalenvektors eine Lotgerade auf, die den Schnittpunkt der Geraden als Stützvektor hat. Einfach!

Nun schneiden sich die Geraden jedoch nicht, sie sind windschief. Damit gibt es keinen Schnittpunkt, man kann keine Ebene durch die beiden Geraden legen, ... Alles dumm und blöd.

Wir gehen ähnlich vor, wie bei der Berechnung vom Abstand zweier windschiefer Geraden. Wir basteln uns zwei laufende Punkte von den beiden Geraden g und h:

G(5+4s | -1–2s | 3+3s) H(1+2t | 7+4t | 12+4t)

Der Vektor $\overrightarrow{GH}$ muss senkrecht auf der Geraden g *und* auf der Geraden h sein.

Wenn wir dann die Gerade aufstellen, die durch G und H geht, haben wir diejenige Gerade, die auf g und h senkrecht steht.

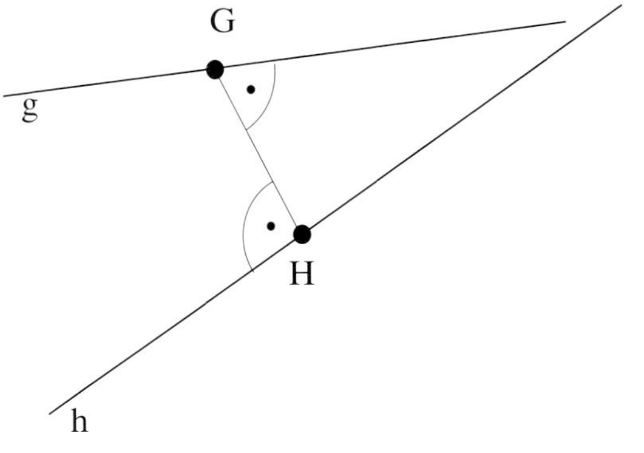

Vektor $\overrightarrow{GH}$ aufstellen !

$$\overrightarrow{GH} = \begin{pmatrix}1+2t & - & 5+4s\\7+4t & - & -1-2s\\12+4t & - & 3+3s\end{pmatrix} = \begin{pmatrix}-4+2t-4s\\8+4t+2s\\9+4t-3s\end{pmatrix}$$

Da der Verbindungsvektor $\overrightarrow{GH}$ senkrecht auf g und auf h sein muss, ist das Skalarprodukt von $\overrightarrow{GH}$ mit den Richtungsvektoren beider Geraden Null.

$$\begin{pmatrix} -4+2t-4s \\ 8+4t+2s \\ 9+4t-3s \end{pmatrix} \circ \begin{pmatrix} 4 \\ -2 \\ 3 \end{pmatrix} = 0 \qquad \begin{pmatrix} -4+2t-4s \\ 8+4t+2s \\ 9+4t-3s \end{pmatrix} \circ \begin{pmatrix} 2 \\ 4 \\ 4 \end{pmatrix} = 0$$

$$(-4+2t-4s)\cdot 4+(8+4t+2s)\cdot(-2)+(9+4t-3s)\cdot 3 = 0 \qquad (-4+2t-s)\cdot 2+(8+4t+2s)\cdot 4+(9+4t-3s)\cdot 4 = 0$$

$$-16+8t-16s - 16-8t-4s + 27+12t-9s = 0 \qquad -8+4t-8s + 32+16t+8s +36+16t-12s = 0$$

$$-5+12t-29s = 0 \qquad 60+36t-12s = 0$$

$$\begin{array}{rl} -5+12t-29s = 0 & |\cdot(-3) \\ 60+36t-12s = 0 & \\ \hline 75 \qquad +75s & \Rightarrow s=-1 \Rightarrow t=-2 \end{array}$$

$\Rightarrow$ G(1 | 1 | 0) H(-3 | -1 | 4)

(Übrigens: Wenn man zusätzlich noch den Abstand der beiden windschiefen Geraden hätte berechnen wollen, wäre man genau so vorgegangen wie bisher und hätte an dieser Stelle jetzt einfach den Abstand der beiden Punkte G und H berechnet.
Das wäre dann gleichzeitig auch der Abstand der beiden Geraden)

Ab jetzt sind wir fast fertig. Die Gerade, die auf g und h senkrecht steht, geht durch die beiden errechneten Punkt G und H. Sie hat also die Form:

$$\text{Ding}: \vec{x} = \begin{pmatrix} 1 \\ 1 \\ 0 \end{pmatrix} + t \cdot \begin{pmatrix} -3 - 1 \\ -1 - 1 \\ 4 - 0 \end{pmatrix} = \begin{pmatrix} 1 \\ 1 \\ 0 \end{pmatrix} + t \cdot \begin{pmatrix} -4 \\ -2 \\ 4 \end{pmatrix}$$

Wenn hinter Ratten Ratten raten, raten Ratten Ratten nach.
Wenn hinter Reihern Reiher reihern, reihern Reiher Reihern nach.
Wenn hinter Rollen Rollen rollen, rollen Rollen Rollen nach.
Wenn Rumkugeln in Rum `rumkugeln, kugeln Rumkugeln in Rum `rum.
Wenn hinter Rutschen Rutschen rutschen, rutschen Rutschen Rutschen nach.

Kap.08 vermischte Aufgaben (für) Klein und Groß

In diesem Kapitel sind am Anfang nur die Aufgabenstellungen. Die (ausführlichen) Lösungen beginnen auf der übernächsten Seite. Sie könnten (und sollten) also versuchen, die Aufgaben selber zu lösen. Wenn Sie nicht weiterkommen, können Sie ja hinten kurz gucken...

Kap.08a) Aufgabe 1

Welcher Punkt der Geraden $g: \vec{x} = \begin{pmatrix} 6 \\ 6 \\ 7 \end{pmatrix} + t \cdot \begin{pmatrix} -1 \\ 1 \\ 4 \end{pmatrix}$

hat von A (1 | -1 | 3) den Abstand d=12 ?

Kap.08b) Aufgabe 2

E sei die zu A(2|-3|4) und B(6|1|6) spiegelbildlich liegende Ebene.

1) Bestimme die Gleichung von E

2) Bestimme a so, dass $g_a: \vec{x} = \begin{pmatrix} 3 \\ 4 \\ -3 \end{pmatrix} + t \cdot \begin{pmatrix} 1 \\ a \\ 4 \end{pmatrix}$ parallel zu E ist!

3) Bestimme die Punkte von g_{-2}, die von E den Abstand d=12 haben!

Kap.08c) Aufgabe 3 (die Aufgabe ist so ähnlich wie Flugzeugaufgaben)

Ein Moorhuhn fliegt entlang der Geraden $f: \vec{x} = \begin{pmatrix} 1 \\ 0 \\ 2 \end{pmatrix} + t \cdot \begin{pmatrix} 2 \\ 1 \\ 2 \end{pmatrix}$ mit der Geschwindigkeit von $v_M = 75\ ^m/_s$.

Ab dem Punkt P(7 | a | b) gerät es in einen Seitenwind, welcher mit einer Geschwindigkeit von $15^m/_s$ in die Richtung $\begin{pmatrix} 4 \\ 4 \\ 2 \end{pmatrix}$ weht.

Entlang welcher Geraden bewegt sich nun das Moorhuhn und welche Geschwindigkeit hat es nun?

Kap.08d) Aufgabe 4

Ein Fußgänger läuft entlang einer Straße, die durch die Gleichung der Geraden s dargestellt werden kann. Dabei benutzt er ein Mobiltelefon mit einer Reichweite von 9 (LE). Innerhalb von welchem Bereich hat er Empfang, wenn der Sendemast der Telefongesellschaft sich am Punkt M befindet ?

M(-6 | 3 | 1) $\qquad s : \vec{x} = \begin{pmatrix} 2 \\ 3 \\ 4 \end{pmatrix} + t \cdot \begin{pmatrix} 0 \\ 1 \\ 1 \end{pmatrix}$

Kap.08e) Aufgabe 5

Gegeben seien die Punkte A(-1|-6|0), B(3|-3|2) sowie C(5|5|5)
D sei der vierte Punkt des Parallelogramms ABCD. Bestimmen Sie D!

Bemerkung: Die Aufgabe rechnet sich genau gleich, egal ob ABCD ein Parallelogramm, Rechteck, Quadrat oder eine Raute werden soll!
Und es ist eine wichtige Frage, die man sehr häufig sieht! Also bitte merken.

Kap.08f) Aufgabe 6

Das Quadrat ABCD sei Grundfläche einer senkrechten Pyramide mit dem Volumen V = 343 (VE) und drei Eckpunkten der Grundfläche: A(-3|4|1) C(6|3|-3) D(3|1|3).
B sei der vierte Punkt des Quadrats ABCD. Bestimmen Sie B.
Bestimmen Sie die beiden möglichen Pyramidenspitzen S.

Kap.08g) Aufgabe 7

Welcher Punkt der Gerade g hat von der Ebene $E : 6x_1 + 2x_2 - 9x_3 = 18$ den Abstand d=33 ?

$$g : \vec{x} = \begin{pmatrix} 8 \\ 5 \\ -9 \end{pmatrix} + t \cdot \begin{pmatrix} 0 \\ -1 \\ 1 \end{pmatrix}$$

Kap.08h) Aufgabe 8

Ein Auto fährt entlang einer Straße, die durch eine Gerade s beschrieben werden kann, auf eine Nebelfront zu, welche sich in der Ebene $N : -2x_1 + 2x_2 + x_3 = 6$ befindet.

$$s : \vec{x} = \begin{pmatrix} -2 \\ 4 \\ 3 \end{pmatrix} + t \cdot \begin{pmatrix} 3 \\ -1 \\ -1 \end{pmatrix}$$

Ab welchem Punkt muss der Autofahrer bremsen, wenn der benötigte Bremsweg 6 (LE) beträgt und die x_3-Koordinate der Straße immer positiv ist ?

Kap.08i) Aufgabe 9 (vergleiche auch Aufgabe 6)

Das Quadrat ABCD sei Grundfläche einer Pyramide mit dem Volumen $V=\frac{686}{3}$. Bestimmen Sie die beiden möglichen Lagen der Spitze S, welche auf der Geraden g liegen, wenn

$$A(-3|4|1)\quad B(0|6|-5)\quad C(6|3|-3)\quad D(3|1|3)\quad \text{und } g:\ \vec{x} = \begin{pmatrix}6\\4\\4\end{pmatrix} + t\cdot\begin{pmatrix}-1\\4\\9\end{pmatrix}$$

Kap.08j) Aufgabe 10 (hab ich irgendwo im Internet gefunden)

Ein Sprichwort auf „Neudeutsch“, dessen Bedeutung Sie kennen sollten ...

„Die voluminöse Expansion subterraner Agrarerzeugnisse steht in reziprokem Verhältnis zur geistigen Kapazität des kultivierenden Agronoms“.

Kap.08a) Lösung 1

Wenn der gesuchte Punkt auf der Geraden g liegt, muss er folgende Form haben:
P (6–1·t | 6+1·t | 7+4·t) Nun sind wir auch fast fertig.

$$d(A,P) = \left|\overrightarrow{AP}\right| = \left|\begin{pmatrix}6-1t & - & 1\\6+1t & - & -1\\7+4t & - & 3\end{pmatrix}\right| = \left|\begin{pmatrix}5-t\\7+t\\4+4t\end{pmatrix}\right| =$$

$$= \sqrt{(5-t)^2+(7+t)^2+(4+4t)^2} = \sqrt{18t^2+36t+90}$$

$$\Rightarrow \quad \sqrt{18t^2+36t+90} = 12 \qquad |\,(\,)^2$$

$$18t^2+36t+90 = 144 \qquad |-144 \qquad |:18$$

$$t^2 + 2t - 3 = 0$$

$$\Rightarrow \dots \Rightarrow \quad t_1 = 1 \quad t_2 = -3 \qquad \Rightarrow \quad P_1(\,5\,|\,7\,|\,11\,) \quad P_2(\,9\,|\,3\,|\,-5\,)$$

Kap.08b) Lösung 2

1) Wenn die Ebene E spiegelbildlich bezüglich der Punkte A und B liegt, muss der Vektor $\overrightarrow{AB}$ in die gleiche Richtung wie der Normalenvektor zeigen (beide stehen senkrecht auf E), man kann als Normalenvektor für die Ebene E $\overrightarrow{AB}$ nehmen. Zum anderen muss die Ebene genau in der Mitte von A und B liegen,

d.h. der Mittelpunkt von A und B muss ein Stützvektor von E sein.

$\Rightarrow \quad \vec{n}_E = \overrightarrow{AB} = \begin{pmatrix} 6 \\ 1 \\ 6 \end{pmatrix} - \begin{pmatrix} 2 \\ -3 \\ 4 \end{pmatrix} = \begin{pmatrix} 4 \\ 4 \\ 2 \end{pmatrix}$

$\Rightarrow \quad E : 4x_1 + 4x_2 + 2x_3 = ??$

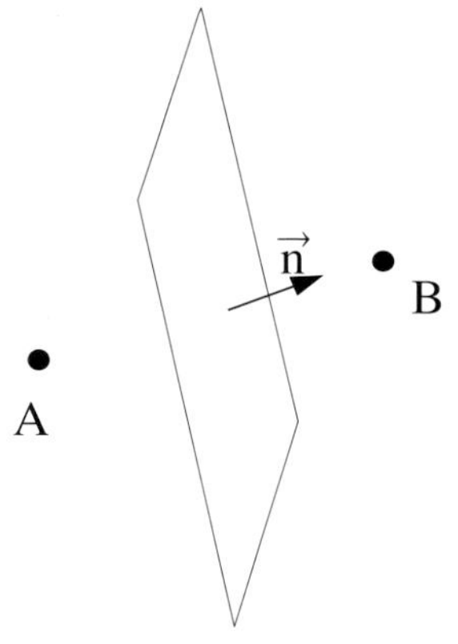

Punktprobe mit $M_{AB} = \frac{1}{2}(\vec{a} + \vec{b}) =$

$= \left(\frac{2+6}{2} \middle| \frac{-3+1}{2} \middle| \frac{4+6}{2} \right) \Rightarrow M_{AB}(4 \mid -1 \mid 5)$

$\Rightarrow \quad 4 \cdot 4 + 4 \cdot (-1) + 2 \cdot 5 = 22$

$\Rightarrow \quad E : 4x_1 + 4x_2 + 2x_3 = 22$

2) Wenn eine Ebene parallel zu einer Geraden ist, muss der Normalenvektor der Ebene senkrecht auf dem Richtungsvektor der Geraden stehen.
Das Skalarprodukt der beiden muss also Null sein.

$E \parallel g \Rightarrow \vec{n}_E \perp \overrightarrow{RV}_g \Rightarrow \vec{n}_E \cdot \overrightarrow{RV}_g = 0 \Rightarrow \begin{pmatrix} 4 \\ 4 \\ 2 \end{pmatrix} \circ \begin{pmatrix} 1 \\ a \\ 4 \end{pmatrix} = 4 \cdot 1 + 4 \cdot a + 2 \cdot 4 = 0 \Rightarrow a = -3$

3) g_{-2} bedeutet, dass der Parameter a den Wert „-2“ annimmt.

Alle Punkte der Gerade $g_{-2} : \vec{x} = \begin{pmatrix} 3 \\ 4 \\ -3 \end{pmatrix} + t \cdot \begin{pmatrix} 1 \\ -2 \\ 4 \end{pmatrix}$ haben demnach die Form:

$G(3+t \mid 4-2t \mid -3+4t)$

Nun suchen wir ja diejenigen Punkte G, die von der Ebene E den Abstand d=12 haben.
Man berechnet Abstand Punkt-Ebene mit HNF (oder mit der Lotgeraden)...

$HNF_E \quad : \quad \frac{4x_1+4x_2+2x_3-22}{\sqrt{4^2+4^2+2^2}} = \frac{4x_1+4x_2+2x_3-22}{6} = 0$

$G \text{ in } HNF_E \quad : \quad \left| \frac{4 \cdot (3+t)+4 \cdot (4-2t)+2 \cdot (-3+4t)-22}{6} \right| = 12$

$\left| \frac{4t}{6} \right| = 12 \qquad \mid \cdot 6$

$\mid 4t \mid = 72$

$4t = \pm 72$

$\Rightarrow 4t_1 = 72 \Rightarrow t_1 = 18 \Rightarrow G_1(21 \mid -32 \mid 69)$

$\Rightarrow 4t_2 = -72 \Rightarrow t_2 = -18 \Rightarrow G_2(-15 \mid 40 \mid -75)$

Kap.08c) Lösung 3

Kümmern wir uns erstmal um den Punkt P. P liegt natürlich auf der Geraden f, denn das Moorhuhn fliegt ja entlang dieser Geraden, bis im Punkt P irgendetwas passiert. Wenn P jedoch auf der Geraden f liegt, kann man eine Punktprobe machen, also P in die Gerade einsetzen.

P in f: $\begin{pmatrix} 7 \\ a \\ b \end{pmatrix} = \begin{pmatrix} 1 \\ 0 \\ 2 \end{pmatrix} + t \cdot \begin{pmatrix} 2 \\ 1 \\ 2 \end{pmatrix} \Leftrightarrow \begin{array}{lll} 7 = 1 + 2t & \Rightarrow t = 3 & \\ a = 0 + t & & \Rightarrow a = 3 \\ b = 2 + 2t & & \Rightarrow b = 8 \end{array}$

P hat also die Koordinaten P(7 | 3 | 8).
Ab diesem Punkt gerät das Moorhuhn nun in einen Seitenwind.
Betrachten wir nun die Zeitspanne von einer Sekunde:
Ohne Seitenwind, würde das Moorhuhn vom Punkt P aus weiter in Richtung des Vektors $\begin{pmatrix} 2 \\ 1 \\ 2 \end{pmatrix}$ fliegen (Richtungsvektor der Geraden f), und zwar jede Sekunde 75 Meter weit, da es ja mit einer Geschwindigkeit von $75^{m}/_{s}$ fliegt (und wir die Zeitspanne von einer Sekunde betrachten!). Wir müssen also den Vektor $\begin{pmatrix} 2 \\ 1 \\ 2 \end{pmatrix}$ so vervielfachen, dass er die Länge von 75 hat.

Dazu schauen wir zuerst, wie lang denn der Vektor $\begin{pmatrix} 2 \\ 1 \\ 2 \end{pmatrix}$ überhaupt ist.

$$\left| \begin{pmatrix} 2 \\ 1 \\ 2 \end{pmatrix} \right| = \sqrt{2^2 + 1^2 + 2^2} = 3.$$

Wenn der Vektor $\begin{pmatrix} 2 \\ 1 \\ 2 \end{pmatrix}$ die Länge von 3 hat, so hat der Vektor $\frac{1}{3} \cdot \begin{pmatrix} 2 \\ 1 \\ 2 \end{pmatrix}$ die Länge 1,

der Vektor, der eine Länge von 75 hat, ist also der Vektor $75 \cdot \frac{1}{3} \cdot \begin{pmatrix} 2 \\ 1 \\ 2 \end{pmatrix} = 25 \cdot \begin{pmatrix} 2 \\ 1 \\ 2 \end{pmatrix} = \begin{pmatrix} 50 \\ 25 \\ 50 \end{pmatrix}$.

Das Moorhuhn würde sich (ohne Seitenwind) in einer Sekunde genau um den Vektor $\begin{pmatrix} 50 \\ 25 \\ 50 \end{pmatrix}$ fortbewegen.

Nun betrachten wir `mal den Seitenwind (ebenfalls für die Dauer einer Sekunde):

Der Wind weht mit einer Geschwindigkeit von $15^{m}/_{s}$ in die Richtung $\begin{pmatrix} 4 \\ 4 \\ 2 \end{pmatrix}$.

Um genau zu wissen, wohin der Wind unser Hühnchen abtreibt, müssten wir den

„Windvektor" derart vervielfachen, dass er die Länge von 15m hat. Also schauen wir zuerst, wie lang der Vektor $\begin{pmatrix}4\\4\\2\end{pmatrix}$ ist.

$$\left\|\begin{pmatrix}4\\4\\2\end{pmatrix}\right\| = \sqrt{4^2+4^2+4^2} = 6.$$

Wenn der Vektor $\begin{pmatrix}4\\4\\2\end{pmatrix}$ eine Länge von 6 hat, so hat der Vektor $\frac{1}{6}\cdot\begin{pmatrix}4\\4\\2\end{pmatrix}$ eine Länge von 1

der Vektor $15\cdot\frac{1}{6}\cdot\begin{pmatrix}4\\4\\2\end{pmatrix} = \frac{5}{2}\cdot\begin{pmatrix}4\\4\\2\end{pmatrix} = \begin{pmatrix}10\\10\\5\end{pmatrix}$ hat also die gesuchte Länge von 15 Metern.

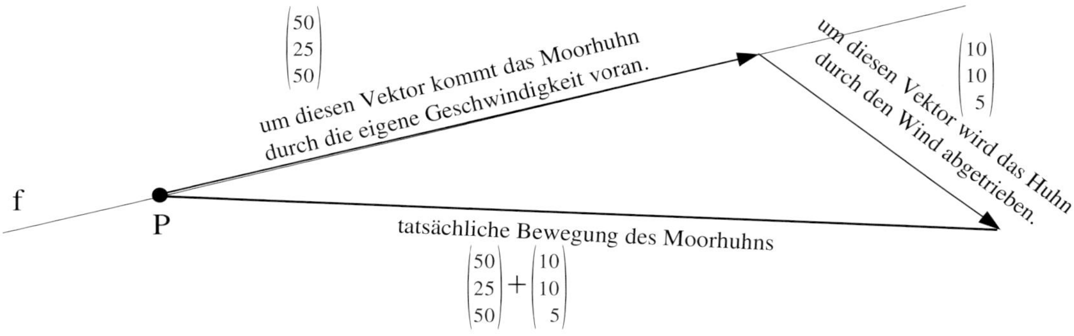

Nach einer Sekunde hat sich die Position des Moorhuhns

um den Vektor $\begin{pmatrix}50\\25\\50\end{pmatrix}+\begin{pmatrix}10\\10\\5\end{pmatrix}=\begin{pmatrix}60\\35\\55\end{pmatrix}$ verändert.

(Das Moorhuhn befindet sich nach einer Sekunde also am Punkt $\begin{pmatrix}7\\3\\8\end{pmatrix}+\begin{pmatrix}60\\35\\55\end{pmatrix}=\begin{pmatrix}67\\38\\63\end{pmatrix}$.

Das ist jedoch nicht gefragt!)

Der Vektors $\begin{pmatrix}60\\35\\55\end{pmatrix}$ hat die Länge $\sqrt{60^2+35^2+55^2} \approx 88{,}6$m.

Insofern hat das Moorhuhn eine Geschwindigkeit von 88,6$^{m}/_{s}$.

Da es sich vom Punkt P an, in die Richtung $\begin{pmatrix}60\\35\\55\end{pmatrix}$ bewegt,

ist die neue Flugbahn: $f^* : \vec{x} = \begin{pmatrix}7\\3\\8\end{pmatrix} + t\cdot\begin{pmatrix}60\\35\\55\end{pmatrix}$.

Kap.08d) Lösung 4

Zwar mag sich das Ganze nun etwas wild anhören, jedoch geht es wieder um einen Punkt (den Aufenthaltspunkt des Fußgängers), der auf einer Geraden liegt.
Damit hat P die Koordinaten P(2 | 3+t | 3+t).
Der Aufenthaltspunkt P des Fußgängers darf vom Sendemast M höchstens den Abstand d(M,P) = 9 haben.

$$d(P,M) = \left|\overrightarrow{PM}\right| = \left|\begin{pmatrix} 2 & - & -6 \\ 3+t & - & 3 \\ 4+t & - & 1 \end{pmatrix}\right| = \left|\begin{pmatrix} 8 \\ t \\ 3+t \end{pmatrix}\right| = \sqrt{8^2+t^2+(3+t)^2} = \sqrt{2t^2+6t+73}$$

$\Rightarrow \quad \sqrt{2t^2+6t+73} = 9 \qquad |\,(\,)^2$

$2t^2+6t+73 = 81 \qquad |-81 \quad |:2$

$t^2 + 3t - 4 = 0$

$\Rightarrow \ldots \Rightarrow \quad t_1 = 1 \quad t_2 = -4 \qquad \Rightarrow \quad P1(\,2\,|\,4\,|\,5\,) \quad P2(\,2\,|\,-1\,|\,0\,)$

Kap.08e) Lösung 5

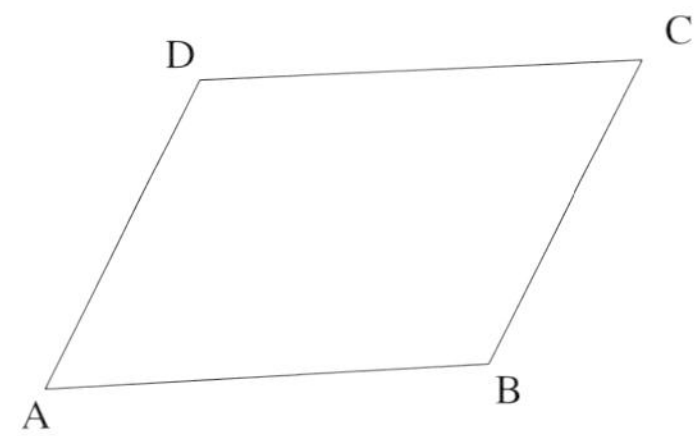

Es gibt mehrere sehr einfache Lösungswege für diese Aufgabe. Hier sind zwei davon.

Lösungsweg 1

Man erhält den Punkt D, indem man im Punkt A beginnt und den Vektor $\overrightarrow{AD}$ dazuzählt.
$\overrightarrow{AD}$ kennen wir natürlich nicht, das macht aber nichts, denn $\overrightarrow{AD} = \overrightarrow{BC}$.
Es gilt also: $D = A + \overrightarrow{BC}$, in korrekter mathematischer Schreibweise:

$$\vec{d} = \vec{a} + \overrightarrow{BC} = \begin{pmatrix} -1 \\ -6 \\ 0 \end{pmatrix} + \begin{pmatrix} 2 \\ 8 \\ 3 \end{pmatrix} = \begin{pmatrix} 1 \\ 2 \\ 3 \end{pmatrix} \qquad \Rightarrow \qquad D(\,1\,|\,2\,|\,3\,)$$

Lösungsweg 2

Nehmen wir mal an, D hätte die Koordinaten D(x|y|z).
Die Vektoren $\overrightarrow{AD}$ und $\overrightarrow{BC}$ sind gleich. (Es klappt auch mit $\overrightarrow{AB}$ und $\overrightarrow{DC}$.)

$$\Rightarrow \qquad \overrightarrow{AD} = \overrightarrow{BC}$$

$$\Rightarrow \quad \begin{pmatrix} x & - & -1 \\ y & - & -6 \\ z & - & 0 \end{pmatrix} = \begin{pmatrix} 5 & - & 3 \\ 5 & - & -3 \\ 5 & - & 2 \end{pmatrix} \quad \Rightarrow \quad \begin{matrix} x+1=2 \\ y+6=8 \\ z-0=3 \end{matrix} \quad \Rightarrow \quad \begin{matrix} x=1 \\ y=2 \\ z=3 \end{matrix}$$

$$\Rightarrow \qquad D(\,1\,|\,2\,|\,3\,)$$

Kap.08f) Lösung 6

Zur Bestimmung des Punktes B: (vergleiche auch Kap.08e)

Dem Punkt B geben wir die Koordinaten B(a|b|c).

Die Vektoren $\overrightarrow{AB}$ und $\overrightarrow{DC}$ sind gleich.

$\Rightarrow \quad \overrightarrow{AB} = \overrightarrow{DC}$

$$\Rightarrow \begin{pmatrix} a & - & -3 \\ b & - & 4 \\ c & - & 1 \end{pmatrix} = \begin{pmatrix} 6 & - & 3 \\ 3 & - & 1 \\ -3 & - & 3 \end{pmatrix} \Rightarrow \begin{matrix} a+3 = 3 \\ b-4 = 2 \\ c-1 = -6 \end{matrix} \Rightarrow \begin{matrix} a = 0 \\ b = 6 \\ c = -5 \end{matrix}$$

$\Rightarrow \quad B(\,0 \mid 6 \mid -5\,)$

Die beiden möglichen Pyramidenspitzen:

Auch bei dieser Aufgabe ist das Wort „senkrechte" essentiell. Wenn die Pyramide senkrecht ist, muss die Spitze auf derjenigen Geraden liegen, die senkrecht zur Ebene E_{ABCD} liegt und durch die Mitte des Quadrats geht (wir reden also von der Lotgeraden). Wir haben somit wieder einen gesuchten Punkt, der auf einer bestimmten Gerade liegt. Zuerst müssen wir diese Gerade (die Lotgerade) jedoch bestimmen.

Der Stützvektor der Lotgeraden ist die Mitte des Quadrats:

Also berechnen wir diese Mitte: $\vec{m} = \frac{1}{2}(\vec{a}+\vec{c}) = \frac{1}{2}(\vec{b}+\vec{d}) \quad \Rightarrow$ **M (1,5 | 3,5 | -1).**

Der Richtungsvektor der Gerade ist der Normalenvektor der Ebene E_{ABCD}.

Den Normalenvektor brauchen wir erst noch.

$$E_{ABCD}: \vec{x} = \left(\vec{a}\right) + r\cdot\left(\vec{b}-\vec{a}\right) + s\cdot\left(\vec{c}-\vec{a}\right) = \begin{pmatrix} -3 \\ 4 \\ 1 \end{pmatrix} + r\cdot\begin{pmatrix} 3 \\ 2 \\ -6 \end{pmatrix} + s\cdot\begin{pmatrix} 9 \\ -1 \\ -4 \end{pmatrix}$$

(Im Folgenden ist nur die Berechnung des Normalenvektors über die Methode mit dem Skalarprodukt aufgeführt. Alle anderen Methoden gehen natürlich auch.)

$$\begin{aligned} 3\cdot n_1 + 2\cdot n_2 - 6\cdot n_3 &= 0 \quad |\cdot(-3) \\ 9\cdot n_1 - 1\cdot n_2 - 4\cdot n_3 &= 0 \quad \text{(+)} \\ \hline -7n_2 + 14n_3 &= 0 \end{aligned}$$

wähle n_3=t $\Rightarrow$ $n_2 = 2t$

n_2 und n_3 eingesetzt $\Rightarrow$ $n_3 = {}^2/_3 t$

$$\vec{n} = t\cdot\begin{pmatrix} \frac{2}{3} \\ 2 \\ 1 \end{pmatrix} \triangleq \begin{pmatrix} 2 \\ 6 \\ 3 \end{pmatrix}$$

$$\Rightarrow g_{Lot}: \vec{x} = \begin{pmatrix} 1{,}5 \\ 3{,}5 \\ -1 \end{pmatrix} + t\cdot\begin{pmatrix} 2 \\ 6 \\ 3 \end{pmatrix} \quad \Rightarrow$$ **S (1,5+2t | 3,5+6t | -1+3t)**

Als Letztes brauchen wir noch den Abstand von M zur Pyramidenspitze.
Dieser Abstand ist die Höhe der Pyramide, die können wir aus dem Volumen errechnen.

$$G_{Quadrat} = a^2 \qquad a = \left|\overrightarrow{AB}\right| = \left|\begin{pmatrix}3\\2\\-6\end{pmatrix}\right| = \sqrt{3^2+2+(-6)^2} = 7$$

$$V_{Pyr} = \frac{1}{3}\cdot G\cdot h = \frac{1}{3}\cdot a^2\cdot h \quad\Leftrightarrow\quad 343 = \frac{1}{3}\cdot 7^2\cdot h \qquad\Rightarrow\quad \mathbf{h = d(M,S) = 21}$$

Nun bestimmen wir den Abstand von M zu S (in Abhängigkeit von t), und können aus der entstehenden Gleichung nach t auflösen.

$$d(M,S) = \left|\overrightarrow{MS}\right| = \left|\begin{pmatrix}1{,}5+2t & - & 1{,}5\\3{,}5+6t & - & 3{,}5\\-1+3t & - & (-1)\end{pmatrix}\right| = \left|\begin{pmatrix}2t\\6t\\3t\end{pmatrix}\right| = \sqrt{(2t)^2+(6t)^2+(3t)^2} = \sqrt{49t^2} = \pm 7t$$

$$d(M,S)=21 \quad\Rightarrow\quad \pm 7t = 21 \quad\Rightarrow\quad t_{1,2} = \pm 3$$

$$\Rightarrow \qquad \mathbf{S_1(\ 7{,}5 \mid 21{,}5 \mid 8\ ) \qquad S_2(\ -4{,}5 \mid -14{,}5 \mid -10\ )}$$

Kap.08g) Lösung 7

Der Punkt P hat die Koordinaten P(8 | 5–t | -9+t).
Den Abstand Ebene-Punkt berechnet man über HNF.

$$HNF_E: \quad \frac{6x_1+2x_2-9x_3-18}{\sqrt{6^2+2^2+(-9)^2}} = \frac{6x_1+2x_2-9x_3-18}{11} = 0$$

$$d(E,P) = 33$$

$$\left|\frac{6\cdot(8)+2\cdot(5-t)-9\cdot(-9+t)-18}{11}\right| = 33 \qquad |\cdot 11$$

(Ab hier könnte man die Gleichung auch mit dem GTR lösen.)

$$|\ 6\cdot 8 + 2\cdot(5-t) - 9\cdot(-9+t) - 18\ | = 363$$

$$|\ 121 - 11t\ | = 363 \qquad \text{Betrag auflösen}$$

$$121 - 11t = \pm 363$$

$121 - 11t = +363$ → $t_1 = -22$ → $\Rightarrow P_1(\ 8 \mid 27 \mid -31\ )$

$121 - 11t = -363$ → $t_2 = 44$ → $\Rightarrow P_2(\ 8 \mid -39 \mid 35\ )$

Kap.08h) Lösung 8

Wenn der Autofahrer mit dem Bremsen beginnt, muss der Abstand vom Auto zu der Nebelfront 6 (LE) betragen. Desweiteren befindet sich das Auto immer auf der Geraden s, es hat also die Koordinaten: **A (-2+3t | 4–t | 3–t)**

$$HNF_N: \frac{-2x_1+2x_2+x_3-6}{\sqrt{(-2)^2+2^2+1^2}} = \frac{-2x_1+2x_2+x_3-6}{3} = 0$$

$$d(N,A) = 6$$

$$\left|\frac{-2\cdot(-2+3t)+2\cdot(4-t)+(3-t)-6}{3}\right| = 6 \qquad | \cdot 3$$

(Ab hier könnte man die Gleichung auch mit dem GTR lösen.)

$$| 4 - 6t + 8 - 2t + 3 - t - 6 | = 18$$

$$| 9 - 9t | = 18$$

$9-9t=18$ | $9-9t = -18$
$t_1 = -1$ | $t_2 = +3$

⇒ $A_1(-5 | 5 | 4)$ | $A_2(7 | 1 | 0)$

Der gesuchte Punkt, ab welchem der Autofahrer bremsen muss ist: A(-5 | 5 | 4)

(Da die x_3-Koordinate positiv ist, gilt der Punkt A_1, jedoch nicht der Punkt A_2.)

Kap.08i) Lösung 9

In der Aufgabe steht *nicht* drin, dass es sich um eine *senkrechte* Pyramide handelt. Wir können also *nicht* davon ausgehen, dass die Spitze auf der Lotgerade liegt. Allenfalls können wir den Normalenvektor der Grundfläche aus Aufgabe 6) übernehmen, da die Koordinaten der Punkte A,B,C,D gleich geblieben sind.

$$\vec{n} = \begin{pmatrix} 2 \\ 6 \\ 3 \end{pmatrix} \quad \Rightarrow \quad E_{ABCD}: \; 2x_1 + 6x_2 + 3x_3 = ?? \qquad \text{Punkt A oder B,C,D einsetzen}$$

$$\Rightarrow \quad E_{ABCD}: \; \mathbf{2x_1 + 6x_2 + 3x_3 = 21}$$

Wir kennen das Volumen der Pyramide $V_{Pyr} = \frac{686}{3}$ und wissen: $V_{Pyr} = \frac{1}{3}\cdot a^2 \cdot h$

Die Seitenlänge a können wir berechnen:

$$a = |\overrightarrow{AB}| = \left|\begin{pmatrix} 3 \\ 2 \\ -6 \end{pmatrix}\right| = \sqrt{(3)^2+(2)^2+(-6)^2} = ... = 7$$

Nun können wir die Pyramidenhöhe h berechnen.

$$V_{Pyr} = \frac{686}{3} = \frac{1}{3}\cdot a^2 \cdot h \quad \Rightarrow \quad 686 = a^2 \cdot h \quad \Rightarrow \quad 686 = 7^2 \cdot h \quad \Rightarrow \quad h = \frac{686}{7^2} = 14$$

Ab hier haben wir nun wieder den Fall, dass ein Punkt auf einer Geraden liegen soll und dieser einen bestimmten Abstand von einer vorgegeben Ebene haben soll. (ab hier Schema F)

$$HNF_E : \frac{2x_1+6x_2+3x_3-21}{\sqrt{2^2+6^2+3^2}} = \frac{2x_1+6x_2+3x_3-21}{7} = 0$$

beide S liegen auf g, haben also die Form: S(-4+7t | -9+11t | -5+6t)

Der Abstand von S zur Ebene E soll den Wert 14 annehmen:

$$d(E,S) = 14$$

$$\frac{|2\cdot(-4+7t)+6\cdot(-9+11t)+3\cdot(-5+6t)-21|}{7} = 14 \qquad |\cdot 7$$

(Ab hier könnte man die Gleichung auch mit dem GTR lösen.)

$$|\, 2\cdot(-4+7t) + 6\cdot(-9+11t) + 3\cdot(-5+6t)-21 \,| = 98$$

$$|\, 98t - 98 \,| = 98 \qquad \text{Betrag auflösen}$$

$$98t - 98 = \pm 98$$

$\Rightarrow$ $98t-98 = +98$ oder $98t-98 = -98$

$\Rightarrow$ $t_1 = 2$ $\quad$ $t_2 = 0$

$\Rightarrow$ S_1(10 | 13 | 7) $\quad$ S_2(-4 | -9 | -5)

Kap.08j) Lösung 10

„Die dümmsten Bauern ernten die dicksten Kartoffeln.“

Wenn hinter Sägen Sägen sägen, sägen Sägen Sägen nach.
Wenn hinter Schaben Schaben schaben, schaben Schaben Schaben nach.
Wenn hinter Schaufeln Schaufeln schaufeln, schaufeln Schaufeln Schaufeln nach.
Wenn hinter Schneiden Schneiden schneiden, schneiden Schneiden Schneiden nach.

Kap 09 vermischte Aufgaben auf Abiniveau

Ein Großteil der Abi-Aufgaben in analytischer Geometrie besteht aus sogenannten Anwendungsaufgaben, die sich um Pyramiden oder Quader oder Sonstigem drehen und mit denen dann irgendetwas unglaublich Spannendes passiert. So wie hier.
Es wäre daher gut, wenn Sie einen Großteil dieser Aufgaben lösen könnten.

Kap.09a) De erschte geyle Aufgab

Im Zuge der Völkerverständigung beschließt Xaver eine ägyptische Tussi anzugraben. Er findet auch tatsächlich eine wirklich scharfe Braut und seine Hormone sprießen so sehr, dass er beschließt, sie (und ihren Familienclan) zu beeindrucken. Und was liegt bei einer Ägypterin näher, als eine große Pyramide aus Kokosnüssen zu bauen, in der in jede Kokosnuss eine Liebeserklärung eingeritzt ist?
Das mit den Kokosnüssen und den Liebeserklärungen ist auch wirklich kein Problem, denn Xaver ist ein absolut romantischer Typ und in wenigen Tagen hat er 648000 Liebeserklärungen zusammen, die er in ebenso viele Kokosnüsse ritzt. (Er braucht sehr viele Kokosnüsse, denn die Pyramide soll 12Meter hoch werden).

a) Bestimme das Volumen der Pyramide, wenn eine Kokosnuss ein Rauminhalt von ca. 2 Litern hat (der Zwischenraum zwischen den Kokosnüssen in der Pyramide kann vernachlässigt werden) und wir seit der 9.Klasse wissen, dass 1m³ genau 1000 Liter fasst.
Fertige eine Skizze der Pyramide!
Bestimme die Koordinaten A, B, C, D und H der Pyramide
(B soll keine negativen Koordinaten haben und die x_3-Achse sei Symmetrieachse).

b) Welcher Winkel bildet sich zwischen zwei benachbarten Seitenflächen und wie groß ist der Neigungswinkel einer Seitenfläche?

c) Xaver hat auf ein Tuch als Liebessymbol eine ägyptische Palme mit deutschen Eichenblättern in einem roten Herz gemalt. Dieses Tuch will er wie eine Flagge an einem Fahnenmast befestigen.
Der Fahnenmast ist 18Meter lang, durchstößt die Seitenfläche BCH senkrecht zu dieser Fläche in deren Schwerpunkt. Eines seiner Enden befindet in der Bodenfläche der Pyramide.
Wie lang ist das Stück des Fahnenmastes, das sich außerhalb der Pyramide befindet?
Wie lauten die Koordinaten der beiden Endpunkte des Fahnenmastes ?
Xaver will die Pyramidenspitze und das Ende des Mastes mit einer Schleife verbinden. Wie lang muss diese Schleife mindestens sein?

Kap.09b) De sweite geyle Aufgab

Ich bin ja ein Verfechter der Theorie, dass UFOs die Form einer senkrechten, quadratischen Pyramide haben. Und Schüler sind ja im Allgemeinen Verfechter der Theorie, dass Mathematiker bei allem, was ihnen im Leben begegnet, mathematische Berechnungen anstellen müssen.

Sie werden also nicht glauben, was mir gestern in aller Herrgotts-Früh um 11^{30}Uhr passiert ist. Ich wach auf, geh erst mal in Garten, um meine allmorgendliche Morgengymnastik zu machen – da schwebt ein UFO knapp überm Boden in meinem Garten. Ich – total perplex, denke erstmal „Krass!", hol dann meinen Meterstab und Taschenrechner hervor (die ich bei der Morgengymnastik immer mit mir rumtrage) und fange an, Eckpunkte abzumessen.

A(6 | 6 | 1), B(-2 | 6 | 1), C(-2 |-2 | 1) (alles in Metern)

Mir fällt auf: „Krass! Total glatte Zahlen! Die Außerirdischen benutzen auch das metrische System!"

Nur den Eckpunkt D und die Spitze S kann ich nicht abmessen, weil ich für D ziemlich durch den Matsch robben müsste und S so weit oben ist. Aber, als ich die Unterseite des UFOs untersuche, steht unten (neben anderen technischen Daten) auch das Volumen des UFOs: $V_{UFO} = 192m^3$

Und wie ich da so rumschaue, fährt das UFO plötzlich einen hellblauen, kugelrunden Schutzschild aus, welcher genau durch alle fünf Eckpunkte des UFOs geht.

Ich denke: „Hä – was ist denn das für´n Scheiß ?"

(die Farbe vom Schutzschild steht nämlich, farblich gesehen, in völliger Disonanz zum dunkelgrünen UFO).

Da steh ich also wie der Ochs vor´m Berg, da fällt mir plötzlich auf, dass die Kante AB für alle $k \in \mathbb{R}$ in der Ebenenschar $E_k : kx_2 + 3x_3 = 6(0{,}5+k)$ liegt.

An diesem beschissenen Morgen, an dem bereits meine Morgengymnastik ausgefallen ist und disonante Farbkombinationen unfähiger UFO-Bemaler meinen Augen weh getan haben, ist das natürlich absolut hammergeil.

Nun ein paar dringende Fragen, bei denen ich Sie um Hilfe bitte:

a) Wie lauten die Koordinaten der Punkte D und S ?

b) Welches ist der Mittelpunkt des Schutzschildes?
Wie groß ist der Radius des Schutzschildes ?
Wieviel cm über dem Boden befindet sich der tiefste Punkt des hellblauen Schutzschildes?
Wieviel Prozent vom Volumen des Schutzschildes nimmt das UFO ein?

c) Weisen Sie nach, dass die Kante AB tatsächlich in der oben angegebenen Ebenenschar E_k liegt.
Welche Schnittfiguren bildet E_k mit der Pyramide, wenn k alle zulässigen Zahlen durchläuft?

d) Welche Ebene der Schar E_k hat für $-12<k<12$ von S einen Abstand von 2,2 Metern ?
Welcher Punkt dieser Ebene hat von S einen Abstand von 2,2 Metern ?

e) Welche Punkte der Gerade g_{AB} haben von S den Abstand d = 49 Meter?

Kap.09c) De dride geyle Aufgab

Wie mir aus gut unterrichteten und geheimen Quellen bekannt wurde, plant die Wilhelma in Stuttgart ein neues Freigehege für durchgeknallte Abiturienten, bei denen jeder Therapieversuch fehlgeschlagen hat. Das Gehege soll angeblich die vereinfachte Form eines Hauses haben, welche für die reduzierte Wahrnehmungsfähigkeit der innewohnenden Schüler noch erkennbar ist.

Im Wesentlichen werden die Ecken des Geheges durch die Punkte A(0 | 0 | 0), B(6 | 0 | 0), C(6 | 9 | 0), D(0 | 9 | 0), E(0 | 0 | 5), F(6 | 0 | 5), G(6 | 9 | 5), H(0 | 9 | 5), I(3 | 2 | 8) und J(3 | 7 | 8) beschrieben.

Sämtliche Kanten (auch die am Boden liegenden) werden durch Stahlrohre verbunden, die Außenflächen mit starkem Maschendrahtzaun begrenzt.

a) Fertigen Sie in einem karthesischen Koordinatensystem eine Skizze des Geheges.
Wieviel Meter an Stahlrohren sind notwendig? Wieviel m² an Maschendrahtzaun werden gebraucht ?

b) Von B zu H und von I zu C sollen je eine Liane befestigt werden, so dass die Durchgeknallten sich daran entlanghangeln können. Es wäre gut, wenn der Abstand der beiden Lianen weniger als 1m beträgt, damit man in der Luft von der einen zur anderen wechseln kann. Ist das erfüllt ?
(An dieser Stelle möchte ich mich schon `mal für die auftauchenden Zahlen entschuldigen)

c) Damit auch alle Schüler, die in der Schule Physik hatten, im Gehege noch was gucken können, wird im Mittelpunkt der Dachkante JH ein Laser angebracht, der um JH rotiert und dabei monochromatisches Licht der Wellenlänge 680nm senkrecht zu dieser Kante ausstrahlt.
In welcher Höhe über dem Erdboden trifft das Laserlicht auf die Kante AE?
Mit welcher Wellenlänge wird das Licht vom Laser ausgestrahlt?

d) Die Zooverwaltung findet die Position vom Laser blöd. Er wird anders positioniert (an der Kante GH), so dass das Licht je nach Lasereinstellung in der durch E_t : $(10+2t)x_2 + (t-10)x_3 = 23t+40$ beschriebenen Ebenenschar liegt.
Zeigen Sie, dass die Kante GH für jeden Wert von t in der Ebenenschar E_t liegt.
Beschreiben Sie, welche geometrischen Figuren (Schnittfiguren) das Laserlicht für die verschiedenen Werte von t im Inneren des Geheges bilden kann!

Kap.09a) Lösung vun de erschte geyle Aufgab

a) Die Koordinaten von H sind billig. Da die Pyramide 12m hoch wird $\Rightarrow$ H(0|0|12)
Das Volumen kann man auch ausrechnen: 648000 Kokosnüsse zu je 2 Litern macht 1296000Liter, das entspricht einem Pyramidenvolumen von 1296m³. Wozu ist das gut?

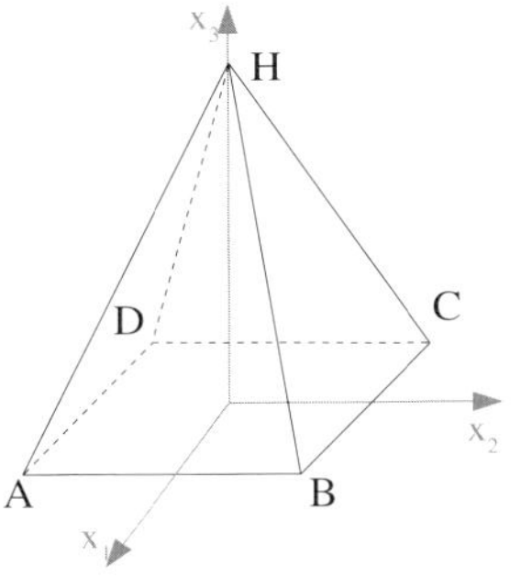

Aus $V = \frac{1}{3}a^2 \cdot h$ kann man nun die Seitenlänge der Pyramide errechnen und daraus die Koordinaten der Eckpunkte.

$V = \frac{1}{3}a^2 \cdot h \Rightarrow 1296 = \frac{1}{3}a^2 \cdot 12 \Rightarrow \dots \Rightarrow a = 18$

$\Rightarrow$ A(9 |-9 | 0) B(9 | 9 | 0) C(-9 | 9 | 0)
D(-9 |-9 | 0) H(0 | 0 | 12)

b) Wir brauchen zuerst die Normalenvektoren von zwei benachbarten Seitenflächen.
Ich stelle also die Koordinatengleichungen von zwei Seitenflächen auf. (Je nachdem für welche der Ebenen man sich entscheidet, sollte man folgende Ebenengleichungen rauskriegen: [die ausführliche Rechnung erspare ich mir]).

$E_{ABH}: 4x_1+3x_3 = 36$ $\quad$ $E_{BCH}: 4x_2+3x_3 = 36$

$E_{CDH}: 4x_1-3x_3 = -36$ $\quad$ $E_{DAH}: 4x_2-3x_3 = -36$

Annahme, Sie haben die Ebenen E_{ABH} und E_{BCH} gewählt, dann berechnet sich der Winkel so:

$$\cos\alpha = \frac{|\vec{u} \circ \vec{v}|}{|\vec{u}| \cdot |\vec{v}|} = \frac{\left|\begin{pmatrix}4\\0\\3\end{pmatrix} \circ \begin{pmatrix}0\\4\\3\end{pmatrix}\right|}{\sqrt{4^2+0^2+3^2} \cdot \sqrt{0^2+4^2+3^2}} = \frac{|0+0+9|}{5 \cdot 5} = 0{,}36 \Rightarrow \alpha = 69{,}9°$$

(Winkel zwischen benachbarten Seitenflächen liegen immer zwischen 90° und 180°, daher haben wir den falschen Winkel erhalten [→ Kap.01c]. Also Rest bis 180° berechnen!)

$\Rightarrow$ Winkel zwischen Seitenflächen: $\alpha = 180-69{,}9 = 110{,}1°$

Ein Neigungswinkel der Seitenfläche ist der Winkel zwischen Seitenfläche und der Bodenebene. Wir brauchen noch die Bodenebene.
Dieses ist die x_1-x_2-Ebene, die hat die Koordinatengleichung: $x_3=0$.
Man könnte den Normalenvektor entweder aus dieser Koordinatengleichung ablesen ($x_3=0$ entspricht $0x_1+0x_2+1x_3=0$), oder man könnte überlegen, dass der Normalenvektor senkrecht auf der Bodenebene steht und damit in x_3-Richtung zeigt.

Die x_3-Richtung ist $\begin{pmatrix}0\\0\\1\end{pmatrix}$. Daher ist auch unser gesuchter Normalenvektor $\begin{pmatrix}0\\0\\1\end{pmatrix}$.

Damit können wir den Neigungswinkel berechnen.
(Ich werde die Seitenfläche E_{ABH} verwenden).

$$\cos\alpha = \frac{|\vec{u} \circ \vec{v}|}{|\vec{u}| \cdot |\vec{v}|} = \frac{\left| \begin{pmatrix}4\\0\\3\end{pmatrix} \circ \begin{pmatrix}0\\0\\1\end{pmatrix} \right|}{\sqrt{4^2+0^2+3^2} \cdot \sqrt{0^2+0^2+1^2}} = \frac{|0+0+3|}{5 \cdot 1} = 0{,}6 \Rightarrow \alpha = 53{,}1°$$

$\Rightarrow$ der Neigungswinkel der Seitenflächen beträgt: $\alpha = 53{,}1°$

c) Den Schwerpunkt von BCH berechnet man mit der Formel:

$$\vec{s} = \frac{1}{3}(\vec{b} + \vec{c} + \vec{h}) = \frac{1}{3}\left(\begin{pmatrix}9\\9\\0\end{pmatrix} + \begin{pmatrix}-9\\9\\0\end{pmatrix} + \begin{pmatrix}0\\0\\12\end{pmatrix} \right) = \begin{pmatrix}0\\6\\4\end{pmatrix} \Rightarrow S(\,0\,|\,6\,|\,4\,)$$

Da der Fahnenmast (in der Skizze M_1M_2) senkrecht auf der Seitenfläche BCH steht, ist der Normalenvektor der Ebene E_{BCH} die Richtung, in welche der Fahnenmast zeigt. (Falls man vorher eine andere Ebene als E_{BCH} aufgestellt hat, war das Pech. Dann muss man das an dieser Stelle nachholen).

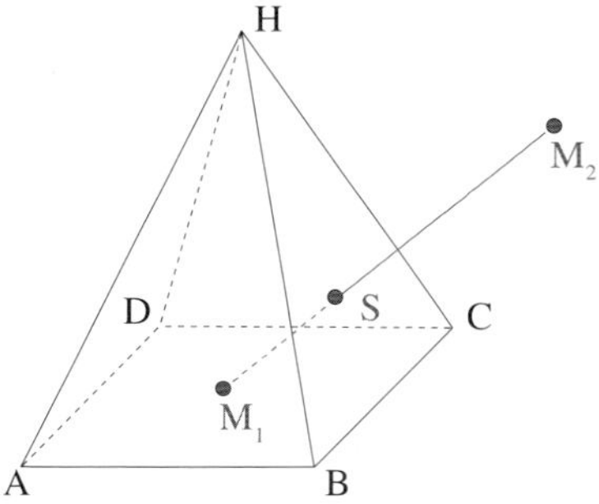

Somit liegt der Mast in der Gerade:

$$m:\ \vec{x} = \begin{pmatrix}0\\6\\4\end{pmatrix} + t \cdot \begin{pmatrix}0\\4\\3\end{pmatrix}$$

Wenn wir m mit der Bodenebene schneiden, ist der Schnittpunkt der Anfangspunkt des Mastes.
(Die Bodenebene ist die x_1-x_2-Ebene, hat als Koordinatengleichung: $x_3 = 0$)

$m \cap x_3 = 0$: $\quad 4+3t = 0 \quad \Rightarrow \quad t = -^4/_3$

$$\Rightarrow \text{Anfangspunkt des Mastes } M_1:\ \vec{x} = \begin{pmatrix}0\\6\\4\end{pmatrix} - \frac{4}{3} \cdot \begin{pmatrix}0\\4\\3\end{pmatrix} = \begin{pmatrix}0\\0{,}66\\0\end{pmatrix}$$

$\Rightarrow M_1(\,0\,|\,0{,}66\,|\,0\,)$

Die Länge des Mastes im Inneren der Pyramide ist der Abstand von S zu M_1.

$$d(M_1,S) = \left| \begin{pmatrix}0 - 0\\6 - 0{,}66\\4 - 0\end{pmatrix} \right| = \left| \begin{pmatrix}0\\5{,}33\\4\end{pmatrix} \right| = \sqrt{0^2 + 5{,}33^2 + 4^2} = 6{,}66$$

Damit ragt der Mast 18 – 6,66 = 11,33m aus der Pyramide heraus.

Um den anderen Endpunkt des Mastes zu berechnen, gibt es mehrere geschickte Möglichkeiten. Eine davon gründet auf folgender Überlegung:

Um zu M_2 zu kommen, beginnt man in S und bewegt sich 11,33m in Richtung des Normalenvektors der Fläche E_{BCH}.
Erstes Problem: zeigt der Normalenvektor von S zu M_1 oder von S zu M_2 ?
Zweites Problem: der Normalenvektor ist ja (normalerweise) nicht 11,33m lang.
Mit wieviel muss man also den Normalenvektor multiplizieren, damit er genau 11,33m lang wird?

Das erste Problem ist nicht so einfach lösbar. Am einfachsten ist es also, von S(0|6|4) aus in beide Richtungen zu gehen und dann zu schauen, welcher Punkt der Bessere ist. (Wir kümmern uns später darum)

Das zweite Problem lösen wir so:

Der Normalenvektor $\vec{n} = \begin{pmatrix} 0 \\ 4 \\ 3 \end{pmatrix}$ ist $\sqrt{0^2 + 4^2 + 3^2} = 5$m lang.

Also ist der Vektor[1] $\vec{n}_0 = \frac{1}{5}\begin{pmatrix} 0 \\ 4 \\ 3 \end{pmatrix}$ genau 1m lang.

Und der Vektor $11{,}33 \cdot \frac{1}{5}\begin{pmatrix} 0 \\ 4 \\ 3 \end{pmatrix}$ hat dementsprechend die Länge von 11,33m.

Damit kommen wir auf den gesuchten Punkt M_2: $\quad M_2 = \begin{pmatrix} 0 \\ 6 \\ 4 \end{pmatrix} \pm 11{,}33 \cdot \frac{1}{5}\begin{pmatrix} 0 \\ 4 \\ 3 \end{pmatrix}$

Die „+" Lösung liefert M_2 (0 | 15,06 | 10,8)
Die „–" Lösung liefert M_2 (0 | -3,06 | -2,8)
Der gesuchte Punkt muss natürlich höher als S liegen,
d.h. die x_3-Koordinate muss größer sein.
Der zweite Endpunkt des Mastes ist also: M_2 (0 | 15,06 | 10,8)

Im Vergleich zu den letzten Rechnungen ist die Schleifenlänge ja wieder nur Kinderkacke.

$$d(M_2,S) = \left|\overrightarrow{M_2S}\right| = \left|\begin{pmatrix} 0 - 0 \\ 0 - 15{,}06 \\ 12 - 10{,}8 \end{pmatrix}\right| = \left|\begin{pmatrix} 0 \\ -15{,}06 \\ 1{,}2 \end{pmatrix}\right| = \sqrt{0^2 + (-15{,}06)^2 + 1{,}2^2} \approx 15{,}1\text{m}$$

Die Schleife muss mindestens 15,1 Meter lang sein.

1 Ein Vektor, der die Länge „1" hat, heißt Einheitsvektor. Da es ein Normalenvektor war, heißt er nun Einheitsnormalenvektor.

Kap.09b) Lösung vun de sweite geyle Aufgab

a) $\vec{d} = \vec{a} + \overrightarrow{AD} = \vec{a} + \overrightarrow{BC} = \begin{pmatrix}6\\6\\1\end{pmatrix} + \begin{pmatrix}0\\-8\\0\end{pmatrix} = \begin{pmatrix}6\\-2\\1\end{pmatrix} \Rightarrow$ D(6 | -2 | 1)

$V = \frac{1}{3}a^2 \cdot h$, $a = |\overrightarrow{AB}| = \dots = 8 \Rightarrow 192 = \frac{1}{3}8^2 \cdot h \Rightarrow h = 9$

Die Spitze S befindet sich also genau 9m über der Mitte der Grundfläche!
Die Mitte L der Grundfläche berechnet sich beispielsweise mit $\vec{l} = \frac{1}{2}(\vec{a} + \vec{c})$

L = ... = (2 | 2 | 1) $\Rightarrow$ S(2 | 2 | 10)

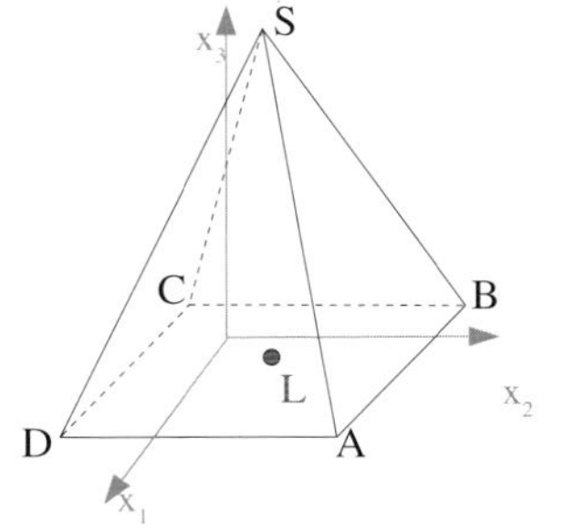

b) Wir müssen offensichtlich Mittelpunkt und Radius einer Umkugel berechnen. (→ Kap.05e)
Der Mittelpunkt der Kugel hat von allen Eckpunkten den gleichen Abstand.
Aus Symmetriegründen muss er auf der Symmetrieachse liegen, das ist die Verbindungsgerade von S zum Quadratmittelpunkt L.

Diese stellen wir zuerst auf: $g_{SL} : \vec{x} = S + t \cdot \overrightarrow{LS} = \begin{pmatrix}2\\2\\10\end{pmatrix} + t \cdot \begin{pmatrix}0\\0\\9\end{pmatrix}$

Da der Kugelmittelpunkt M auf dieser Geraden liegt, muss er also die Koordinaten haben:
M(2+0·t | 2+0·t | 10+9t) $\Rightarrow$ M(2 | 2 | 10+9t)

Nun stellen wir den Vektor $\overrightarrow{AM}$ auf, dann den Vektor $\overrightarrow{SM}$.
Die Längen (=Beträge) dieser Vektoren müssen dann gleich sein!

$$d(A,M) = |\overrightarrow{AM}| = \left\|\begin{pmatrix}2 & - & 6\\2 & - & 6\\10+9t & - & 1\end{pmatrix}\right\| = \left\|\begin{pmatrix}-4\\-4\\9+9t\end{pmatrix}\right\| = \sqrt{16 + 16 + (9+9t)^2}$$

$$d(S,M) = |\overrightarrow{SM}| = \left\|\begin{pmatrix}2 & - & 2\\2 & - & 2\\10+9t & - & 10\end{pmatrix}\right\| = \left\|\begin{pmatrix}0\\0\\9t\end{pmatrix}\right\| = \sqrt{0 + 0 + (9t)^2} = 9t$$

$$d(A,M) = d(S,M)$$

$$\sqrt{16 + 16 + (9+9t)^2} = 9t \qquad | (\,)^2$$

(Ab hier könne man die Gleichung auch mit dem GTR lösen)

$$16 + 16 + (9+9t)^2 = 81t^2$$

$$16+16+ 81+162t+81t^2 = 81t^2 \qquad | -81t^2 - 62t$$

$$113 = -162t \qquad | :(-162)$$

$t \approx -0{,}7 \Rightarrow$ M(2 | 2 | 10+9·(-0,7)) $\Rightarrow$ M(2 | 2 | 3,7)

Der Kugelradius: $r = d(S,M) = 9 \cdot t = 9 \cdot (-0{,}7) = -6{,}3 \Rightarrow r = 6{,}3$m

Wieviel Prozent des Schutzschildes nimmt die Pyramide ein .... ?

$V_{Pyr} = 192m^3$

$V_{Schutzschild} = V_{Kugel} = \frac{4}{3}\pi \cdot r^3 = \frac{4}{3}\pi \cdot 6{,}3^3 \approx 1047{,}4m^3$

$\Rightarrow \quad \frac{192}{1047{,}4} \cdot 100\% \quad = 18{,}33\%$

Die Pyramide nimmt 18,33% vom Volumen des Schutzschildes ein.

c) Wenn die Kante AB in der E_k liegen soll, kann man entweder die Geradengleichung g_{AB} aufstellen und diese mit der Ebenenschar E_k schneiden. Es muss nun eine wahre Aussage rauskommen (0=0).
Eine zweite Möglichkeit wäre es, zu zeigen, dass sowohl A als auch B in E_k liegen. Damit muss die ganze Gerade, also auch die Strecke AB, in der Ebene E_k liegen.
Dieses machen wir.

E_k : $kx_2 + 3x_3 = 6(0{,}5+k)$

A(6|6|1) in E_k: $k \cdot 6+3 \cdot 1 = 6 \cdot (0{,}5+k) \quad \Leftrightarrow \quad 6k+3 = 3 +6k$ Gezeigt!

B(-2|6|1) in E_k: $k \cdot 6+3 \cdot 1 = 6 \cdot (0{,}5+k) \quad \Leftrightarrow \quad 6k+3 = 3 +6k$ Gezeigt!

Damit liegt die Strecke AB für alle $k \in \mathbb{R}$ in E_k !

Zu den Schnittfiguren: (Schnittfiguren sind Schnitt*flächen*!!)
Wir haben ja gezeigt, dass alle Ebenen der Ebenenschar E_k die Kante AB enthalten. D.h. die Ebenen E_k „rotieren" um die Kante/Gerade AB.

- wenn die Ebene waagerecht liegt (also durch die Punkte C und D geht),
  entsteht als Schnittfigur ein Quadrat (die Grundfläche der Pyramide)
  Um zu schauen, für welche Werte von k das der Fall ist,
  setzen wir C (oder D) in E_k ein.
  C in E_k : $k \cdot (-2) + 3 \cdot 1 = 6 \cdot (0{,}5+k) \quad \Rightarrow \quad -2k+3=3+6k \quad \Rightarrow \quad 0=8k \quad \Rightarrow \quad k=0$
- wenn die Ebene durch die Pyramidenspitze S geht,
  entsteht als Schnittfigur ein Dreieck (die Seitenfläche ABS)
  Um zu schauen, für welche Werte von k das der Fall ist, setzen wir S in E_k ein.
  C in E_k : $k \cdot 2 + 3 \cdot 10 = 6 \cdot (0{,}5+k) \quad \Rightarrow \quad 2k+30=3+6k \quad \Rightarrow \quad 27=4k \quad \Rightarrow \quad k=6{,}75$
- wenn die Ebene die Pyramide schneidet,
  tut sie das logischerweise für k zwischen 0 und 6,75.
  Die Schnittfigur ist nun ein (gleichschenkliges) Trapez.
- Für alle anderen Werte von k gibt es keine Schnittfigur
  (nur die Strecke AB wäre die Schnittmenge, das ist aber keine richtige Figur)

Zusammenfassung:

für $k=0$ gibt es ein Quadrat als Schnittfläche

für $k=6{,}75$ gibt es ein (gleichschenkliges) Dreieck als Schnittfläche

für $0<k<6{,}75$ gibt es ein (gleichschenkliges) Trapez als Schnittfläche

für $k<0$ oder $k>6{,}75$ gibt es keine Schnittfigur.

d) Abstand Punkt – Ebene berechnet man (wenn man den Lotfußpunkt nicht braucht) immer mit der HNF.
Wir stellen also von E_k die HNF auf, setzen den Punkt S ein, das Ergebnis ist der Abstand (d=2,2).

$$HNF_E: \quad \frac{kx_2+3x_3-6(0{,}5+k)}{\sqrt{0^2+k^2+3^2}}=0 \qquad \text{(S einsetzen)}$$

$$d=\frac{|k\cdot 2+3\cdot 10-6(0{,}5+k)|}{\sqrt{0^2+k^2+3^2}} \qquad \text{(links für d=2,2 einsetzen, rechts vereinfachen)}$$

$$2{,}2=\frac{|-4k+27|}{\sqrt{k^2+9}}$$ Quadrieren. Zum einen fällt die Wurzel weg, zum anderen der Betrag.

$$4{,}84=\frac{(-4k+27)^2}{k^2+9} \qquad |\cdot(k^2+9)$$

$$4{,}84\cdot(k^2+9)=(-4k+27)^2$$

$$4{,}84k^2+43{,}56=16k^2-216k+729 \qquad |-4{,}84k^2-43{,}56$$

$$11{,}16k^2-216k+685{,}44=0$$ p-q-Formel oder a-b-c-Formel liefert:

$$k_1=4 \qquad (k_2=15{,}36\notin \mathbf{D})$$

$\Rightarrow$ die gesuchte Ebene ist: $E_4: \ 4x_2+3x_3=27$

S hat von E_4 den Abstand 2,2.
Es gibt nur einen Punkt der Ebene E_4, der von S ebenfalls den Abstand 2,2 hat.
Das ist der Lotfußpunkt. Also bestimmen wir den Lotfußpunkt von S auf E_4.

$$g_{Lot}: \ \vec{x} = S + t\cdot\vec{n}_E = \begin{pmatrix}2\\2\\10\end{pmatrix} + t\cdot\begin{pmatrix}0\\4\\3\end{pmatrix}$$

Der gesuchte Lotfußpunkt ist der Schnittpunkt von g_{Lot} mit E_4.

$g_{Lot}\cap E_4: \quad 4\cdot(2+4t)+3\cdot(10+3t)=27$

$38+25t=27 \quad \Rightarrow \quad t=-0{,}44$

t in $g_{Lot}: \ \vec{x} = \begin{pmatrix}2\\2\\10\end{pmatrix} - 0{,}44\cdot\begin{pmatrix}0\\4\\3\end{pmatrix} = \begin{pmatrix}2\\0{,}24\\8{,}68\end{pmatrix}$ $\Rightarrow$ gesuchter Punkt: P(0 | 0,24 | 8,68)

e) Zuerst stellen wir die Gerade g_{AB} auf. $g_{AB}: \ \vec{x} = \begin{pmatrix}6\\6\\1\end{pmatrix} + t\cdot\begin{pmatrix}8\\0\\0\end{pmatrix}$

Damit wissen wir, dass jeder Punkt der Gerade g_{AB}
die Form P(6+8t | 6 | 1) haben muss.

Nun berechnen wir den Abstand von diesem Punkt P zu S
und setzen den Abstand = 49.

$$d(P,S) = \left|\overrightarrow{PS}\right| = \left\|\begin{pmatrix} 6+8t & - & 2 \\ 6 & - & 2 \\ 10 & - & 1 \end{pmatrix}\right\| = \left\|\begin{pmatrix} 4+8t \\ 4 \\ 9 \end{pmatrix}\right\| = \sqrt{(4+8t)^2 + 4^2 + 9^2} =$$

$$= \ldots = \sqrt{64t^2 + 64t + 113}$$

$49 = \sqrt{64t^2 + 64t + 113}$ | $(\ )^2$

$2401 = 64t^2+64t+113$ | -2401

$64t^2+64t-2288 = 0$ | p-q-Formel oder a-b-c-Formel liefert:

$t_1 = 5{,}5 \quad t_2 = -6{,}5$

t_1 in P: $\Rightarrow$ $P_1(6+8\cdot 5{,}5 \mid 6 \mid 1)$ $\Leftrightarrow$ $P_1(50 \mid 6 \mid 1)$

t_2 in P: $\Rightarrow$ $P_2(6+8\cdot(-6{,}5) \mid 6 \mid 1)$ $\Leftrightarrow$ $P_2(-46 \mid 6 \mid 1)$

Kap.09c) Lösung vun de dride geyle Aufgab

a) Kanten: Die 12 Kantenlängen des unteren Quaders muss man nur ablesen: $4\cdot 6 + 4\cdot 9 + 4\cdot 5 = 80$
Die vier Kanten IE, IF, JG und JH sind alle gleich lang. Eine davon muss man berechnen.

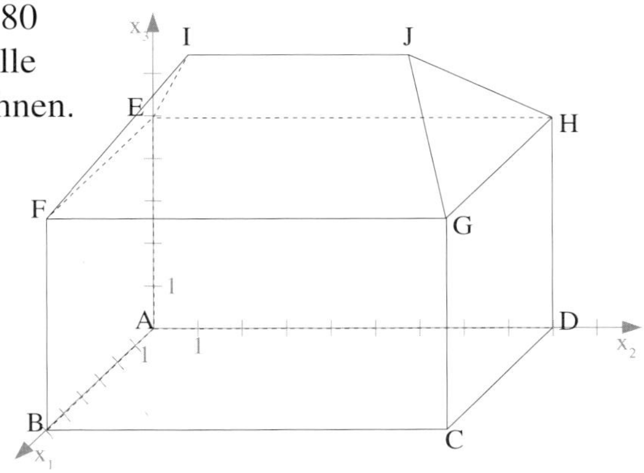

$$d(I,E) = \left|\overrightarrow{IE}\right| = \left\|\begin{pmatrix} 0 & - & 3 \\ 0 & - & 2 \\ 5 & - & 8 \end{pmatrix}\right\| = \left\|\begin{pmatrix} -3 \\ -2 \\ -3 \end{pmatrix}\right\| =$$

$$= \sqrt{9 + 4 + 9} \approx 4{,}69$$

Die Kante IJ ist 5m lang.

$\Rightarrow$ Gesamtkantenlänge =
$= 80 + 4\cdot 4{,}69+5 = 103{,}76$ m

Die Außenflächen:
(Die Flächen ABCD und EFGH werden natürlich nicht berücksichtigt)
Die vier Randflächen des Quaders sind wieder einfach:
$A_{ABFE} + A_{BCGF} + A_{CDHG} + A_{ADHE} = 6\cdot 5 + 9\cdot 5 + 6\cdot 5 + 9\cdot 5 = 150\ m^2$
Die Dachfläche setzt sich aus zwei Dreiecken und zwei Trapezen zusammen.
Die Dreiecksfläche berechnet sich mit $A = ½\cdot g\cdot h$.
Wenn wir z.B. das Dreieck JGH betrachten, wäre die Grundlinie g die Kantenlänge von GH, also g=6. Die Höhe h müssten wir noch berechnen, sie wäre die Entfernung von J zum Mittelpunkt von G und H. Also erst Mittelpunkt M_{GH} berechnen.
$M_{GH} = ½\cdot(G+H) = \ldots = (3 \mid 9 \mid 5)$.

$$h = d(J,M_{GH}) = \left|\overrightarrow{JM_{GH}}\right| = \left\| \begin{pmatrix} 3 & - & 3 \\ 9 & - & 7 \\ 5 & - & 8 \end{pmatrix} \right\| = \left\| \begin{pmatrix} 0 \\ 2 \\ -3 \end{pmatrix} \right\| = \sqrt{0+4+9} \approx 3{,}60$$

Ein Dreieck hat also die Fläche: $A_{Dreieck} = \frac{1}{2} \cdot 6 \cdot 3{,}6 = 10{,}8\,m^2$.

Eine Trapezfläche berechnet sich laut Formelsammlung mit $A_{Trapez} = \frac{1}{2} \cdot (a+c) \cdot h$. Wenn wir z.B. das Trapez IFGJ betrachten, so gilt: $a=|FG|=9$, $c=|IJ|=5$.

Das einzige Problem ist wieder die Trapezhöhe.

Die berechnen wir selbstverständlich wieder total abgefahren, nämlich über den Abstand der beiden Seitenmitten M_{GF} und M_{IJ}.

$M_{GF} = \frac{1}{2} \cdot (G+F) = \ldots = (\,6 \mid 4{,}5 \mid 5\,)$. $M_{IJ} = \frac{1}{2} \cdot (I+J) = \ldots = (\,3 \mid 4{,}5 \mid 8\,)$.

$$h_{Trapez} = d(M_{GF},M_{IJ}) = \left|\overrightarrow{M_{IJ}\,M_{GF}}\right| = \left\| \begin{pmatrix} 6 & - & 3 \\ 4{,}5 & - & 4{,}5 \\ 8 & - & 5 \end{pmatrix} \right\| = \left\| \begin{pmatrix} 3 \\ 0 \\ 3 \end{pmatrix} \right\| = \sqrt{9+0+9} \approx 4{,}24$$

Ein Trapez hat damit die Fläche: $A_{Trapez} = \frac{1}{2} \cdot (9+5) \cdot 4{,}24 = 29{,}68$

Die gesamte Außenfläche beträgt also: $A_{ges} = 150 + 2 \cdot 10{,}8 + 2 \cdot 29{,}68 = 230{,}96\,m^2$

b) Is ja klaahr eh. `s geht um den Abstand zweier windschiefer Geraden (→Kap.03g).

Da wir die Lotfußpunkte nicht brauchen, machen wir das Ganze mit der Formel:

$$d = \vec{n}_0 \cdot (\vec{p} - \vec{q}).$$

Selbstverständlich stellen wir zuerst die beiden benötigten Geraden auf.

$$g_{BH}: \vec{x} = B + t \cdot \overrightarrow{BH} = \begin{pmatrix} 6 \\ 0 \\ 0 \end{pmatrix} + t \cdot \begin{pmatrix} -6 \\ 9 \\ 5 \end{pmatrix} \qquad g_{IC}: \vec{x} = I + t \cdot \overrightarrow{IC} = \begin{pmatrix} 3 \\ 2 \\ 8 \end{pmatrix} + s \cdot \begin{pmatrix} 3 \\ 7 \\ -8 \end{pmatrix}$$

Um $\vec{n}_0$ zu bestimmen, berechnen wir zuerst $\vec{n}$ aus den Richtungsvektoren der beiden Geraden. (Ich werde das diesmal mit dem Kreuzprodukt machen, Sie können natürlich jede andere Methode wählen [→Kap.01f oder →Kap.01g])

~~-6~~	~~3~~
~~9~~	~~7~~
~~5~~	~~-8~~
-6	3
9	7
5	-8

$$\vec{n} = \begin{pmatrix} 9 \cdot (-8) - 5 \cdot 7 \\ 5 \cdot 3 - (-6) \cdot (-8) \\ (-6) \cdot 7 - 9 \cdot 3 \end{pmatrix} = \begin{pmatrix} -107 \\ -33 \\ -69 \end{pmatrix} \mathrel{\hat{=}} \begin{pmatrix} 107 \\ 33 \\ 69 \end{pmatrix}$$

$$\Rightarrow \quad \vec{n}_0 = \frac{1}{\sqrt{107^2 + 33^2 + 69^2}} \cdot \begin{pmatrix} 107 \\ 33 \\ 69 \end{pmatrix} = 0{,}0076 \cdot \begin{pmatrix} 107 \\ 33 \\ 69 \end{pmatrix}$$

p bzw. q sind die Stützvektoren der beiden Geraden.

Wir haben somit alles, was wir brauchen.

$$d = 0{,}0076 \cdot \begin{pmatrix} 107 \\ 33 \\ 69 \end{pmatrix} \circ \left[\begin{pmatrix} 6 \\ 0 \\ 0 \end{pmatrix} - \begin{pmatrix} 3 \\ 2 \\ 8 \end{pmatrix} \right] = 0{,}0076 \cdot \begin{pmatrix} 107 \\ 33 \\ 69 \end{pmatrix} \circ \begin{pmatrix} 6 \\ -2 \\ -8 \end{pmatrix} = 0{,}0076 \cdot (107 \cdot 6 - 33 \cdot 2 - 69 \cdot 8) = 0{,}1824$$

Der Abstand der beiden Lianen liegt damit deutlich unter einem Meter.

Alles in Butter.

c) Da das Licht *senkrecht* zur Kante JH abgestrahlt wird, liegen alle Lichtstrahlen in jener Ebene, die senkrecht zur Kante JH liegt, als in der Lotebene auf JH.
(Diese Lotebene geht zusätzlich durch den Mittelpunkt von J und H).
Eine *Lot*ebene zu JH hat natürlich den Vektor $\overrightarrow{JH}$ als Normalenvektor.

$$\Rightarrow \quad \vec{n} = \begin{pmatrix} -3 \\ 2 \\ -3 \end{pmatrix} \quad \Rightarrow \quad E_{Licht} : -3x_1 + 2x_2 - 3x_3 = ??$$

Der Mittelpunkt von J und H ist Stützvektor von E_{licht},
wir könenn den also in E_{Licht} einsetzen.
$M_{JH} = ½\cdot(J+H) = (1{,}5 \mid 8 \mid 6{,}5)$. M_{JH} in E_{licht} : $-3\cdot1{,}5 + 2\cdot8 - 3\cdot6{,}5 = ... = -8$

$$\Rightarrow \quad E_{Licht} : -3x_1 + 2x_2 - 3x_3 = -8$$

Um zu schauen, in welcher Höhe diese „Lichtstrahlen-Ebene“ die Kante AE trifft, schneiden wir die Ebene mir der Gerade g_{AE}.
Die x_3-Koordinate des Schnittpunktes ist die gesuchte Höhe.

$$g_{AE} : \vec{x} = A + t\cdot\overrightarrow{AE} = \begin{pmatrix} 0 \\ 0 \\ 0 \end{pmatrix} + t \cdot \begin{pmatrix} 0 \\ 0 \\ 5 \end{pmatrix}$$

g_{AE} in E_{Licht} : $-3\cdot(0) + 2\cdot(0) - 3\cdot (5t) = -8 \quad \Rightarrow \quad t = +\frac{8}{15}$
t in g_{AE} liefert den Schnittpunkt: ... = S(0 | 0 | 2,67)
Das Laserlicht trifft die Kante AE in einer Höhe von 2,67 Metern.

Die Wellenlänge:
Der Laser strahlt das Licht natürlich in einer Wellenlänge von 680 nm aus.
(Scherzfrage! Gegebenenfalls einfach noch mal Aufgabe durchlesen.)

d) Diese Aufgabe ist ähnlich wie Teilaufgabe c) von der sweiten geylen Aufgab.
Erst das Einfache:
Wenn GH in der Ebenenschar liegen soll, müssen beide Punkte drin liegen.
G(6|9|5) in E_t : $(10+2t)\cdot9 + (t-10)\cdot5 = 23t+40$ (wahre Aussage) Gezeigt!
H(0|9|5) in E_t : $(10+2t)\cdot9 + (t-10)\cdot5 = 23t+40$ (wahre Aussage) Gezeigt!
Damit liegt die Strecke GH für alle Werte von t in E_t.

Da E_t für alle Werte von t die Strecke GH enthält, rotiert E_t also um die Kante GH. Bevor wir uns die geometrischen Firguren überlegen, übersetzen wir den letzten Satz von Teilaufgabe d) ins Deutsche. Im Prinzip geht es darum, welche Schnittfiguren (=Schnittflächen) E_t mit dem Zoogehege bildet, während E_t um die Kante GH rotiert.

Betrachten wir die verschiedenen Fälle.

- wenn die Ebene senkrecht steht (also durch die Punkte G, H, C und D geht), entsteht als Schnittfigur ein Rechteck. Um zu schauen, für welche Werte von k das der Fall ist, setzen wir C (oder D) in E_t ein.
  C in E_t : $(10+2t)\cdot 9 + (t-10)\cdot 0 = 23t+40 \quad \Rightarrow \ldots \Rightarrow \quad 50=5t \quad \Rightarrow \quad t=10$
- wenn sich die Ebene im Uhrzeigersinn weiter drehen würde (also zur Kante AB hin), haben wir als Schnittfigur immer noch ein Rechteck. Es hat sich also nichts geändert. Die letzte Position, an der die Schnittfigur immer noch ein Rechteck ist, ist wenn E_t waagerecht liegt (also durch G, H, F und E geht). Die zugehörigen Werte von t erhält man durch Einsetzen des Punktes F.
  F in E_t : $(10+2t)\cdot 0 + (t-10)\cdot 5 = 23t+40 \quad \Rightarrow \ldots \Rightarrow \quad -90=18t \quad \Rightarrow \quad t=-5$
- wenn sich die Ebene noch weiter dreht, (also die Kanten IF bzw. IE schneidet), haben wir als Schnittfigur ein (gleichschenkliges) Trapez. Das ist so lange der Fall, bis die drehende Ebene den Punkt I erreicht. Ab dem Moment, wo die Ebene den Punkt I erreicht, ist die Schnittfigur ein Dreieck.
  I in E_t : $(10+2t)\cdot 2 + (t-10)\cdot 8 = 23t+40 \quad \Rightarrow \ldots \Rightarrow \quad -100=11t \quad \Rightarrow \quad t=-9{,}09$
- wenn sich die Ebene noch weiter dreht, (also die Kanten IJ schneidet), haben wir als Schnittfigur ein (gleichschenkliges) Dreieck. Das ist so lange der Fall, bis die drehende Ebene den Punkt J enthält.
  J in E_t : $(10+2t)\cdot 7 + (t-10)\cdot 8 = 23t+40 \quad \Rightarrow \ldots \Rightarrow \quad -50=t$

Zusammenfassung:

für $-5 \leqslant k \leqslant 10$	gibt es ein Rechteck als Schnittfläche
für $-9{,}09 < k < -5$	gibt es ein (gleichschenkliges) Trapez als Schnittfläche
für $-50 \leqslant k \leqslant 9{,}09$	gibt es ein (gleichschenkliges) Dreieck als Schnittfläche
für $k < -50$ oder $k > 10$	gibt es keine Schnittfigur.

Wenn hinter Schrauben Schrauben schrauben, schrauben Schrauben Schrauben nach.
Wenn hinter Spinnen Spinnen spinnen, spinnen Spinnen Spinnen nach.
Wenn hinter Spritzen Spritzen spritzen, spritzen Spritzen Spritzen nach.
Als hinter Sprossen Sprossen sprossen, sprossen Sprossen Sprossen nach.

Kap 10 Flugzeugaufgaben

Kap.10a) Allgemeines Blabla (∯)

Sogenannte Flugzeugaufgaben nehmen in den letzten Jahren stark an Beliebheit zu.
Es handelt sich dabei immer um zwei Flugzeuge (oder U-Boote oder Schiffe oder UFOs oder sonstwas), die sich entlang von zwei Geraden bewegen und innerhalb von einer bestimmten Zeit immer eine bestimmte Strecke zurücklegen.
Die Zeit, die das Flugzeug (oder was auch immer) unterwegs ist, wird durch den Parameter der Geraden angegeben.

Die erste Besonderheit an diesen Aufgaben besteht darin, dass man eventuell den Richtungsvektor erweitern (oder kürzen) muss. (Das hängt von der Geschwindigkeit ab, die vom Flugzeug gegeben ist).
Die zweite Besonderheit besteht darin, dass man immer darauf achten muss, ob es um die *Flugbahnen* oder um die *Flugzeuge* geht. (Bei Flugbahnen haben beide Geraden unterschiedliche Parameter. Geht es um die Flugzeuge, brauchen beide Geraden den selben Parameter.)

Eine typische Aufgabe könnte lauten:
Ein Flugzeug fliegt innerhalb einer Stunde von A(-1|11|10) zum Punkt B(-8|15|14).
Ein zweites Flugzeug fliegt gleichzeitig in C(-27 | 13 | 3) los, und erreicht den Punkt D(-19 | 11 | 19) nach zwei Stunden.

a) Stellen Sie eine Gleichung für die Fluggeraden der beiden Flugzeuge auf.
b) Wo befindet sich das erste Flugzeug nach zwei Stunden?
c) Wo befindet sich das zweite Flugzeug nach 30 Minuten?
d) Kreuzen sich die beiden Flugbahnen?
e) Welchen Abstand haben die beiden Flugzeuge nach einer Stunde?
f) Wie nah kommen sich die Flugzeuge im Extremfall? [Lösung in Kap.10d)]

Es gibt zum einen das Zeitproblem, das erste Flugzeit fliegt innerhalb *einer* Stunde von A nach B, das zweite Flugzeug fliegt innerhalb von *zwei* Stunden von C nach D.
Zum anderen gibt es das Ortsproblem, welches bedeutet, dass sich die Flugbahnen unter Umständen zwar durchaus kreuzen könnten [Teilaufgabe d)], die Flugzeuge aber nicht zusammenstoßen [Teilaufgabe f)], da sie zu unterschiedlichen Zeitpunkten am Schnittpunkt der Flugbahnen sind.

In den nächsten zwei Unterkapiteln möchte ich Vorgehensweisen erläutern, um diese „Problemchen“ zu lösen, in Kapitel G10d) gibt es dann Beispiele.

Kap.10b) Bestimmung des Richtungsvektors (∰)

Es gibt zwei wichtige Formulierungen, aus denen man den Richtungsvektor konstruiert.

Erste mögliche Formulierung:

Es sind zwei Punkte angegeben, das Flugzeug fliegt innerhalb einer bestimmten Zeit vom ersten zum zweiten Punkt.

Man muss zusehen, dass immer in der gleichen Zeiteinheit gerechnet wird. (Man sollte also nicht beim einen Flugzeug in Stunden rechnen und beim anderen in Minuten.)

Welche Zeiteinheit man wählt, spielt keine Rolle, das kann man sich aussuchen.

Wenn z.B. angegeben ist, dass das eine Flugzeug innerhalb von drei Stunden von A nach B fliegt, dann stellt man den Vektor $\overrightarrow{AB}$ auf, und teilt diesen durch drei, damit man auf *eine* Stunde kommt.

Wenn z.B. angegeben ist, dass ein U-Boot innerhalb einer halben Minute von C nach D fährt, stellt man den Vektor $\overrightarrow{CD}$ auf, und multipliziert diesen mit zwei, damit man auf *eine* Minute kommt.

Zweite mögliche Formulierung:

Ein Vektor (als Richtungsvektor) sowie eine Geschwindigkeit sind gegeben.

Man bestimmt die Länge des Vektors (den Betrag) und erweitert oder kürzt den Vektor dann so, dass seine Länge genau dem Wert der Geschwindigkeit entspricht.

Wenn z.B. angegeben ist, dass sich ein Flugzeug mit der Geschwindigkeit von 72km/h in die Richtung $\vec{v} = \begin{pmatrix} 2 \\ 2 \\ 1 \end{pmatrix}$ bewegt, so berechnen wir als erstes den Betrag dieses Vektors: $|\vec{v}| = \sqrt{2^2 + 2^2 + 1^2} = 3$.

Der Vektor $\vec{v}$ hat also die Länge von 3, müsste aber die Länge von 72 haben. Daher muss man $\vec{v}$ noch mit 24 multiplizieren (denn $3 \cdot 24 = 72$).

Der richtige Richtungsvektor hat also die Form: $24 \cdot \begin{pmatrix} 2 \\ 2 \\ 1 \end{pmatrix}$, was man auch als $\begin{pmatrix} 48 \\ 48 \\ 24 \end{pmatrix}$ schreiben könnte.

Kap.10c) Unterscheidung Flugzeug <--> Flugbahn (fff)

Wenn es um *Flugbahnen* geht, müssen die Parameter beider Geraden unbedingt unterschiedlich sein.
Wenn es um *Flugzeuge* geht, müssen die Parameter beider Geraden unbedingt gleich sein.
Z.Bsp. nehmen wir an, dass die Flugbahnen beider Flugzeuge durch die beiden Geraden

$f_1: \vec{x} = \begin{pmatrix} -1 \\ 11 \\ 10 \end{pmatrix} + r \cdot \begin{pmatrix} -7 \\ 4 \\ 4 \end{pmatrix} \qquad f_2: \vec{x} = \begin{pmatrix} -27 \\ 13 \\ 3 \end{pmatrix} + s \cdot \begin{pmatrix} 4 \\ -1 \\ 8 \end{pmatrix}$ beschrieben werden.

Wenn gefragt ist, ob sich die Flugbahnen kreuzen/schneiden/.. so setzt man die Geraden ganz normal gleich (mit unterschiedlichen Parametern), löst nach r und s auf ....

$$f_1 = f_2 \quad \Leftrightarrow \quad \begin{aligned} -1 - 7r &= -27 + 4s \\ 11 + 4r &= 13 - 1s \\ 10 + 4r &= 3 + 8s \end{aligned} \quad \Rightarrow \quad r = \ldots \quad s = \ldots$$

(Die detailierte Rechnung findet sich unter Bsp.1d)

Wenn gefragt ist, ob sich die Flugzeuge treffen, so ist das auch eine Art Schnittpunktberechnung, allerdings müssen die Parameter gleich sein (die Parameter stehen für die Zeit, die vergangen ist, ich nenne daher beide Parameter „t").

$$f_1 = f_2 \quad \Leftrightarrow \quad \begin{aligned} -1 - 7t &= -27 + 4t \\ 11 + 4t &= 13 - 1t \\ 10 + 4t &= 3 + 8t \end{aligned} \quad \Rightarrow \quad t = \ldots$$

Kap.10d) Beispiele (fff)

Bsp.1

Ein Flugzeug fliegt innerhalb einer Stunde
von A(-1 | 11 | 10) zum Punkt B(-8 | 15 | 14).
Ein zweites Flugzeug fliegt gleichzeitig in Punkt C(-27 | 13 | 3) los,
und erreicht den Punkt D(-19 | 11 | 19) nach zwei Stunden.

a) Stellen Sie eine Gleichung für die Fluggeraden der beiden Flugzeuge auf.
b) Wo befindet sich das erste Flugzeug nach zwei Stunden?
c) Wo befindet sich das zweite Flugzeug nach 30 Minuten?
d) Kreuzen sich die beiden Flugbahnen?
e) Welchen Abstand haben die beiden Flugzeuge nach einer Stunde?
f) Wie nah kommen sich die Flugzeuge im Extremfall? Wann ist das der Fall?

Lösung:

a) Im Prinzip stellen wir einfach eine Gerade zwischen zwei Punkten auf.

Flugzeug 1: $f_1: \vec{x} = (A) + r\cdot(\overrightarrow{AB}) = \begin{pmatrix} -1 \\ 11 \\ 10 \end{pmatrix} + r\cdot\begin{pmatrix} -7 \\ 4 \\ 4 \end{pmatrix}$

Das war's auch schon für f_1.

Flugzeug 2: $f_2: \vec{x} = (C) + s\cdot(\overrightarrow{CD}) = \begin{pmatrix} -27 \\ 13 \\ 3 \end{pmatrix} + s\cdot\begin{pmatrix} 8 \\ -2 \\ 16 \end{pmatrix}$

Das war's leider noch nicht für f_2.

Leider muss man den Richtungsvektor noch durch 2 teilen, da die Strecke von C nach D innerhalb von *zwei* Stunden durchflogen wird und man immer pro einzelne Stunde rechnet.

$$\Rightarrow \quad f_2: \vec{x} = \begin{pmatrix} -27 \\ 13 \\ 3 \end{pmatrix} + s\cdot\begin{pmatrix} 4 \\ -1 \\ 8 \end{pmatrix}$$

b) Der Parameter der Geraden ist immer die Zeit, die das Flugzeug unterwegs ist. In dieser Aufgabe wird die Zeit in Stunden gemessen. Wenn man also wissen will, wo sich das erste Flugzeug nach zwei Stunden befindet, setzt man in die Gleichung vom ersten Flugzeug einfach für den Parameter die Zahl 2 ein.

$\Rightarrow$ Position von Flugzeug 1 nach 2 Stunden: $\begin{pmatrix} -1 \\ 11 \\ 10 \end{pmatrix} + 2\cdot\begin{pmatrix} -7 \\ 4 \\ 4 \end{pmatrix} = \begin{pmatrix} -15 \\ 19 \\ 18 \end{pmatrix}$

$\Rightarrow \quad F_1(-15 \mid 19 \mid 18)$

c) Geht natürlich ähnlich wie Aufgabe b), allerdings geht es um Flugzeug 2 und nur eine halbe Stunde (also bitte nicht „30“ in f_2 einsetzen. Wir rechnen in Stunden!) Man setzt also 0,5 (für eine halbe Stunde) in die Gerade f_2 ein.

$\Rightarrow$ Position von Flugzeug 2 nach ½ Stunde: $\begin{pmatrix} -27 \\ 13 \\ 3 \end{pmatrix} + 0{,}5\cdot\begin{pmatrix} 4 \\ -1 \\ 8 \end{pmatrix} = \begin{pmatrix} -25 \\ 12{,}5 \\ 7 \end{pmatrix}$

$\Rightarrow \quad F_2(-25 \mid 12{,}5 \mid 7)$

d) Die Flugzeugbahnen kreuzen sich, wenn sich die beiden Geraden schneiden. Da es um die Flugzeug*bahnen* geht, brauchen wir zwei verschiedene Parameter.

$$f_1 = f_2 \quad \Leftrightarrow \quad \begin{aligned} -1 - 7r &= -27 + 4s \\ 11 + 4r &= 13 - 1s \\ 10 + 4r &= 3 + 8s \end{aligned}$$

Man erhält ein Gleichungssystem mit drei Gleichungen und zwei Unbekannten. Man könnte dieses mit dem GTR lösen, ich rechne es aber von Hand, da es hier sehr einfach ist.
Wenn man die letzten zwei Gleichungen voneinander abzieht, fällt sofort das „r" weg.

II – III: $1 = 10 - 9s \Rightarrow -9 = -9s \Rightarrow s = 1$

s in II: $11 + 4r = 13 - 1 \cdot 1 \Rightarrow \ldots \Rightarrow r = 0{,}25$

Zur Probe setzt man r und s in die erste Gleichung ein. (Bisher nicht verwendet).

r und s in I: $-1 - 7 \cdot 0{,}25 = -27 + 4 \cdot 1 \Leftrightarrow -2{,}75 = -23$

Man erhält einen Widerspruch. Die beiden Geraden schneiden sich nicht.
(Sie sind windschief.)

$\Rightarrow$ Die beiden Flugbahnen kreuzen sich also nicht.

e) Um zu schauen, welchen Abstand die beiden Flugzeuge nach einer Stunde haben, schauen wir erst, wo sich die beiden Flugzeuge nach einer Stunde befinden, und rechnen dann den Abstand dieser beiden Punkte aus.

Flugzeug 1 nach einer Stunde: $f_1: \vec{x} = \begin{pmatrix} -1 \\ 11 \\ 10 \end{pmatrix} + 1 \cdot \begin{pmatrix} -7 \\ 4 \\ 4 \end{pmatrix} = \begin{pmatrix} -8 \\ 15 \\ 14 \end{pmatrix}$

$\Rightarrow \quad F_1(\,-8 \mid 15 \mid 14\,)$

Flugzeug 2 nach einer Stunde: $f_2: \vec{x} = \begin{pmatrix} -27 \\ 13 \\ 3 \end{pmatrix} + 1 \cdot \begin{pmatrix} 4 \\ -1 \\ 8 \end{pmatrix} = \begin{pmatrix} -23 \\ 12 \\ 11 \end{pmatrix}$

$\Rightarrow \quad F_2(\,-23 \mid 12 \mid 11\,)$

Der Abstand der beiden Flugzeuge
ist der Betrag des Verbindungsvektors $\overrightarrow{F_1F_2}$.

$$\overrightarrow{F_1F_2} = \begin{pmatrix} -23 & - & (-8) \\ 12 & - & 15 \\ 11 & - & 14 \end{pmatrix} = \begin{pmatrix} -15 \\ -3 \\ -3 \end{pmatrix} \Rightarrow$$

$$\Rightarrow \quad \text{der Abstand} = \left|\overrightarrow{F_1F_2}\right| = \sqrt{(-15)^2+(-3)^2+(-3)^2} \approx 15{,}59$$

Nach einer Stunde haben die beiden Flugzeuge einen Abstand von 15,59 (LE).

f) Es geht um die Flugzeuge, nicht um die Flugbahnen, also verwenden wir in beiden Geradengleichungen nur einen einzigen Parameter. Für diesen Parameter können wir leider keine Zahl einsetzen, da wir, anders als in Teilaufgabe e), keinen Zeitpunkt kennen.
Desweiteren ist die Frage „Wie nah kommen sich die Flugzeuge im Extremfall?" im Prinzip eine Frage nach dem kleinsten Abstand der beiden Flugzeuge.

Wir schreiben also die Geradengleichung in Punktform um und erhalten die Position der beiden Flugzeuge (leider in Abhängigkeit von Parameter „t").

$$f_1: \vec{x} = \begin{pmatrix} -1 \\ 11 \\ 10 \end{pmatrix} + t \cdot \begin{pmatrix} -7 \\ 4 \\ 4 \end{pmatrix}$$

$\Rightarrow$ Flugzeug 1 hat die Position F_1(-1–7t | 11+4t | 10+4t)

$$f_2: \vec{x} = \begin{pmatrix} -27 \\ 13 \\ 3 \end{pmatrix} + t \cdot \begin{pmatrix} 4 \\ -1 \\ 8 \end{pmatrix}$$

$\Rightarrow$ Flugzeug 2 hat die Position F_2(-27+4t | 13–1t | 3+8t)

Der Abstand der beiden Flugzeuge ist wieder der Betrag des Verbindungsvektors $\overrightarrow{F_1F_2}$.

$$\overrightarrow{F_1F_2} = \begin{pmatrix} -27+4t & - & (-1-7t) \\ 13-1t & - & (11+4t) \\ 3+8t & - & (10+4t) \end{pmatrix} = \begin{pmatrix} -27+4t & + & 1+7t \\ 13-1t & - & 11-4t \\ 3+8t & - & 10-4t \end{pmatrix} = \begin{pmatrix} -26+11t \\ 2-5t \\ -7+4t \end{pmatrix}$$

$\Rightarrow$ der Abstand = $\left|\overrightarrow{F_1F_2}\right| = \sqrt{(-26+11t)^2+(2-5t)^2+(-7+4t)^2}$

Wir wollen jetzt allerdings den *kleinsten* Abstand der beiden Flugzeuge haben. Also geben wir diesen Abstand in den GTR ein und lassen uns das Minimum angeben.

(Eingabe in den GTR: ins Grafik Menü gehen, dann im y-Editor eingeben:
y_1=√((-26+11x)^2+(2–5x)^2+(-7+4x)^2).
Nun das Minimum berechnen lassen.
Oder mit dem „fMin"-Befehl im Hauptmenü.)

Es sollte das Minimum angezeigt werden: Min(2 | 9)
Der x-Wert ist unser Parameter t $\Rightarrow$ t=2
$\Rightarrow$ Die Flugzeuge sind sich nach 2 Stunden am nächsten.
Der y-Wert ist unser gesuchter Abstand $\Rightarrow$ Abstand = 9 (LE)

Bsp.2

An einem schönen Donnerstag um 8:00 sichtet eine Radarstation, welche sich im Koordinatenursprung befindet, im Punkt U ein Ufo, welches sich mit 14km/min in Richtung $\vec{u}$ fortbewegt. Praktisch zeitgleich wird ein Abfangjäger, welcher sich an Position A befindet, mit einer Geschwindigkeit 15km/min in Richtung $\vec{a}$ umgelenkt, um das Ufo zu erkunden.

Es sei: $U(9\,|\,7\,|\,7)$ $A(9\,|\,4\,|\,2)$ $\vec{u} = \begin{pmatrix} 6 \\ 3 \\ -2 \end{pmatrix}$ $\vec{a} = \begin{pmatrix} 2 \\ 2 \\ 1 \end{pmatrix}$ (Koordinaten in km)

a) Stellen Sie eine Gleichung für die Flugbahnen der beiden Flugobjekte auf.
b) Wann und wo würde das Ufo auf dem Erdboden landen?
c) Weisen Sie nach, dass sich die beiden Flugbahnen in einem gemeinsamen Punkt S kreuzen.
In welchen zeitlichen Abstand treffen die beiden Flugobjekte in diesem Punkt S ein?
d) Um wieviel Uhr trat das Ufo in die Atmosphäre ein, welche in einer Höhe von ca. 16km beginnt?
Wie weit ist es zu diesem Zeitpunkt vom Abfangjäger entfernt?
e) Wenn Ufo und Abfangjäger einen Abstand von weniger als 2km haben, können sich beide Piloten sehen. Wieviel Sekunden lang ist das der Fall?
f) Zu welchem Zeitpunkt sind sich Abfangjäger und Ufo am nächsten?
Wie groß ist dieser Abstand?

Lösung:

a) Von beiden Flugobjekten kennen wir sowohl einen Stützvektor als auch einen Richtungsvektor.
Theoretisch könnte man die beiden Geraden aufstellen.
Allerdings müssen wir noch die Geschwindigkeiten von Ufo und Flugzeug in die Rechnung reinbringen.

↓ Ufo ↓

Das Ufo hat einen Richtungsvektor von $\vec{u} = \begin{pmatrix} 6 \\ 3 \\ -2 \end{pmatrix}$.

Der Betrag hiervon ist: $|\vec{u}| = \sqrt{6^2+3^2+(-2)^2} = 7$

Dieses entspräche einer Geschwindigkeit von 7 km/min.
Das Ufo soll jedoch eine Geschwindigkeit von 14km/min haben.
Daher muss der Richtungsvektor verdoppelt werden.
Damit ergibt sich für die Flugbahn des Ufos eine Gerade von

$$u: \vec{x} = \begin{pmatrix} 9 \\ 7 \\ 7 \end{pmatrix} + r \cdot \begin{pmatrix} 12 \\ 6 \\ -4 \end{pmatrix}$$

Der Abfangjäger hat einen Richtungsvektor von $\vec{a} = \begin{pmatrix} 2 \\ 2 \\ 1 \end{pmatrix}$.

↓ Abfangjäger ↓

Der Betrag hiervon ist: $|\vec{a}| = \sqrt{2^2+2^2+1^2} = 3$

Dieses entspräche einer Geschwindigkeit von 3 km/min.

Der Abfangjäger soll jedoch eine Geschwindigkeit von 15km/min haben.

Daher muss der Richtungsvektor verfünffacht werden.

Damit ergibt sich für die Flugbahn des Abfangjägers eine Gerade von

$$a : \vec{x} = \begin{pmatrix} 9 \\ 4 \\ 2 \end{pmatrix} + s \cdot \begin{pmatrix} 10 \\ 10 \\ 5 \end{pmatrix}$$

b) Der Erdboden hat eine Höhe von h=0.
Die Höhe wird immer von x_3 beschrieben.
Daher nehmen wir die x_3-Koordinate der Ufo-Geradengleichung und setzen diese =0.

$$x_3 = 0 \quad \Rightarrow \quad 7 - 4r = 0 \quad \Rightarrow \quad r = 1{,}75$$

(Da der Parameter immer eine Zeit ist, bedeutet das Ergebnis hier eine Zeit von 1,75 min.)

Das Ufo landet nach 1,75min auf dem Erdboden. (Also nach 1min und 45sec.)

Wo landet das Ufo?

Wir setzen dafür r=1,75 wieder in die Gerade u ein (da wo r herkommt):

$$\vec{x} = \begin{pmatrix} 9 \\ 7 \\ 7 \end{pmatrix} + 1{,}75 \cdot \begin{pmatrix} 12 \\ 6 \\ -4 \end{pmatrix} = \begin{pmatrix} 9 \\ 7 \\ 7 \end{pmatrix} + \begin{pmatrix} 21 \\ 10{,}5 \\ -7 \end{pmatrix} = \begin{pmatrix} 30 \\ 17{,}5 \\ 0 \end{pmatrix}$$

⇒ Das Ufo landet nach 1,75min auf dem Erdboden im Punkt L(30 | 17,5 | 0).

c) Es geht um die Flugbahnen. Daher brauchen wir zwei verschiedene Parameter.
„Gemeinsamer Punkt" bedeutet eine Untersuchung auf Schnittpunkte.
Also setzen wir die beiden Geraden gleich.

$$u = a$$

$$\begin{pmatrix} 9 \\ 7 \\ 7 \end{pmatrix} + r \cdot \begin{pmatrix} 12 \\ 6 \\ -4 \end{pmatrix} = \begin{pmatrix} 9 \\ 4 \\ 2 \end{pmatrix} + s \cdot \begin{pmatrix} 10 \\ 10 \\ 5 \end{pmatrix}$$

Man erhält ein Gleichungssystem mit drei Gleichungen und zwei Unbekannten.
Man könnte dieses mit dem GTR lösen, ich rechne es aber von Hand, da es hier sehr einfach ist.
Wenn man die ersten beiden Gleichungen voneinander abzieht, fällt sofort das „s" weg.

I – II: $2 + 6r = 5 \Rightarrow 6r = 3 \Rightarrow r = 0{,}5$

r in I: $9 + 12 \cdot 0{,}5 = 9 + 10 \cdot s \Rightarrow \ldots \Rightarrow s = 0{,}6$

Zur Probe setzt man r und s in die dritte Gleichung ein.

r und s in I: $7 - 4 \cdot 0{,}5 = 2 + 5 \cdot 0{,}6 \Leftrightarrow 5 = 5$

Man erhält eine wahre Aussage. Die beiden Geraden schneiden sich also.

Um den Schnittpunkt zu erhalten (welcher streng genommen eigentlich *nicht* gefragt ist), setzen wir r in die Gerade u ein (s in a ginge auch):

$$\vec{x} = \begin{pmatrix} 9 \\ 7 \\ 7 \end{pmatrix} + 0{,}5 \cdot \begin{pmatrix} 12 \\ 6 \\ -4 \end{pmatrix} = \begin{pmatrix} 15 \\ 10 \\ 5 \end{pmatrix} \Rightarrow S(\,15 \mid 10 \mid 5)$$

Jetzt ist noch gefragt, in welchem zeitlichen Abstand die beiden Flugobjekte in S eintreffen. Dafür rufen wir uns in Erinnerung, dass die Parameter immer für eine Zeit stehen.

r=0,5 bedeutet also, dass das Ufo 0,5 (Minuten) benötigt, um am Punkt S zu sein.

s=0,6 bedeutet dementsprechend, dass der Abfangjäger nach 0,6 (min) im Punkt S ist.

Die beiden treffen also im Abstand von 0,6–0,5=0,1 Minuten im Punkt S ein.

(0,1 Minuten sind übrigens 0,1·60=6 Sekunden)

d) Die erste Frage geht ähnlich wie Teilaufgabe b). Wir müssen wissen, wann sich das Ufo in einer Höhe von 16km befindet. Das bedeutet, dass die Höhe, also die x_3-Koordinate, den Wert 16 annehmen muss. Also nehmen wir wieder die unterste Zeile der Ufo-Gerade, welches ja die x_3-Koordinate ist und setzen diese gleich 16. Dadurch erhält man einen Wert für r. (Da der Parameter immer ein Zeitpunkt ist, haben wir auch schon sofort den Zeitpunkt.)

$$u \rightarrow x_3 = 16$$

$$7 - 4r = 16 \Rightarrow -4r = 9 \Rightarrow r = -2{,}25$$

Das Ufo trat 2,25 Minuten vor Beginn der Beobachtung in die Atmosphäre ein.

e) Es geht diesmal um die Flugobjekte selber, nicht um die Flugbahnen.
Wir brauchen also die gleichen Parameter für beide Geraden. Diese haben also die Form:

$$u : \vec{x} = \begin{pmatrix} 9 \\ 7 \\ 7 \end{pmatrix} + t \cdot \begin{pmatrix} 12 \\ 6 \\ -4 \end{pmatrix} \qquad a : \vec{x} = \begin{pmatrix} 9 \\ 4 \\ 2 \end{pmatrix} + t \cdot \begin{pmatrix} 10 \\ 10 \\ 5 \end{pmatrix}$$

Es geht um die Abstände der beiden Fluggeräte.
Also schreiben wir beide Geraden in Punktform um (mit dem Parameter „t“ drin)

und bestimmen dann Abstand Punkt-Punkt.

Ufo: $u: \vec{x} = \begin{pmatrix}9\\7\\7\end{pmatrix} + t\cdot\begin{pmatrix}12\\6\\-4\end{pmatrix} \Leftrightarrow \begin{matrix}x_1 = 9 + 12t\\ x_2 = 7 + 6t\\ x_3 = 7 - 4t\end{matrix} \Leftrightarrow U(\,9+12t \mid 7+6t \mid 7-4t)$

Abfangjäger: $a: \vec{x} = \begin{pmatrix}9\\4\\2\end{pmatrix} + t\cdot\begin{pmatrix}10\\10\\5\end{pmatrix} \Leftrightarrow \begin{matrix}x_1 = 9 + 10t\\ x_2 = 4 + 10t\\ x_3 = 2 + 5t\end{matrix} \Leftrightarrow A(\,9+10t \mid 4+10t \mid 2+5t)$

Der Abstand von U zu A berechnet sich über den Betrag des Vektors $\overrightarrow{UA}$

$$\overrightarrow{UA} = \begin{pmatrix}9+10t & - & (9+12t)\\ 4+10t & - & (7+6t)\\ 2+5t & - & (7-4t)\end{pmatrix} = \begin{pmatrix}9+10t & - & 9-12t\\ 4+10t & - & 7-6t\\ 2+5t & - & 7+4t\end{pmatrix} = \begin{pmatrix}-2t\\ -3+4t\\ -5+9t\end{pmatrix}$$

$$\Rightarrow \text{ der Abstand } = \left|\overrightarrow{UA}\right| = \sqrt{(-2t)^2+(-3+4t)^2+(-5+9t)^2}$$ [1]

Was machen wir nun mit diesem Abstand?

Der Abstand soll nun kleiner als 2km sein. Es muss also $\left|\overrightarrow{UA}\right| < 2$ gelten.

Berechnung von Hand:

$\sqrt{(-2t)^2+(-3+4t)^2+(-5+9t)^2} < 2$ Term unter der Wurzel vereinfachen.

$\sqrt{101t^2-114t+34} < 2$ $\mid (\,)^2$

$101t^2 - 114t + 34 < 4$

Diese Rechnung läuft auf eine Mitternachtsformel mit den Lösungen $t_1=0{,}42$ und $t_2=0{,}71$ hinaus. (Die detaillierte Rechnung spare ich mir.)
Der Bereich zwischen diesen Lösungen ist gesucht.

Die Antwort wäre also:
„Der Abstand der beiden Flugobjekte ist in der Zeit zwischen $t_1=0{,}42$ Minuten und $t_2=0{,}71$ Minuten kleiner als 2 km!"

Berechnung mit dem GTR:

Einfach im Grafik-Menü das Problem

$\sqrt{(-2t)^2+(-3+4t)^2+(-5+9t)^2} < 2$ lösen.

Für alle, die es *nicht* schaffen, dieses mit dem GTR zu lösen:

1) Zuerst ins Grafik-Menü gehen, dann die beiden Funktionen in den y-Editor eingeben. $y_1 = \sqrt{}((-26+11x)\hat{}2+(2-5x)\hat{}2+(-7+4x)\hat{}2)$ und $y_2 = 2$
2) Nun beide Funktionen einzeichnen lassen, dann die Schnittpunkte der beiden berechnen lassen.
3) Als Schnittpunkte sollte man erhalten: $S_1(\,0{,}42 \mid 2\,)$ und $S_2(\,0{,}71 \mid 2\,)$
(Die x-Werte sind unsere t-Werte, die y-Werte sind uninteressant.)
Aus dem Schaubild kann man erkennen, dass y_1 zwischen den Schnittpunkten kleiner als y_2 ist.
Der Abstand ist zwischen $t_1=0{,}42$ und $t_2=0{,}71$ kleiner als 2km.

1 (Den Term unter der Wurzel könnte man, falls man Lust hat, noch zu $\sqrt{21t^2-34t+34}$ vereinfachen)

Noch einmal zusammengefasst:

Egal ob die Rechnung $\sqrt{(-2t)^2+(-3+4t)^2+(-5+9t)^2} < 2$ von Hand oder mit dem GTR durchgeführt wurde, man sollte $t_1=0{,}42$ und $t_2=0{,}71$ erhalten.

Der Abstand zwischen den beiden Flugobjekten ist in der Zeit zwischen 0,42min und 0,71min kleiner als 2km.

f) Es geht wieder um den Abstand vom Ufo zum Abfangjäger, welchen wir in der letzten Teilaufgabe bereits berechnet haben.

$$|\overrightarrow{UA}| = \sqrt{(-2t)^2+(-3+4t)^2+(-5+9t)^2}$$

Dieser Abstand soll nun am kleinsten werden

(die Flugobjekte sollen sich am nächsten sein!).

Also geben wir diesen Abstand in den GTR ein und lassen uns das Minimum angeben.

(Eingabe in den GTR:
Ins Grafik Menü gehen, dann im y-Editor eingeben: y_1=√((-2x)^2+(-3+4x)^2+(-5+9x)^2)
Nun das Minimum berechnen lassen.)

Es sollte das Minimum angezeigt werden: Min(0,56 | 1,35)

Der x-Wert ist unser Parameter t $\Rightarrow$ t=0,56

$\Rightarrow$ Die Flugzeuge sind sich nach 0,56 Minuten am nächsten.

Der y-Wert ist unser gesuchter Abstand $\Rightarrow$ Abstand = 1,35 (km)

Wenn hinter Stanzen Stanzen stanzen, stanzen Stanzen Stanzen nach.
Wenn hinter Stelzen Stelzen stelzen, stelzen Stelzen Stelzen nach.
Wenn hinter Strahlen Strahlen strahlen, strahlen Strahlen Strahlen nach.
Wenn hinter Trommeln Trommeln trommeln, trommeln Trommeln Trommeln nach.

Kap 11 Schatten-Aufgaben

Unter „Schatten-Aufgaben“ verstehe ich Aufgaben, in welchen Licht auf irgendwelches Zeug (auf Punkte, Stäbe, ...) fallen gelassen wird und dann geschaut werden muss, wo sich der Schatten befindet.

Es gibt dabei zwei wichtige Typen von Aufgaben:

- Alle Lichtstrahlen laufen parallel.
  - Wenn die Lichtstrahlen parallel zu einer der drei Achsen laufen, nennt man das „senkrechte Projektion“ und das ist der einfachste Fall.
  - Wenn die Lichtstrahlen irgendwie schräg durch den Raum verlaufen, ist das der Normalfall.
- Das Licht wird von einer punktförmigen Lichtquelle ausgesendet.

Kap.11a) Senkrechte Projektionen ($\oint$)

Senkrechte Projektionen hören sich zwar kompliziert an, sind aber sehr einfach.
Parallele Lichtstrahlen fallen in x_1-Richtung, in x_2-Richtung oder in x_3-Richtung auf einen Punkt, eine Gerade oder eine Strecke. Der Schatten wird in einer der drei Koordinatenebenen betrachtet.
(Meistens gehen die Lichtstrahlen in x_3-Richtung und den Schatten betrachtet man in der x_1-x_2-Ebene.)

Nehmen wir mal irgendeinen Punkt oder irgendeine Gerade.
Wenn wir auf diesen Punkt oder diese Gerade Licht von senkrecht oben (oder von unten) fallen lassen und uns den „Schatten“ auf der x_1-x_2-Ebene (der Bodenebene) betrachten, erhalten wir die senkrechte Projektion auf die x_1-x_2-Ebene.
Wenn wir das Licht von der Seite (von links oder von rechts) auf irgendwas fallen lassen und den „Schatten“ auf der x_1-x_3-Ebene (Seitenebene) betrachten, erhalten wir die senkrechte Projektion auf die x_1-x_3-Ebene.
Wenn wir das Licht von vorne (oder von hinten) auf irgendwas werfen und den „Schatten“ auf der x_2-x_3-Ebene (Tafelebene) betrachten, erhalten wir die senkrechte Projektion auf die x_2-x_3-Ebene.

Senkrechte Projektionen zeichnen sich dadurch aus, dass eine Koordinate vom projezierten Punkt (oder der Gerade) immer Null wird.

Bsp.1)

Es sei der Punkt A(-2 | 3 | -1), sowie die Gerade $g: \vec{x} = \begin{pmatrix} 2 \\ 3 \\ 4 \end{pmatrix} + t \cdot \begin{pmatrix} 4 \\ -1 \\ 1 \end{pmatrix}$.

Bestimmen Sie die senkrechte Projektion auf die x_1-x_2-Ebene!

Lösung:
Die x_1-x_2-Ebene hat als x_3-Koordinate den Wert x_3=0.
Damit wird sowohl im Punkt, als auch in der Geraden die x_3-Koordinate 0.

A(-2 | 3 | 1) ⇒ projezierter Punkt: A*(-2 | 3 | 0)

$g : \vec{x} = \begin{pmatrix} 2 \\ 3 \\ 4 \end{pmatrix} + t \cdot \begin{pmatrix} 4 \\ -1 \\ 1 \end{pmatrix}$ ⇒ projezierte Gerade: $g* : \vec{x} = \begin{pmatrix} 2 \\ 3 \\ 0 \end{pmatrix} + t \cdot \begin{pmatrix} 4 \\ -1 \\ 0 \end{pmatrix}$

Bsp.2)

Es sei der Punkt A(-2 | 3 | -1), sowie die Gerade $g : \vec{x} = \begin{pmatrix} 2 \\ 3 \\ 4 \end{pmatrix} + t \cdot \begin{pmatrix} 4 \\ -1 \\ 1 \end{pmatrix}$ gegeben.

Bestimmen Sie die senkrechte Projektion auf die x_1-x_3-Ebene!

Lösung:
Die x_1-x_3-Ebene hat als x_2-Koordinate den Wert x_2=0.
Damit wird sowohl im Punkt, als auch in der Geraden die x_2-Koordinate 0.

A(-2 | 3 | 1) ⇒ projezierter Punkt: A*(-2 | 0 | 1)

$g : \vec{x} = \begin{pmatrix} 2 \\ 3 \\ 4 \end{pmatrix} + t \cdot \begin{pmatrix} 4 \\ -1 \\ 1 \end{pmatrix}$ ⇒ projezierte Gerade: $g^* : \vec{x} = \begin{pmatrix} 2 \\ 0 \\ 4 \end{pmatrix} + t \cdot \begin{pmatrix} 4 \\ 0 \\ 1 \end{pmatrix}$

Bsp.3)

Es sei der Punkt A(-2 | 3 | -1), sowie die Gerade $g : \vec{x} = \begin{pmatrix} 2 \\ 3 \\ 4 \end{pmatrix} + t \cdot \begin{pmatrix} 4 \\ -1 \\ 1 \end{pmatrix}$ gegeben.

Bestimmen Sie die senkrechte Projektion auf die x_2-x_3-Ebene!

Lösung:
Die x_2-x_3-Ebene hat als x_1-Koordinate den Wert x_1=0.
Damit wird sowohl im Punkt, als auch in der Geraden die x_1-Koordinate 0.

A(-2 | 3 | 1) ⇒ projezierter Punkt: A*(0 | 3 | 1)

$g : \vec{x} = \begin{pmatrix} 2 \\ 3 \\ 4 \end{pmatrix} + t \cdot \begin{pmatrix} 4 \\ -1 \\ 1 \end{pmatrix}$ ⇒ projezierte Gerade: $g^* : \vec{x} = \begin{pmatrix} 0 \\ 3 \\ 4 \end{pmatrix} + t \cdot \begin{pmatrix} 0 \\ -1 \\ 1 \end{pmatrix}$

Bsp.4)
In einem Ameisenbau befinden sich zwei Tunnel, die für uns von Bedeutung sind.
Einer davon beginnt bei A(-1 | -2 | -6) und endet bei B(1 | 3 | -2),
der zweite davon beginnt bei C(2 | 0 | 4) und endet in D(4 | 1 | -2).

Gibt es Punkte der beiden Tunnel, die genau übereinander liegen?
(„übereinander“ im Sinne von: der eine Punkt liegt oberhalb vom anderen. Nicht „aufeinander“!)

Lösung:
Es lohnt sich auf jeden Fall nicht, diejenigen Geraden zu bestimmen, die durch A und B bzw. durch C und D gehen, denn zwei *Geraden* liegen (wegen ihrer unendlichen Länge) immer übereinander (wenn sie nicht zufällig parallel sein sollten oder sich schneiden).

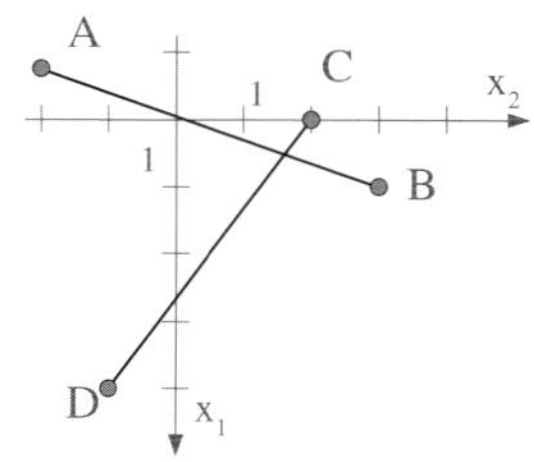

Es ist wichtig zu wissen, ob die beiden *Strecken* AB und CD übereinander liegen.
Wir tricksen daher ein bisschen.
Wir projezieren alle Punkte in die x_1-x_2-Ebene, denn das entspricht einer Betrachtung von oben.
Bei einer Betrachtung von oben, also einer Projektion in die x_1-x_2-Ebene, spielt die x_3-Koordinate der Punkte keine Rolle mehr. Die in die Bodenebene projezierten Punkte haben die Koordinaten:

A(-1 | -2 | 0), B(1 | 3 | 0), C(2 | 0 | 0) und D(4 | 1 | 0)

Diese Punkte zeichnet man nun in ein zwei-dimensionales Koordinatensystem ein, in welchem nur die x_1-Achse und die x_2-Achse vorkommen (in meiner Skizze zeigt die x_1-Achse nach unten und die x_2-Achse nach rechts, das ist aber nicht wichtig). Nun sieht man alles, was man sehen muss.
Die Strecken AB und CD kreuzen sich. Es gibt also Punkte des Tunnels, die übereinander liegen.

Kap.11b) Schatten von parallelem Licht (∯)

Die Aufgaben laufen immer ähnlich ab:
Lichtstrahlen fallen aus einer bestimmten Richtung ein und fallen auf einen bestimmten Punkt (dieser Punkt kann auch der Endpunkt eines Stabes sein oder der Eckpunkt einer Pyramide oder so..). Der Schatten fällt auf irgend eine Ebene. Dieser Schattenpunkt ist gefragt.

Bsp.5)

Im Punkt P(2 | 4 | 0) steht ein 12 Meter hoher, senkrechter Mast. Aus der Richtung $\vec{v} = \begin{pmatrix} 2 \\ -4 \\ -4 \end{pmatrix}$ fällt paralleles Licht auf den Mast und wirft dessen Schatten auf den Boden. Welche Länge hat dieser Schatten?

Lösung:
Der Mast beginnt unten im Punkt P(2 | 4 | 0) und endet (da er 12m lang ist) im Punkt M(2 | 4 | 12).
Der Schatten beginnt im unteren Ende des Mastes und endet in einem Punkt, der uns im Moment noch unbekannt ist.
Wir betrachten den Lichtstrahl, welcher durch das obere Ende des Mastes läuft.

Er wird durch die Gerade $g:\vec{x}=\begin{pmatrix}2\\4\\12\end{pmatrix}+t\cdot\begin{pmatrix}2\\-4\\-4\end{pmatrix}$ beschrieben.

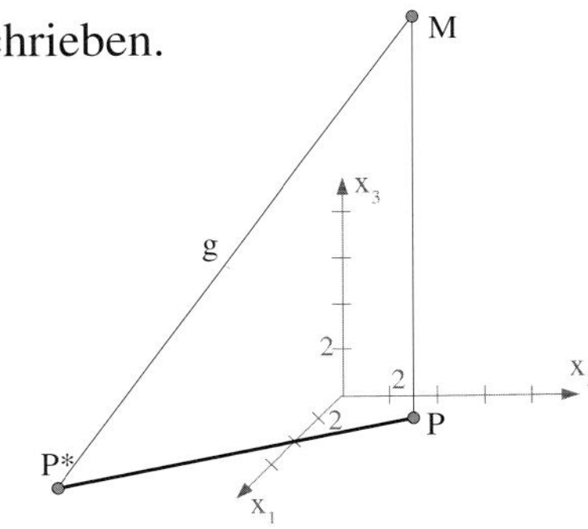

Das Ende des Schattens ist da, wo die „Lichtstrahlgerade" den Boden schneidet.
Der Boden ist die x_1–x_2–Ebene, hat also die Gleichung $x_3=0$.
Da die x_3-Koordinate der Geraden die Form hat: $x_3=12-4t$,
gilt: $12-4t=0 \Rightarrow t=3$

t wieder in g einsetzen: $\vec{x}=\begin{pmatrix}2\\4\\12\end{pmatrix}+3\cdot\begin{pmatrix}2\\-4\\-4\end{pmatrix}=\begin{pmatrix}8\\-8\\0\end{pmatrix}$

Der Schatten beginnt also in P(2 | 4 | 0) und endet in P*(8 | -8 | 0).
Der Abstand der beiden Punkte ist:

$$|PP^*| = \left|\begin{pmatrix}8\\-8\\0\end{pmatrix}\right| = \sqrt{8^2+(-8)^2+0^2} \approx 11{,}31 \text{ (LE)}.$$

Der Schatten hat eine Länge von ca. 11,31 Metern.

Bsp.6)
Ein 9 Meter langer Mast wird senkrecht stehend einen Meter über dem Boden angebracht. Der unterste Punkt des Mastes befindet sich im Punkt A(4 | -6 | 1). Daneben steht eine Wand, die durch die x_1-x_3-Ebene beschrieben wird. Aus der Richtung $\vec{l}=\begin{pmatrix}1\\2\\-1\end{pmatrix}$ fällt paralleles Sonnenlicht auf den Mast und wirft dessen Schatten auf den Erdboden (die x_1-x_2-Ebene) und die Hauswand.

a) In welchem Punkt des Erdbodens beginnt der Schatten, in welchem Punkt der Hauswand endet der Schatten?
b) Welche Gesamtlänge hat der Schatten?

Lösung:
a) Der Lichtstrahl, der durch den untersten Punkt des Mastes läuft, hat die Geradengleichung:

$$a: \vec{x} = \begin{pmatrix} 4 \\ -6 \\ 1 \end{pmatrix} + t \cdot \begin{pmatrix} 1 \\ 2 \\ -1 \end{pmatrix}$$

(A als Stützvektor und die Richtung des Lichts als Richtungsvektor.)

Der oberste Punkt des Stabes hat die Koordinaten B(4 | -6 | 10).

(Die x_1- und die x_2-Koordinate kommen von A, die x_3-Koordinate ist 9 Meter höher.)

Damit hat der Lichtstrahl, der durch den obersten Punkt des Mastes läuft, die Gleichung:

$$b: \vec{x} = \begin{pmatrix} 4 \\ -6 \\ 10 \end{pmatrix} + r \cdot \begin{pmatrix} 1 \\ 2 \\ -1 \end{pmatrix}$$

(B als Stützvektor und die Richtung des Lichts als Richtungsvektor.)

Der Schatten beginnt in demjenigen Punkt,
in welchem die Gerade a die x_1-x_2-Ebene schneidet.
Da die x_1-x_2-Ebene die Gleichung $x_3=0$ hat,
setzt man in der Geraden a die dritte Zeile Null.

$x_3=0 \quad \Rightarrow \quad 1 - 1 \cdot t = 0 \quad \Rightarrow \quad t=1$

t=1 in die Gerade a einsetzen: $\vec{x} = \begin{pmatrix} 4 \\ -6 \\ 1 \end{pmatrix} + 1 \cdot \begin{pmatrix} 1 \\ 2 \\ -1 \end{pmatrix} = \begin{pmatrix} 5 \\ -4 \\ 0 \end{pmatrix}$

Der Schatten beginnt im Punkt A*(5 | -4 | 0).

Der Schatten endet in dem Punkt, in welchem die Gerade b die x_1-x_3-Ebene (die Hauswand) schneidet. Da die x_1-x_3-Ebene die Gleichung $x_2=0$ hat, setzt man in der Gerade b die zweite Zeile Null ($x_2=0$).

$x_2=0 \quad \Rightarrow \quad -6 + 2 \cdot r = 0 \quad \Rightarrow \quad r=3$

r=3 in die Gerade a einsetzen: $\vec{x} = \begin{pmatrix} 4 \\ -6 \\ 10 \end{pmatrix} + 3 \cdot \begin{pmatrix} 1 \\ 2 \\ -1 \end{pmatrix} = \begin{pmatrix} 7 \\ 0 \\ 7 \end{pmatrix}$

Der Schatten endet im Punkt B*(7 | 0 | 7).

b) Der Schatten besteht aus zwei Strecken. Er beginnt in A*, verläuft entlang der Bodenebene bis zur Hauswand, dann steigt er senkrecht entlang der Hauswand empor. Für unsere Berechnung benötigen wir also noch den Knickpunkt des Schattens, denjenigen Punkt, an welchem der Schatten vom Erdboden in die Hauswand übergeht (in der Skizze heißt der Punkt K).

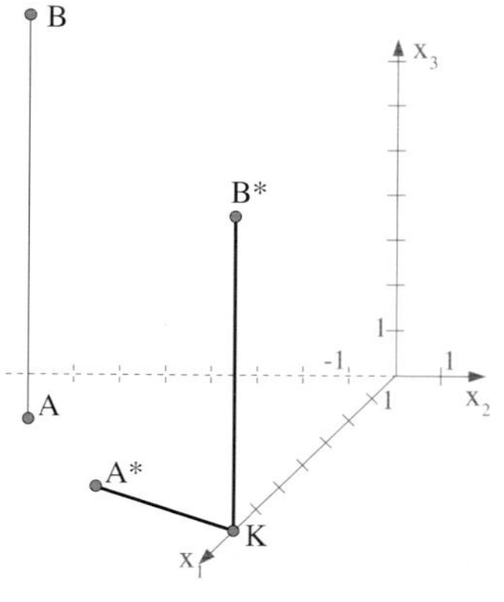

Man erhält den Knickpunkt K mit einer kleinen Überlegung:

Der Mast steht senkrecht auf dem Boden und die Hauswand steht senkrecht auf dem Boden. Daher muss der Schatten an der Hauswand ebenfalls senkrecht stehen.
Der Knickpunkt K muss sich also genau unterhalb des Punktes B* befinden. Da B* die Koordinaten B*(7 | 0 | 7) hat, muss K die Koordinaten K(7 | 0 | 0) haben.
Nun können wir die Schattenlänge berechnen. Die Schattenlänge setzt sich aus dem Abstand von A* zu K und dem Abstand von K zu B* zusammen.
Der Abstand von A* zu K beträgt:

$$d(A^*,K) = \left\| \begin{pmatrix} 7-5 \\ 0-(-4) \\ 0-0 \end{pmatrix} \right\| = \left\| \begin{pmatrix} 2 \\ 4 \\ 0 \end{pmatrix} \right\| = \sqrt{2^2+4^2+0^2} \approx 4{,}47$$

Der Abstand von K zu B* beträgt:

$$d(K,B^*) = \left\| \begin{pmatrix} 7-7 \\ 0-0 \\ 7-0 \end{pmatrix} \right\| = \left\| \begin{pmatrix} 0 \\ 0 \\ 7 \end{pmatrix} \right\| = \sqrt{0^2+0^2+7^2} = 7$$

Die Gesamtlänge des Schattens beträgt: 4,47 + 7 = 11,47 (LE).

Kap.11c) Schatten von einer punktförmigen Lichtquelle (∯)

Bsp.7)

Eines Tages steht die Sonne im Punkt S(7 | 15 | 12) und beleuchtet ein Segelflugzeug, dessen Spitze sich in A(5 | 6 | 6) und das Ende in B(4 | 9 | 6) befindet. Der Schatten des Segelflugzeugs wird auf einem Berghang sichtbar, der durch die Ebenengleichung $E: 12x_1+4x_2+3x_3 = 24$ beschrieben werden kann.

a) An welcher Stelle befindet sich der Schatten?
b) Welche Länge hat dieser Schatten?

Lösung:

a) Wir betrachten den Lichtstrahl, der in S beginnt und durch A läuft, sowie den Lichtstrahl, der in S beginnt und durch B läuft. Die beiden Lichtstrahlen werden durch zwei Geraden beschrieben, also stellen wir diese beiden Geraden auf.

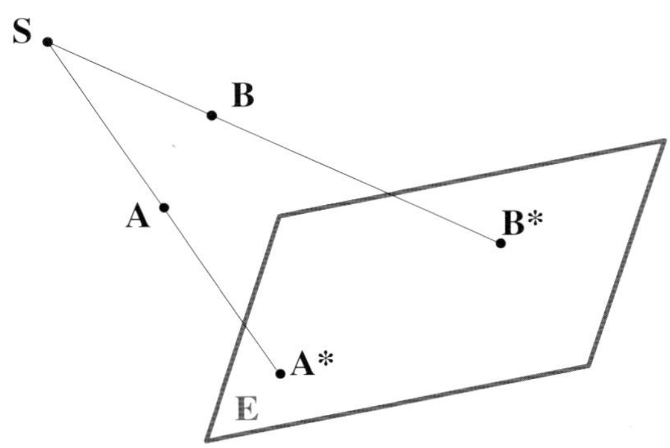

$$g_{SA}: \vec{x} = \begin{pmatrix} 7 \\ 15 \\ 12 \end{pmatrix} + r \cdot \begin{pmatrix} 5-7 \\ 6-15 \\ 6-12 \end{pmatrix} = \begin{pmatrix} 7 \\ 15 \\ 12 \end{pmatrix} + r \cdot \begin{pmatrix} -2 \\ -9 \\ -6 \end{pmatrix}$$

$$g_{SB}: \vec{x} = \begin{pmatrix} 7 \\ 15 \\ 12 \end{pmatrix} + s \cdot \begin{pmatrix} 4-7 \\ 9-15 \\ 6-12 \end{pmatrix} = \begin{pmatrix} 7 \\ 15 \\ 12 \end{pmatrix} + s \cdot \begin{pmatrix} -3 \\ -6 \\ -6 \end{pmatrix}$$

Um die Schattenpunkte von A und B zu erhalten, die in der Ebene E liegen, müssen wir die Geraden g_{SA} und g_{SB} (die Lichtstrahlen) mit der Ebene E schneiden.

Schnittpunkt von g_{SA} mit E: (g_{SA} in E einsetzen)

$$12 \cdot (7-2r) + 4 \cdot (15-9r) + 3 \cdot (12-6r) = 24$$

$$84-24r + 60-36r + 36-18r = 24$$

$$180 - 78r = 24 \quad \Rightarrow \quad r = 2$$

r=2 in g_{SA}: $\vec{x} = \begin{pmatrix} 7 \\ 15 \\ 12 \end{pmatrix} + 2 \cdot \begin{pmatrix} -2 \\ -9 \\ -6 \end{pmatrix} = \begin{pmatrix} 3 \\ -3 \\ 0 \end{pmatrix} \quad \Rightarrow \quad$ A*(3 | -3 | 0)

Schnittpunkt von g_{SB} mit E: (g_{SB} in E einsetzen)

$$12 \cdot (7-3s) + 4 \cdot (15-6s) + 3 \cdot (12-6s) = 24$$

$$84-36s + 60-24s + 36-18s = 24$$

$$180 - 78s = 24 \quad \Rightarrow \quad s = 2$$

s=2 in g_{SB}: $\vec{x} = \begin{pmatrix} 7 \\ 15 \\ 12 \end{pmatrix} + 2 \cdot \begin{pmatrix} -3 \\ -6 \\ -6 \end{pmatrix} = \begin{pmatrix} 1 \\ 3 \\ 0 \end{pmatrix} \quad \Rightarrow \quad$ B*(1 | 3 | 0)

Der Schatten befindet sich entlang der Strecke,
die bei A*(3|-3|0) beginnt und bei B*(1|3|0) endet.

b) Die Länge des Schattens entspricht dem Abstand von A* zu B*.

$$d(A^*,B^*) = \left\| \begin{pmatrix} 1-3 \\ 3-(-3) \\ 0-0 \end{pmatrix} \right\| = \left\| \begin{pmatrix} -2 \\ 6 \\ 0 \end{pmatrix} \right\| = \sqrt{(-2)^2+6^2+0^2} \approx 6{,}32$$

Wenn hinter Trompeten Trompeten trompeten, trompeten Trompeten Trompeten nach.

(Mit Türken geht's auch, aber das ist mir ein bisschen heikel)

Wenn hinter Unken Unken unken, unken, Unken Unken nach.
Wenn hinter Zicken Zicken zicken, zicken Zicken Zicken nach.

Teil 3

Aufgaben zum Selberrechnen

Grundlagen-Aufgaben der verschiedenen Kapiteln

Im folgenden gibt es Aufgaben zu den verschiedenen Themen.
Die Aufgaben sind in Blöcke von verschiedenem Schwierigkeitsgrad zusammengefasst.

Es gibt die Schwierigkeitsgrade: *leicht, mittel, schwer.*

---

zu Kap.01 Mitten und Schwerpunkte

Aufgabe: Bestimmen Sie die Mitte der beiden Punkte: *leicht*

a) A(2 | 1 | 3) und B(4 | 7 | -1)
b) C(6 | -4 | 3) und D(1 | 3 | 0)
c) E(-1 | 5 | 4) und F(5 | 3 | -1)
d) G(3 | 3 | 3) und H(-2 | 0 | 7)
e) I(1,5 | 3 | -2,5) und J(4,5 | -1 | 0,5)
f) K(6,3 | -3 | 1,6) und L(1,7 | 6 | 4,4)

Lösungen ab Seite 159

Aufgabe: Es seien die Punkte P und Q sowie deren Mittelpunkt M_{PQ}. *mittel*
Die Koordinaten von P und M_{PQ} sind bekannt.
Bestimmen Sie die Koordinaten von Q!

g) P(2 | 3 | -4) und M_{PQ}(1 | 1 | 0)
h) P(4 | -1 | 2) und M_{PQ}(-1 | 1 | 2)
i) P(-1 | 0 | 3) und M_{PQ}(2 | 4 | 5)
j) P(12 | -5 | 23) und M_{PQ}(-2 | 7 | 3)
k) P(3 | 6,5 | 4) und M_{PQ}(5,5 | 5 | -5,5)
l) P(1,5 | 4 | -2) und M_{PQ}(-2 | -0,5 | 3,5)

Lösungen ab Seite 159

Aufgabe: *leicht*

m) Bestimmen Sie den Schwerpunkt der drei Punkte A(1|3|-1), B(0|4|4) und C(2| 2|6).

n) Bestimmen Sie den Schwerpunkt der drei Punkte A(9|-4|2) B(3|2|2) C(3|-4|8).

o) Bestimmen Sie den Schwerpunkt von A(1 1|-2|5), B(2|1|-1) und C(-4| 4|5)

p) Gegeben sei das Dreieck ABC mit den Ecken A(2|4|6), B(1|-5|8) und C(3|4|-5). Bestimmen Sie den Schwerpunkt S des Dreiecks.

q) Gesucht ist der Schwerpunkt S_{ABC} des Dreiecks ABC, mit A(5|1|0), B(-4|12|3) und C(2|-4|3).

r) Bestimmen Sie den Schwerpunkt des Dreiecks ABC, welches durch A(3|-1|5), B(10|12|9) und C(5|7|4) festgelegt ist.

Lösungen ab Seite 159

Fortsetzung: Mitten und Schwerpunkte

Aufgabe: A, B, und C sind die Eckpunkte eines Dreiecks. *mittel*
Zwei Eckpunkte und der Schwerpunkt S_{ABC} sind bekannt.
Bestimmen Sie die Koordinaten des dritten Eckpunkts!

s) A(2|2|3), B(4|7|-1), S_{ABC}(5|6|2)
t) A(6|-4|3), C(1|3|0), S_{ABC}(5|1|2)
u) B(-1|5|4), C(5|3|-1), S_{ABC}(4|7|4)
v) A(3|3|3), B(-2|0|7), S_{ABC}(2|4|4)
w) A(5|3|-2), C(4|-1|5), S_{ABC}(5|4|3)
x) B(6|-3|1), C(7|6|4), S_{ABC}(5|4|3)

Lösungen ab Seite 159

---

zu Kap.01 Geraden und Ebenen aufstellen

Aufgabe: *leicht*

a) Bestimmen Sie die Gerade g, die die Punkte P(2|3|2) und Q (3|3|4) enthält.
b) Bestimmen eine Parameterform jener Gerade k, die A(4|0|3) als Stützvektor besitzt und durch B(1|1|1) läuft.
c) Sei H(6|-2|1) und J(2|-6|-3). Eine Gerade enthält die zugehörigen Ortsvektoren $\vec{h}$ und $\vec{j}$. Bestimme die Geradengleichung.
d) Bestimmen Sie die Gleichung der Geraden h durch C(1|1|-2) und D(3|2|1).
e) K(0|15|2) und L(3|6|-3) sind zwei Punkte einer Gerade g. Gesucht ist eine Parametergleichung von g.
f) Eine Ursprungsgerade verläuft durch den Punkt M(4|3|2). Bestimmen Sie eine Gleichung dieser ganz tollen Gerade.

Lösungen ab Seite 159

Aufgabe: *mittel*

g) Bestimmen Sie eine Parallele zu der x_2-Achse durch L(2|-1|0).

h) Die Gerade k enthält den Punkt (4|3|2) und verläuft in Richtung $\begin{pmatrix}2\\6\\4\end{pmatrix}$.

i) Welche Gerade geht durch A(1|2|3) und ist parallel zu $h:\vec{x}=\begin{pmatrix}-4\\-2\\1\end{pmatrix}+r\cdot\begin{pmatrix}4\\5\\6\end{pmatrix}$?

j) Bestimme die Mittelparallele von g und h mit:
$$g:\vec{x}=\begin{pmatrix}2\\8\\1\end{pmatrix}+r\cdot\begin{pmatrix}1\\3\\2\end{pmatrix},\quad h:\vec{x}=\begin{pmatrix}4\\-2\\5\end{pmatrix}+r\cdot\begin{pmatrix}1\\3\\2\end{pmatrix}$$

k) Bestimme die Mittelparallele von g und h mit:
$$g:\vec{x}=\begin{pmatrix}2\\8\\1\end{pmatrix}+r\cdot\begin{pmatrix}1\\3\\2\end{pmatrix},\quad h:\vec{x}=\begin{pmatrix}8\\0\\3\end{pmatrix}+r\cdot\begin{pmatrix}2\\6\\4\end{pmatrix}$$

l) Gegeben sind die beiden Ortsvektoren $\vec{a}$ und $\vec{b}$ einer Geraden g. Bestimmen Sie eine Gleichung der Geraden.

Lösungen ab Seite 159

Aufgabe: *leicht*

m) Bestimmen Sie eine Gleichung derjenigen Ebene, die A(5|-3|4), B(-1|3|4) und C(-1|-3|10) enthält.

n) Bestimmen eine Parameterform jener Ebene, welche durch die Punkte A(1|1|4), B(2|5|1) und C(5|2|7) verläuft.

o) P(4|3|2), Q(2|4|6) und R(5|5|5) bilden eine Ebene. Bestimmen Sie eine Vektorgleichung dieser Ebene.

p) Eine Ebene E_1 besitzt die Spurpunkte $S_1(4|0|0)$, $S_2(0|3|0)$ und $S_3(0|0|7)$. Bestimmen Sie eine Parametergleichung!

q) Welche Ebene enthält den Ursprung und die Punkte M(4|2|8) und N(1|2|5)?

r) Im Universum liegt der Punkt U(2|1|1) herum, sowie die Gerade g, die die Punkte V(1|2|3) und W(4|5|6) enthält. Welche Ebene enthält U und g?

Lösungen ab Seite 159

Aufgabe: *mittel*

s) Die Ebene E enthält den Punkt A(4|4|4) und die Gerade: $g : \vec{x} = \begin{pmatrix} 2 \\ 8 \\ 1 \end{pmatrix} + r \cdot \begin{pmatrix} 1 \\ 3 \\ 2 \end{pmatrix}$.

Bestimme eine Gleichung der Ebene.

t) Eine Gerade $l : \vec{x} = \begin{pmatrix} 1 \\ 2 \\ 3 \end{pmatrix} + t \cdot \begin{pmatrix} 8 \\ 7 \\ 6 \end{pmatrix}$ bildet mit P(4|3|2) eine Ebene. Bestimmen Sie eine Gleichung dieser Ebene.

u) Welche Ebene enthält die Geraden

$$g : \vec{x} = \begin{pmatrix} 2 \\ 8 \\ 1 \end{pmatrix} + s \cdot \begin{pmatrix} 1 \\ 3 \\ 2 \end{pmatrix}, \quad h : \vec{x} = \begin{pmatrix} 2 \\ 8 \\ 1 \end{pmatrix} + t \cdot \begin{pmatrix} 4 \\ 1 \\ 3 \end{pmatrix} ?$$

v) Die Geraden k und h bilden eine Ebene. Bestimmen Sie eine Gleichung davon.

$$k : \vec{x} = \begin{pmatrix} 3 \\ 1 \\ 2 \end{pmatrix} + r \cdot \begin{pmatrix} 2 \\ 4 \\ 1 \end{pmatrix}, \quad h : \vec{x} = \begin{pmatrix} 5 \\ 3 \\ 1 \end{pmatrix} + r \cdot \begin{pmatrix} 0 \\ 2 \\ 2 \end{pmatrix}$$

w) Welche Ebene enthält die Geraden

$$g : \vec{x} = \begin{pmatrix} 2 \\ 8 \\ 1 \end{pmatrix} + r \cdot \begin{pmatrix} 1 \\ 3 \\ 2 \end{pmatrix}, \quad h : \vec{x} = \begin{pmatrix} 5 \\ 4 \\ 3 \end{pmatrix} + r \cdot \begin{pmatrix} 1 \\ 3 \\ 2 \end{pmatrix} ?$$

x) Die Geraden k und h bilden eine Ebene. Bestimmen Sie eine Gleichung davon.

$$k : \vec{x} = \begin{pmatrix} 3 \\ 1 \\ 2 \end{pmatrix} + r \cdot \begin{pmatrix} 2 \\ 4 \\ 2 \end{pmatrix}, \quad h : \vec{x} = \begin{pmatrix} 5 \\ 3 \\ 1 \end{pmatrix} + r \cdot \begin{pmatrix} 1 \\ 2 \\ 1 \end{pmatrix}$$

y) Die Ebene E enthält den Punkt P(1|0|5) und die Gerade: $h : \vec{x} = \begin{pmatrix} 5 \\ 3 \\ 1 \end{pmatrix} + r \cdot \begin{pmatrix} 2 \\ 3 \\ 4 \end{pmatrix}$.

Bestimme eine Gleichung der Ebene.

z) Eine Gerade $j : \vec{x} = \begin{pmatrix} 9 \\ 6 \\ 3 \end{pmatrix} + s \cdot \begin{pmatrix} 1 \\ 4 \\ 2 \end{pmatrix}$ bildet mit R(1|-2|5) eine Ebene. Bestimmen Sie eine Gleichung dieser Ebene.

A) Welche Ebene enthält die Geraden

$$v : \vec{x} = \begin{pmatrix} 6 \\ 6 \\ 6 \end{pmatrix} + r \cdot \begin{pmatrix} 0 \\ 1 \\ 2 \end{pmatrix}, \quad z : \vec{x} = \begin{pmatrix} 5 \\ 3 \\ 6 \end{pmatrix} + r \cdot \begin{pmatrix} 1 \\ 4 \\ 2 \end{pmatrix} ?$$

B) Die Geraden g_1 und g_2 bilden eine Ebene. Bestimmen Sie eine Gleichung davon.

$$g_1 : \vec{x} = \begin{pmatrix} 0 \\ 3 \\ 3 \end{pmatrix} + \vartheta \cdot \begin{pmatrix} 5 \\ 2 \\ 5 \end{pmatrix}, \quad g_2 : \vec{x} = \begin{pmatrix} 2 \\ 5 \\ 7 \end{pmatrix} + \eta \cdot \begin{pmatrix} 3 \\ 0 \\ 1 \end{pmatrix}$$

C) Welche Ebene enthält die Geraden

$$g : \vec{x} = \begin{pmatrix} 3 \\ 2 \\ 2 \end{pmatrix} + s \cdot \begin{pmatrix} 6 \\ 3 \\ 3 \end{pmatrix}, \quad h : \vec{x} = \begin{pmatrix} 8 \\ 1 \\ 4 \end{pmatrix} + t \cdot \begin{pmatrix} 2 \\ 1 \\ 1 \end{pmatrix} ?$$

D) Die Geraden t und l bilden eine Ebene. Bestimmen Sie eine Gleichung davon.

$$t : \vec{x} = \begin{pmatrix} 9 \\ 6 \\ 3 \end{pmatrix} + t \cdot \begin{pmatrix} 4 \\ 2 \\ 3 \end{pmatrix}, \quad l : \vec{x} = \begin{pmatrix} 3 \\ 2 \\ 1 \end{pmatrix} + r \cdot \begin{pmatrix} 8 \\ 4 \\ 6 \end{pmatrix}$$

Lösungen ab Seite 160

Fortsetzung: Geraden und Ebenen aufstellen

Aufgabe: *mittel-schwer*

(Hier sind Kenntnisse vom Normalenvektor notwendig.)

E) Die Ebene E enthält den Punkt A(4|4|4) steht senkrecht auf: $g : \vec{x} = \begin{pmatrix} 2 \\ 8 \\ 1 \end{pmatrix} + r \cdot \begin{pmatrix} 1 \\ 3 \\ 2 \end{pmatrix}$.
Bestimme eine Gleichung der Ebene.

F) Die Gerade $s : \vec{x} = \begin{pmatrix} 1 \\ 2 \\ 3 \end{pmatrix} + t \cdot \begin{pmatrix} 8 \\ 7 \\ 6 \end{pmatrix}$ steht orthogonal auf E. E enthält den Ursprung. Bestimme eine Gleichung von E.

G) Welche Ebene steht senkrecht auf $k : \vec{x} = \begin{pmatrix} 3 \\ 1 \\ 2 \end{pmatrix} + r \cdot \begin{pmatrix} 2 \\ 4 \\ 1 \end{pmatrix}$ und geht durch P(0 | 8 | 15) ?

H) Eine Ebene E liegt spiegelbildlich bezüglich der Punkte A(1|2|3) und B(-3|8|5). Bestimmen Sie eine Parametergleichung der Ebene E.

I) Wird ein Punkt P(-4|5|7) an der Ebene F gespiegelt, erhält man P*(2|-1|1). Geben Sie eine Koordinatengleichung von F an.

J) Die Ebene E ist Symmetrieebene von A(4|3|2) und (-4|-3|-2). Geben Sie eine Gleichung von E an.

Lösungen ab Seite 160

---

zu Kap.01 **Kreuzprodukt** bzw. **Skalarprodukt**

Aufgabe: Welcher Vektor $\vec{z}$ steht auf $\vec{x}$ und $\vec{y}$ senkrecht? *leicht*

a) $\vec{x} = \begin{pmatrix} 2 \\ -4 \\ 4 \end{pmatrix}$ $\vec{y} = \begin{pmatrix} 2 \\ 2 \\ 1 \end{pmatrix}$

b) $\vec{x} = \begin{pmatrix} 2 \\ -11 \\ 10 \end{pmatrix}$ $\vec{y} = \begin{pmatrix} -14 \\ 2 \\ 5 \end{pmatrix}$

c) $\vec{x} = \begin{pmatrix} 6 \\ 2 \\ -3 \end{pmatrix}$ $\vec{y} = \begin{pmatrix} 3 \\ -6 \\ 2 \end{pmatrix}$

d) $\vec{x} = \begin{pmatrix} 2 \\ 6 \\ 9 \end{pmatrix}$ $\vec{y} = \begin{pmatrix} 9 \\ -6 \\ 2 \end{pmatrix}$

e) $\vec{x} = \begin{pmatrix} -4 \\ 12 \\ -3 \end{pmatrix}$ $\vec{y} = \begin{pmatrix} 12 \\ 3 \\ -4 \end{pmatrix}$

f) $\vec{x} = \begin{pmatrix} -5 \\ 20 \\ -4 \end{pmatrix}$ $\vec{y} = \begin{pmatrix} 20 \\ 4 \\ -5 \end{pmatrix}$

Lösungen ab Seite 161

---

zu Kap.01 Ebenenformen umwandeln

Aufgabe: Geben Sie die Ebene E in Normalform und in Parameterform an. *mittel*

(Kenntnisse von Spurpunkten sind hier hilfreich.)

a) $E : 2x_1 + 2x_2 - 3x_3 = 6$

b) $E : x_1 + 2x_2 - 2x_3 = 4$

c) $E : 6x_1 + 3x_2 + 2x_3 = 12$

d) $E : 4x_1 - 3x_2 - 2x_3 = 24$

e) $E : x_1 - 2x_3 = 5$

f) $E : 3x_2 + 2x_3 = 6$

Lösungen ab Seite 161

Fortsetzung: Ebenenformen umwandeln

Aufgabe: Geben Sie die Ebene E in Koordinatenform und in Parameterform an. *mittel*

g) $\vec{E}: \begin{pmatrix}1\\2\\3\end{pmatrix} \circ \left[\vec{x} - \begin{pmatrix}3\\0\\1\end{pmatrix}\right] = 0$

h) $\vec{E}: \begin{pmatrix}4\\2\\-2\end{pmatrix} \circ \left[\vec{x} - \begin{pmatrix}1\\1\\1\end{pmatrix}\right] = 0$

i) $\vec{E}: \begin{pmatrix}1\\1\\4\end{pmatrix} \circ \left[\vec{x} - \begin{pmatrix}4\\2\\3\end{pmatrix}\right] = 0$

j) $\vec{E}: \begin{pmatrix}3\\4\\1\end{pmatrix} \circ \left[\vec{x} - \begin{pmatrix}1\\-4\\1\end{pmatrix}\right] = 0$

Lösungen ab Seite 161

Aufgabe: Geben Sie die Ebene E in Koordinatenform und in Normalenform an. *mittel*

k) $E: \vec{x} = \begin{pmatrix}1\\-1\\2\end{pmatrix} + r \cdot \begin{pmatrix}1\\2\\2\end{pmatrix} + s \cdot \begin{pmatrix}2\\3\\2\end{pmatrix}$

l) $E: \vec{x} = \begin{pmatrix}-1\\1\\1\end{pmatrix} + r \cdot \begin{pmatrix}3\\-1\\-1\end{pmatrix} + s \cdot \begin{pmatrix}2\\-4\\2\end{pmatrix}$

m) $E: \vec{x} = \begin{pmatrix}1\\2\\3\end{pmatrix} + r \cdot \begin{pmatrix}1\\0\\2\end{pmatrix} + s \cdot \begin{pmatrix}1\\-4\\3\end{pmatrix}$

n) $E: \vec{x} = \begin{pmatrix}3\\2\\-1\end{pmatrix} + r \cdot \begin{pmatrix}4\\3\\2\end{pmatrix} + s \cdot \begin{pmatrix}2\\5\\1\end{pmatrix}$

o) $E: \vec{x} = \begin{pmatrix}-2\\1\\1\end{pmatrix} + r \cdot \begin{pmatrix}1\\0\\1\end{pmatrix} + s \cdot \begin{pmatrix}2\\3\\4\end{pmatrix}$

p) $E: \vec{x} = \begin{pmatrix}6\\2\\0\end{pmatrix} + r \cdot \begin{pmatrix}6\\-3\\2\end{pmatrix} + s \cdot \begin{pmatrix}-3\\-1\\4\end{pmatrix}$

q) $E: \vec{x} = \begin{pmatrix}-1\\2\\-1\end{pmatrix} + r \cdot \begin{pmatrix}2\\2\\1\end{pmatrix} + s \cdot \begin{pmatrix}1\\0\\2\end{pmatrix}$

q) $E: \vec{x} = \begin{pmatrix}3\\-1\\2\end{pmatrix} + r \cdot \begin{pmatrix}2\\15\\-8\end{pmatrix} + s \cdot \begin{pmatrix}-11\\-30\\16\end{pmatrix}$

Lösungen ab Seite 162

---

zu Kap.01 Winkel bestimmen

Aufgabe: *leicht*

a) Bestimmen Sie den Winkel zwischen den beiden Geraden g und h mit:

$g: \vec{x} = \begin{pmatrix}6\\3\\2\end{pmatrix} + r \cdot \begin{pmatrix}1\\2\\2\end{pmatrix} \quad h: \vec{x} = \begin{pmatrix}3\\1\\2\end{pmatrix} + r \cdot \begin{pmatrix}4\\4\\2\end{pmatrix}$

b) Bestimmen Sie den Winkel zwischen den Geraden g und h mit:

$k: \vec{x} = \begin{pmatrix}3\\1\\3\end{pmatrix} + r \cdot \begin{pmatrix}6\\3\\2\end{pmatrix} \quad j: \vec{x} = \begin{pmatrix}5\\0\\3\end{pmatrix} + r \cdot \begin{pmatrix}4\\4\\2\end{pmatrix}$

c) Bestimmen Sie den Winkel zwischen den beiden Geraden g und h mit:

$t: \vec{x} = r \cdot \begin{pmatrix}-4\\2\\4\end{pmatrix} \quad s: \vec{x} = \begin{pmatrix}2\\-4\\-5\end{pmatrix} + r \cdot \begin{pmatrix}2\\2\\1\end{pmatrix}$

d) Bestimmen Sie den Winkel zwischen den beiden Geraden g und h mit:

$g: \vec{x} = \begin{pmatrix}1\\2\\1\end{pmatrix} + r \cdot \begin{pmatrix}4\\3\\2\end{pmatrix} \quad h: \vec{x} = \begin{pmatrix}3\\1\\2\end{pmatrix} + r \cdot \begin{pmatrix}2\\4\\1\end{pmatrix}$

e) Bestimmen Sie den Winkel zwischen den Geraden g und h mit:

$h: \vec{x} = \begin{pmatrix}4\\5\\9\end{pmatrix} + r \cdot \begin{pmatrix}1\\2\\0\end{pmatrix} \quad j: \vec{x} = \begin{pmatrix}1\\2\\3\end{pmatrix} + r \cdot \begin{pmatrix}4\\5\\6\end{pmatrix}$

f) Bestimmen Sie den Winkel zwischen den Geraden g und h mit:

$j: \vec{x} = \begin{pmatrix}3\\2\\1\end{pmatrix} + r \cdot \begin{pmatrix}6\\3\\6\end{pmatrix} \quad k: \vec{x} = \begin{pmatrix}5\\3\\3\end{pmatrix} + r \cdot \begin{pmatrix}4\\2\\4\end{pmatrix}$

Lösungen ab Seite 162

Fortsetzung: Winkel bestimmen

Aufgabe:

leicht

g) Bestimmen Sie den Winkel zwischen der Ebene E : $2x_1-2x_2+x_3=4$ und der Geraden $g : \vec{x} = \begin{pmatrix} 3 \\ 1 \\ 3 \end{pmatrix} + r \cdot \begin{pmatrix} 6 \\ 3 \\ 2 \end{pmatrix}$.

h) Bestimmen Sie den Winkel zwischen der Ebene E : $x_1+8x_2-4x_3=1$ und der Geraden $h : \vec{x} = \begin{pmatrix} 5 \\ 1 \\ 3 \end{pmatrix} + r \cdot \begin{pmatrix} 4 \\ 4 \\ 2 \end{pmatrix}$.

i) Bestimmen Sie den Winkel zwischen der Ebene E : $x_1-2x_2+2x_3=1$ und der Geraden $h : \vec{x} = \begin{pmatrix} 5 \\ 0 \\ 3 \end{pmatrix} + r \cdot \begin{pmatrix} 4 \\ 4 \\ 2 \end{pmatrix}$.

j) Bestimmen Sie den Winkel zwischen den Ebenen E : $4x_1+7x_2+4x_3=1$ und F : $3x_1 - 4x_2 = 7$.

k) Bestimmen Sie den Winkel zwischen den Ebenen $E_1 : 3x_1+6x_2+6x_3=15$ und $E_2 : 12x_1-4x_2+3x_3 = 7$.

l) Bestimmen Sie den Winkel zwischen den Ebenen $E_3 : 3x_1 = 15$ und $E_4 : 12x_2+16x_3 = 4$.

m) Bestimmen Sie den Winkel zwischen der Ebene E : $x_1-2x_2+4_3=2$ und der Geraden $g : \vec{x} = \begin{pmatrix} -3 \\ 2 \\ 4 \end{pmatrix} + r \cdot \begin{pmatrix} 2 \\ 0 \\ -1 \end{pmatrix}$.

n) Bestimmen Sie den Winkel zwischen der Ebene F : $4x_1+x_2+2x_3=0$ und der Geraden $g : \vec{x} = \begin{pmatrix} 2 \\ 1 \\ 3 \end{pmatrix} + r \cdot \begin{pmatrix} 1 \\ 1 \\ 1 \end{pmatrix}$.

o) Bestimmen Sie den Winkel zwischen der Ebene L : $x_1+2x_2+x_3=0$ und der Geraden $k : \vec{x} = \begin{pmatrix} 1 \\ 4 \\ 0 \end{pmatrix} + r \cdot \begin{pmatrix} 2 \\ 4 \\ 2 \end{pmatrix}$.

p) Bestimmen Sie den Winkel zwischen den Ebenen $E_5 : 2x_1-x_2+3x_3=2$ und $E_6 : x_1+4x_2+5x_3=2$.

q) Bestimmen Sie den Winkel zwischen den Ebenen $E_7 : 3x_1+4x_2+x_3=3$ und $F_1 : -x_1+2x_2-2{,}5x_3=2$.

r) Bestimmen Sie den Winkel zwischen den Ebenen $F_2 : 3x_1-2x_2+x_3 = 8$ und $F_3 : 2x_1+x_2-4x_3 = 1$.

Lösungen ab Seite 162

Aufgabe: Bestimmen Sie die Innenwinkel im Dreieck ABC mit den Eckpunkten:

mittel

s) A(4|3|-2), B(1|6|-2), C(1|3|1)

t) A(8|-4|4), B(2|2|4), C(2|-1|7)

u) A(1|2|3), B(3|4|4), C(-1|3|5)

v) A(2|6|1), B(4|5|2), C(1|0|-6)

w) A(8|0|0), B(0|2|0), C(0|0|5)

x) A(-3|4|1), B(1|5|-2), C(0|8|15)

y) A(1|-3|0), B(3|-1|1), C(1|5|-2)

z) A(2|2|4), B(1|5|6), C(4|3|-2)

Lösungen ab Seite 162

Aufgabe: *leicht*

a) Spiegeln Sie A(2 | 1 | -3) am Punkt S(1 | 0 | 2).

b) Spiegeln Sie P(3 | 4 | 1) an Q(1 | 1 | 4).

c) Der Punkt N* entsteht durch Spiegelung von N(1 | 0 | 4) an M(5 | 4 | 3). Bestimmen Sie die Koordinaten von N*.

d) Spiegeln Sie den Punkt R(2 | 3 | 4) am Punkt T(-1 | 3 | 1).

e) Der Punkt B entsteht durch Spiegelung von C(-2 | 3 | -1) an D(5 | 4 | 1). Bestimmen Sie die Koordinaten von B.

f) Der Punkt U entsteht durch Spiegelung von V(6 | 2 | -4) am Ursprung. Bestimmen Sie die Koordinaten von U.

Lösungen ab Seite 163

Aufgabe: *mittel*

Hier sind Kenntnisse von: „Schnittpunkt Gerade-Ebene" und „Lotgerade" notwendig

g) Spiegeln Sie A(3 | 4 | 0) an der Ebene $E: 2x_1 + 3x_2 - x_3 = 4$

h) Spiegeln Sie P(3 | 6 | 7) an der Ebene $E: x_1 + 2x_2 + 2x_3 = 11$

i) Spiegeln Sie den Punkt R(3 | 8 | 19) an der Ebene $E: 3x_1 + 4x_3 = 60$

j) Spiegeln Sie den Punkt U(2 | 12 | -2) an der Ebene $E: 2x_1 - 3x_2 + 4x_3 = -11$

k) Der Punkt B entsteht durch Spiegelung von A (4 | 13 | -8) an der Ebene $E: x_1 + 6x_2 - 4x_3 = 8$.

l) Der Punkt L entsteht durch Spiegelung von V(-3 | 1 | 6) an der Ebene $E: 6x_1 + 2x_2 - 3x_3 = 4$

Lösungen ab Seite 163

Aufgabe: *mittel*

Hier sind Kenntnisse von: „Schnittpunkt Gerade-Ebene" und „Lotebene" notwendig

m) Spiegeln Sie A(6 | 0 | -4) an der Gerade $g_1: \vec{x} = \begin{pmatrix} 6 \\ 3 \\ 2 \end{pmatrix} + r \cdot \begin{pmatrix} 1 \\ 2 \\ 2 \end{pmatrix}$.

n) Der Punkt Q entsteht durch Spiegelung von P(-3 | 4 | 3) an der Gerade $g_2: \vec{x} = \begin{pmatrix} -8 \\ 0 \\ 3 \end{pmatrix} + r \cdot \begin{pmatrix} 4 \\ 4 \\ 2 \end{pmatrix}$

o) Spiegeln Sie den Punkt R(3 | -1 | -2) an der Gerade $g_3: \vec{x} = \begin{pmatrix} 2 \\ -4 \\ -5 \end{pmatrix} + r \cdot \begin{pmatrix} 2 \\ 0 \\ 1 \end{pmatrix}$

p) Bestimmen Sie den Spiegelpunkt V von U(6 | 4 | 5) an $g_4: \vec{x} = \begin{pmatrix} 3 \\ 1 \\ 2 \end{pmatrix} + r \cdot \begin{pmatrix} 2 \\ 4 \\ 1 \end{pmatrix}$

q) Spiegeln Sie K(4 | 3 | 1) an der Gerade $g_5: \vec{x} = \begin{pmatrix} 4 \\ 5 \\ 9 \end{pmatrix} + r \cdot \begin{pmatrix} 1 \\ 2 \\ 3 \end{pmatrix}$

r) Der Punkt C entsteht durch Spiegelung von B(9 | 6 | 6) an der Gerade $g_6: \vec{x} = \begin{pmatrix} 3 \\ 2 \\ 4 \end{pmatrix} + r \cdot \begin{pmatrix} 5 \\ 3 \\ -2 \end{pmatrix}$

Lösungen ab Seite 163

zu Kap.02 Spurpunkte, Spurgeraden

Bestimmen Sie die Spurpunkte folgender Geraden: *leicht*

a) $g : \vec{x} = \begin{pmatrix} 6 \\ 3 \\ 2 \end{pmatrix} + r \cdot \begin{pmatrix} 1 \\ 2 \\ 2 \end{pmatrix}$

b) $h : \vec{x} = \begin{pmatrix} -8 \\ 0 \\ 3 \end{pmatrix} + r \cdot \begin{pmatrix} 4 \\ 4 \\ 2 \end{pmatrix}$

c) $j : \vec{x} = \begin{pmatrix} 2 \\ -4 \\ -5 \end{pmatrix} + r \cdot \begin{pmatrix} 2 \\ 0 \\ 1 \end{pmatrix}$

d) $k : \vec{x} = \begin{pmatrix} 3 \\ 1 \\ 2 \end{pmatrix} + r \cdot \begin{pmatrix} 2 \\ 4 \\ 1 \end{pmatrix}$

e) $l : \vec{x} = \begin{pmatrix} 4 \\ 5 \\ 9 \end{pmatrix} + r \cdot \begin{pmatrix} 1 \\ 2 \\ 0 \end{pmatrix}$

f) $m : \vec{x} = \begin{pmatrix} 3 \\ 2 \\ 4 \end{pmatrix} + r \cdot \begin{pmatrix} 6 \\ 2 \\ -2 \end{pmatrix}$

Lösungen ab Seite 163

Bestimmen Sie die Spurpunkte der folgender Ebenen. *leicht*
Veranschaulichen Sie die Ebenen mit Hilfe ihrer Spurgeraden in einem kartesischen Koordinatensystem.

g) $E_1 : x_1 + x_2 + x_3 = 6$

h) $E_2 : 4x_1 + 5x_2 + 10x_3 = 20$

i) $E_3 : 6x_1 + 2x_2 - 3x_3 = 12$

j) $E_4 : 2x_1 + 2x_2 - x_3 = 8$

k) $E_5 : -x_1 + 3x_2 - 2x_3 = 6$

l) $E_6 : 3x_1 + 2x_2 + 12x_3 = 6$

Lösungen ab Seite 163

Bestimmen Sie die Spurgeraden der folgender Ebenen. *mittel*

[Es handelt sich um die gleichen Ebenen wie in g) – h)]

m) $E_1 : x_1 + x_2 + x_3 = 6$

n) $E_2 : 4x_1 + 5x_2 + 10x_3 = 20$

o) $E_3 : 6x_1 + 2x_2 - 3x_3 = 12$

p) $E_4 : 2x_1 + 2x_2 - x_3 = 8$

q) $E_5 : -x_1 + 3x_2 - 2x_3 = 6$

r) $E_6 : 3x_1 + 2x_2 + 12x_3 = 6$

Lösungen ab Seite 164

---

zu Kap.02 besondere Lage von Geraden und Ebenen

Bestimmen Sie die besondere Lage der Geraden g, h, i, j, k und l ! *mittel*

a) $g : \vec{x} = \begin{pmatrix} 1 \\ 3 \\ 2 \end{pmatrix} + t \cdot \begin{pmatrix} 2 \\ 0 \\ 1 \end{pmatrix}$

b) $h : \vec{x} = \begin{pmatrix} 0 \\ 1 \\ -3 \end{pmatrix} + t \cdot \begin{pmatrix} 0 \\ 5 \\ 10 \end{pmatrix}$

c) $i : \vec{x} = \begin{pmatrix} 5 \\ 6 \\ 2 \end{pmatrix} + t \cdot \begin{pmatrix} 9 \\ 5 \\ 0 \end{pmatrix}$

d) $j : \vec{x} = \begin{pmatrix} -1 \\ 2 \\ 5 \end{pmatrix} + t \cdot \begin{pmatrix} 0 \\ 3 \\ 0 \end{pmatrix}$

e) $k : \vec{x} = \begin{pmatrix} -1 \\ 0 \\ 4 \end{pmatrix} + t \cdot \begin{pmatrix} 2 \\ 0 \\ 3 \end{pmatrix}$

f) $l : \vec{x} = \begin{pmatrix} 1 \\ 0 \\ 2 \end{pmatrix} + t \cdot \begin{pmatrix} 3 \\ 4 \\ 5 \end{pmatrix}$

Lösungen ab Seite 164

Fortsetzung: besondere Lage von Geraden und Ebenen

Bestimmen Sie die besondere Lage der Ebenen E_1, E_2, E_3, E_4, E_5 und E_6 ! *mittel*

g) $E_1 : 2x_1 + 3x_2 = 6$

h) $E_2 : 2x_1 - x_2 + 3x_3 = 4$

i) $E_3 : 3x_2 - 3x_3 = 0$

j) $E_4 : -2x_3 = 4$

k) $E_5 : 4x_1 - 3x_3 = 2$

l) $E_6 : 2x_1 + x_3 = 0$

Lösungen ab Seite 165

---

zu Kap.03 Schnittmengen

Bestimmen Sie die gegenseitige Lage der beiden Geraden! *mittel*
Bestimmen Sie gegebenenfalls den Schnittpunkt.

a) $g : \vec{x} = \begin{pmatrix} 2 \\ 3 \\ 4 \end{pmatrix} + t \cdot \begin{pmatrix} 4 \\ 2 \\ 4 \end{pmatrix}$ $h : \vec{x} = \begin{pmatrix} 4 \\ 8 \\ -4 \end{pmatrix} + t \cdot \begin{pmatrix} -2 \\ -2 \\ 0,5 \end{pmatrix}$

b) $g : \vec{x} = \begin{pmatrix} 2 \\ 3 \\ 4 \end{pmatrix} + t \cdot \begin{pmatrix} 4 \\ 2 \\ 4 \end{pmatrix}$ $i : \vec{x} = \begin{pmatrix} 1 \\ 1 \\ 1 \end{pmatrix} + r \cdot \begin{pmatrix} 2 \\ 1 \\ 2 \end{pmatrix}$

c) $h : \vec{x} = \begin{pmatrix} 4 \\ 8 \\ -4 \end{pmatrix} + t \cdot \begin{pmatrix} -2 \\ -2 \\ 0,5 \end{pmatrix}$ $i : \vec{x} = \begin{pmatrix} 1 \\ 1 \\ 1 \end{pmatrix} + r \cdot \begin{pmatrix} 2 \\ 1 \\ 2 \end{pmatrix}$

d) $h : \vec{x} = \begin{pmatrix} 4 \\ 8 \\ -4 \end{pmatrix} + t \cdot \begin{pmatrix} -2 \\ -2 \\ 0,5 \end{pmatrix}$ $k : \vec{x} = \begin{pmatrix} 8 \\ 12 \\ -5 \end{pmatrix} + r \cdot \begin{pmatrix} 8 \\ 8 \\ -2 \end{pmatrix}$

e) $k : \vec{x} = \begin{pmatrix} 8 \\ 12 \\ -5 \end{pmatrix} + r \cdot \begin{pmatrix} 8 \\ 8 \\ -2 \end{pmatrix}$ $l : \vec{x} = \begin{pmatrix} 8 \\ 7 \\ 0 \end{pmatrix} + t \cdot \begin{pmatrix} 4 \\ 2 \\ 7 \end{pmatrix}$

f) $i : \vec{x} = \begin{pmatrix} 1 \\ 1 \\ 1 \end{pmatrix} + r \cdot \begin{pmatrix} 2 \\ 1 \\ 2 \end{pmatrix}$ $l : \vec{x} = \begin{pmatrix} 8 \\ 7 \\ 0 \end{pmatrix} + t \cdot \begin{pmatrix} 4 \\ 2 \\ 7 \end{pmatrix}$

g) $i : \vec{x} = \begin{pmatrix} 1 \\ 1 \\ 1 \end{pmatrix} + r \cdot \begin{pmatrix} 2 \\ 1 \\ 2 \end{pmatrix}$ $m : \vec{x} = \begin{pmatrix} 6 \\ 5 \\ 8 \end{pmatrix} + s \cdot \begin{pmatrix} 4 \\ 2 \\ 4 \end{pmatrix}$

h) $g : \vec{x} = \begin{pmatrix} 2 \\ 3 \\ 4 \end{pmatrix} + t \cdot \begin{pmatrix} 4 \\ 2 \\ 4 \end{pmatrix}$ $m : \vec{x} = \begin{pmatrix} 6 \\ 5 \\ 8 \end{pmatrix} + s \cdot \begin{pmatrix} 4 \\ 2 \\ 4 \end{pmatrix}$

i) $n : \vec{x} = \begin{pmatrix} 6 \\ 5 \\ 6 \end{pmatrix} + t \cdot \begin{pmatrix} 2 \\ -1 \\ -3 \end{pmatrix}$ $o : \vec{x} = \begin{pmatrix} 0 \\ 4 \\ 7 \end{pmatrix} + r \cdot \begin{pmatrix} 0 \\ 2 \\ 4 \end{pmatrix}$

j) $o : \vec{x} = \begin{pmatrix} 0 \\ 4 \\ 7 \end{pmatrix} + r \cdot \begin{pmatrix} 0 \\ 2 \\ 4 \end{pmatrix}$ $p : \vec{x} = \begin{pmatrix} 1 \\ 2 \\ 3 \end{pmatrix} + t \cdot \begin{pmatrix} 0 \\ 3 \\ 6 \end{pmatrix}$

k) $k : \vec{x} = \begin{pmatrix} 8 \\ 12 \\ -5 \end{pmatrix} + r \cdot \begin{pmatrix} 8 \\ 8 \\ -2 \end{pmatrix}$ $n : \vec{x} = \begin{pmatrix} 0 \\ 4 \\ -3 \end{pmatrix} + t \cdot \begin{pmatrix} 12 \\ 12 \\ -3 \end{pmatrix}$

l) $g : \vec{x} = \begin{pmatrix} 2 \\ 3 \\ 4 \end{pmatrix} + s \cdot \begin{pmatrix} 4 \\ 2 \\ 4 \end{pmatrix}$ $p : \vec{x} = \begin{pmatrix} 1 \\ 2 \\ 3 \end{pmatrix} + t \cdot \begin{pmatrix} 0 \\ 3 \\ 6 \end{pmatrix}$

Lösungen ab Seite 165

Gegeben sind eine Gerade g und eine Ebene E! *mittel*
Liegt g in E, liegen g und E parallel zueinander oder haben sie einen Schnittpunkt?
Falls ja, wie lauten die Koordinaten des Schnittpunktes?

m) $g : \vec{x} = \begin{pmatrix} 3 \\ 5 \\ 4 \end{pmatrix} + t \cdot \begin{pmatrix} 4 \\ 2 \\ 4 \end{pmatrix}$ $E : 2x_1+x_2+2x_3=1$

n) $g : \vec{x} = \begin{pmatrix} 1 \\ 6 \\ -1 \end{pmatrix} + t \cdot \begin{pmatrix} 1 \\ -1 \\ 3 \end{pmatrix}$ $E : 3x_1-4x_2+2x_3=3$

o) $g : \vec{x} = \begin{pmatrix} 3 \\ 1 \\ 0 \end{pmatrix} + t \cdot \begin{pmatrix} -3 \\ -2 \\ 5 \end{pmatrix}$ $E : x_1+x_2+x_3=4$

p) $g : \vec{x} = \begin{pmatrix} -6 \\ 2 \\ 4 \end{pmatrix} + t \cdot \begin{pmatrix} 4 \\ 3 \\ 1 \end{pmatrix}$ $E : 2x_1-3x_2+x_3=-4$

q) $g : \vec{x} = \begin{pmatrix} 2 \\ 4 \\ 0 \end{pmatrix} + r \cdot \begin{pmatrix} 1 \\ 0 \\ 2 \end{pmatrix}$ $E : 7x_1-4x_2-2x_3=4$

r) $g : \vec{x} = \begin{pmatrix} 1 \\ 1 \\ 1 \end{pmatrix} + r \cdot \begin{pmatrix} 2 \\ 1 \\ 2 \end{pmatrix}$ $E : 2x_2-x_3=4$

Fortsetzung: Schnittmengen

s) $g: \vec{x} = \begin{pmatrix}1\\2\\1\end{pmatrix} + t\cdot\begin{pmatrix}0\\2\\-4\end{pmatrix}$ $E: 2x_1+2x_2+x_3=7$

t) $g: \vec{x} = \begin{pmatrix}-2\\2\\-4\end{pmatrix} + t\cdot\begin{pmatrix}1\\-1\\2\end{pmatrix}$ $E: 3x_1-4x_2+3x_3=0$

u) $g: \vec{x} = \begin{pmatrix}\pi\\2\\1\end{pmatrix} + t\cdot\begin{pmatrix}1\\-2\\3\end{pmatrix}$ $E: 3x_2+2x_3=12$

v) $g: \vec{x} = \begin{pmatrix}-5\\3\\-2\end{pmatrix} + t\cdot\begin{pmatrix}3\\3\\1\end{pmatrix}$ $E: 2x_1+3x_2+x_3=13$

w) $g: \vec{x} = s\cdot\begin{pmatrix}0\\8\\15\end{pmatrix}$ $E: 7x_1-5x_2+3x_3=5$

x) $g: \vec{x} = \begin{pmatrix}1\\1\\1\end{pmatrix} + r\cdot\begin{pmatrix}2\\1\\2\end{pmatrix}$ $E: 3x_1-2x_2-2x_3=-1$

Lösungen ab Seite 165

Geben Sie die Schnittmenge der folgenden beiden Ebenen an! *mittel*

y) $E_1: \vec{x} = \begin{pmatrix}1\\3\\2\end{pmatrix} + r\cdot\begin{pmatrix}1\\-2\\1\end{pmatrix} + s\cdot\begin{pmatrix}1\\2\\3\end{pmatrix}$

$E_2: \vec{x} = \begin{pmatrix}3\\3\\6\end{pmatrix} + t\cdot\begin{pmatrix}4\\1\\4\end{pmatrix} + u\cdot\begin{pmatrix}3\\1\\2\end{pmatrix}$

z) $E_1: \vec{x} = \begin{pmatrix}-2\\7\\3\end{pmatrix} + r\cdot\begin{pmatrix}3\\0\\1\end{pmatrix} + s\cdot\begin{pmatrix}-1\\2\\3\end{pmatrix}$

$E_2: \vec{x} = \begin{pmatrix}-3\\6\\1\end{pmatrix} + t\cdot\begin{pmatrix}1\\1\\2\end{pmatrix} + u\cdot\begin{pmatrix}2\\-1\\-1\end{pmatrix}$

ä) $E_1: \vec{x} = \begin{pmatrix}1\\2\\3\end{pmatrix} + r\cdot\begin{pmatrix}3\\4\\4\end{pmatrix} + s\cdot\begin{pmatrix}-1\\0\\1\end{pmatrix}$

$E_2: 4x_1 - 7x_2 + 4x_3 = 2$

ö) $E_1: \vec{x} = \begin{pmatrix}-1\\2\\-4\end{pmatrix} + r\cdot\begin{pmatrix}2\\1\\3\end{pmatrix} + s\cdot\begin{pmatrix}2\\-1\\4\end{pmatrix}$

$E_2: -x_1 + 2x_2 - 2x_3 = -5$

ü) $E_1: 2x_1 - 4x_2 + 2x_3 = 0$
$E_2: x_1 + x_2 - x_3 = 4$

ß) $E_1: 2x_1 - 4x_2 + 2x_3 = 0$
$E_2: -x_1 + 2x_2 - x_3 = 12$

A) $E_1: \vec{x} = \begin{pmatrix}0\\-1\\0\end{pmatrix} + r\cdot\begin{pmatrix}3\\2\\3\end{pmatrix} + s\cdot\begin{pmatrix}1\\3\\3\end{pmatrix}$

$E_2: \vec{x} = \begin{pmatrix}3\\5\\5\end{pmatrix} + t\cdot\begin{pmatrix}1\\1\\2\end{pmatrix} + u\cdot\begin{pmatrix}2\\3\\2\end{pmatrix}$

B) $E_1: \vec{x} = \begin{pmatrix}90\\60\\90\end{pmatrix} + r\cdot\begin{pmatrix}4\\1\\3\end{pmatrix} + s\cdot\begin{pmatrix}-1\\6\\-2\end{pmatrix}$

$E_2: \vec{x} = \begin{pmatrix}2\\4\\8\end{pmatrix} + t\cdot\begin{pmatrix}2\\-2\\2\end{pmatrix} + u\cdot\begin{pmatrix}3\\7\\1\end{pmatrix}$

C) $E_1: \vec{x} = \begin{pmatrix}3\\7\\9\end{pmatrix} + r\cdot\begin{pmatrix}2\\1\\1\end{pmatrix} + s\cdot\begin{pmatrix}3\\2\\3\end{pmatrix}$

$E_2: x_1-3x_2+x_3=-4$

D) $E_1: \vec{x} = \begin{pmatrix}-2\\2\\0\end{pmatrix} + r\cdot\begin{pmatrix}3\\-4\\-2\end{pmatrix} + s\cdot\begin{pmatrix}1\\2\\5\end{pmatrix}$

$E_2: x_1 - x_2 - 2x_3 = -4$

E) $E_1: x_1 - 4x_2 - 2x_3 = 8$
$E_2: 3x_2 + 3x_3 = -9$

F) $E_1: 8x_1 - 4x_2 + 12x_3 = 8$
$E_2: -6x_1 + 3x_2 - 9x_3 = -6$

Lösungen ab Seite 165

Bestimmen Sie den Abstand der beiden Punkte.

a) A(1 | -3 | 4) B(-1 | 0 | 10)
b) C(0 | -1 | 2) D(2 | 1 | 3)
c) E(3 | 1 | 5) F(4 | 2 | 4)
d) G(5 | 5 | 3) H(1 | -3 | 4)
e) I(-2 | 7 | 0) J(2 | 3 | 2)
f) K(1 | 5 | -1) L(2 | 1 | 5)

Lösungen ab Seite 166

Bestimmen Sie „t“ so, dass A und B den vorgegebenen Abstand d haben *mittel*

g) A(3 | -2 | 1) B(1 | 0 | t) d=3
h) A(5 | t | 1) B(1 | 3 | 5) d=9
i) A(t | 3 | 0) B(5 | 6 | 4) d=5
j) A(2 | 4 | t) B(-2 | 2 | 3) d=6
k) A(4 | 1 | 10) B(t | 4 | 4) d=7
l) A(-8 | 1 | 5) B(4 | t | 2) d=13

Lösungen ab Seite 166

Bestimmen Sie den Abstand des Punktes P von der Geraden g *mittel*

m) P(1 | 3 | 2) $g: \vec{x} = \begin{pmatrix} -1 \\ 2 \\ -4 \end{pmatrix} + r \cdot \begin{pmatrix} 2 \\ 1 \\ 6 \end{pmatrix}$

n) P(11 | 2 | -2) $g: \vec{x} = \begin{pmatrix} 3 \\ -5 \\ 0 \end{pmatrix} + r \cdot \begin{pmatrix} 1 \\ 2 \\ 2 \end{pmatrix}$

o) P(6 | -8 | -3) $g: \vec{x} = \begin{pmatrix} 3 \\ -5 \\ 0 \end{pmatrix} + r \cdot \begin{pmatrix} 1 \\ 2 \\ 2 \end{pmatrix}$

p) P(-2 | 5 | 8) $g: \vec{x} = \begin{pmatrix} 2 \\ 0 \\ 3 \end{pmatrix} + r \cdot \begin{pmatrix} 2 \\ 3 \\ 2 \end{pmatrix}$

q) P(5 | 7 | 9) $g: \vec{x} = \begin{pmatrix} 2 \\ 5 \\ 1 \end{pmatrix} + r \cdot \begin{pmatrix} -1 \\ -2 \\ 6 \end{pmatrix}$

r) P(2 | 3 | 10) $g: \vec{x} = \begin{pmatrix} 3 \\ 9 \\ 1 \end{pmatrix} + r \cdot \begin{pmatrix} 1 \\ 4 \\ -3 \end{pmatrix}$

Lösungen ab Seite 166

Welche Punkte A der Gerade g haben von P den Abstand d? *mittel*

s) P(2|3|0) $g: \vec{x} = \begin{pmatrix} 1 \\ 2 \\ 1 \end{pmatrix} + r \cdot \begin{pmatrix} 2 \\ 1 \\ 3 \end{pmatrix}$ $d = \sqrt{17}$

t) P(10|-2|3) $g: \vec{x} = \begin{pmatrix} 5 \\ -2 \\ 3 \end{pmatrix} + r \cdot \begin{pmatrix} 4 \\ 0 \\ -2 \end{pmatrix}$ d=5

u) P(-4|0|11) $g: \vec{x} = \begin{pmatrix} 2 \\ 0 \\ -1 \end{pmatrix} + r \cdot \begin{pmatrix} 1 \\ 2 \\ 2 \end{pmatrix}$ d=15

v) P(8|3|8) $g: \vec{x} = \begin{pmatrix} 1 \\ 2 \\ 4 \end{pmatrix} + r \cdot \begin{pmatrix} 3 \\ -1 \\ 0 \end{pmatrix}$ d=6

w) P(1|3|2) $g: \vec{x} = \begin{pmatrix} 7 \\ 6 \\ 4 \end{pmatrix} + r \cdot \begin{pmatrix} 4 \\ 2 \\ 3 \end{pmatrix}$ d=7

x) P(3|0|6) $g: \vec{x} = \begin{pmatrix} -1 \\ 3 \\ 5 \end{pmatrix} + r \cdot \begin{pmatrix} 4 \\ -2 \\ -4 \end{pmatrix}$ $d = \sqrt{53}$

Lösungen ab Seite 166

Bestimme den Abstand von P zu E! *leicht*

y) P(8 | 0 | 6) $E: 6x_1 - 3x_2 + 2x_3 = 11$
z) P(2 | 8 | 2) $E: 2x_1 + 4x_2 + 4x_3 = 8$
ä) P(-2 | 9 | 6) $E: -4x_1 + 7x_2 + 4x_3 = 14$
ö) P(8 | 2 | -11) $E: 5x_1 - 12x_3 = 3$
ü) P(-2 | 1 | 7) $E: 4x_1 + x_2 - 8x_3 = 18$
ß) P(1 | -3 | 6) $E: 4x_1 + 3x_2 - 3x_3 = 7$

Lösungen ab Seite 166

zu Kap.05 Flächeninhalt eines Dreiecks

Bestimme den Flächeninhalt des Dreiecks ABC. *mittel*

a) A(4|1|2) B(6|5|-2) C(8|6|0)

b) A(-5|1|3) B(3|5|-5) C(4|10|3)

c) A(2|-4|5) B(14|10|-7) C(-1|9|-3)

d) A(8|0|0) B(0|8|0) C(0|0|8)

e) A(-8|1|5) B(4|5|2) C(4|11|10)

f) A(3|5|6) B(-1|3|2) C(3|8|0)

Lösungen ab Seite 166

---

zu Kap.05 Pyramiden

Aufgabe:
Bestimmen Sie das Volumen der folgenden senkrechten quadratischen Pyramiden: *leicht*

a) A(0|0|0) B(0|5|0) C(5 | 5 | 0) D(5|0|0) S(2,5|2,5|6)

b) A(-5|-5|0) B(5|-5|0) C(5|5|0) D(-5|5|0) S(0|0|12)

c) A(12|0|0) B(12|12|0) C(0|12|0) D(0|0|) S(6|6|8)

d) A(8|8|0) B(-8|8|0) C(-8|-8|0) D(8|-8|0) S(0|0|15)

e) A(4|2|10) B(8|10|2) C(16|14|10) D(12|6|18) S(3|3|15)

f) A(1|4|-2) B(5|9|18) C(10|-11|22) D(6|-16|2) S(15,5|-1,5|7,5)

Lösungen ab Seite 166

Bestimmen Sie die Oberfläche der folgenden senkrechten quadratischen Pyramiden: *mittel*

g) A(0|0|0) B(0|5|0) C(5 | 5 | 0) D(5|0|0) S(2,5|2,5|6)

h) A(-5|-5|0) B(5|-5|0) C(5|5|0) D(-5|5|0) S(0|0|12)

i) A(12|0|0) B(12|12|0) C(0|12|0) D(0|0|) S(6|6|8)

j) A(8|8|0) B(-8|8|0) C(-8|-8|0) D(8|-8|0) S(0|0|15)

k) A(4|2|10) B(8|10|2) C(16|14|10) D(12|6|18) S(3|3|15)

l) A(1|4|-2) B(5|9|18) C(10|-11|22) D(6|-16|2) S(15,5|-1,5|7,5)

Lösungen ab Seite 166

Bestimmen Sie das Volumen der dreiseitigen Pyramide, die von den Koordinatenebenen und der Ebene E gebildet wird *leicht*

m) E : 2x1 + 3x2 + 4x3 = 12

n) $E : 4x_1 - 2x_2 + 4x_3 = 8$

o) $E : 3x_1 + 2x_2 - 5x_3 = 15$

p) $E : -x_1 + 3x_2 + 2x_3 = 6$

q) $E : 3x_1 + 4x_2 + 6x_3 = 24$

r) $E : 2x_1 + 3x_3 = -12$

Lösungen ab Seite 166

Bestimmen Sie das Volumen der folgenden beliebigen Pyramiden:

über Formel mit Kreuzprodukt: *mittel*

ohne Kreuzprodukt: *schwer*

s) A(6 | 2 | 4) B(0 | -6 | -20) C(13,5 | -1 | -18) D(7 | -11 | 7)

t) A(-3 | 1 | 0) B(1 | -3 | 2) C(5 | 2 | -5) D(3 | 4 | 3)

u) A(-2 | 6 | 1) B(12 | -12 | 4) C(29 | -24 | 29) D(19 | 13 | -9)

v) A(-6 | 1 | -4) B(-6 | 7 | 4) C(14 | 16 | -9) D(9 | -12 | 12)

Lösungen ab Seite 167

Inkugel / Umkugel

(Teilaufgaben w) – ö) liefern zum Teil komische Zahlen im Ergebnis!) *schwer*

Bestimme jenen Punkt, dessen Abstand von allen Seitenflächen gleich weit entfernt ist. Bestimme diesen Abstand !

w) A(4|4|0) B(-4|4|0) C(-4|-4|0) D(4|-4|0) S(0|0|8)

x) A(-1|2|0) B(5|2|0) C(5|8|0) D(-1|8|0) S(2|5|10)

y) A(-9|-1|5) B(3|3|-1) C(9|-9|3) D(-3|-13|9) S(4|1|16)

Bestimme jenen Punkt, dessen Abstand von allen Eckpunkten der Pyramide gleich weit entfernt ist. Bestimme diesen Abstand !

z) A(0|1|6) B(4|3|2) C(8|-1|4) D(4|-3|8) S(7|6|11)

ä) A(3|3|6) B(5|1|-2) C(-1|-5|-2) D(-3|-3|6) S(5|-5|4)

ö) A(9|1|-7) B(-3|5|-1) C(1|-1|11) D(13|-5|5) S(11|12|6)

Lösungen ab Seite 167

Bestimmung des vierten Punktes eines Parallelogramms

leicht

Zur Lösungsvorlage siehe auch Kap.08e, Aufg.5

a) Bestimmen Sie den Punkt D so, dass die Punkte A(2 | 2 | 8), B(4 | 3 | 6) C(8|7|4) und D ein Rechteck bilden.

b) Bestimmen Sie den Punkt A so, dass die Punkte A, B(4 | -1 | 2), C(2 | 1 | 0), und D(6 | 3 | -4) ein Parallelogramm bilden.

c) Die Punkte A(-3 | 1 | 4) B(-1 | 5 | -1) C(-2 | 9 | 0) und D bilden ein Parallelogramm. Bestimmen Sie die Koordinaten des vierten Eckpunkts D!

d) Die Punkte A, B, C und D bilden eine Raute. Bestimmen Sie die Koordinaten von C, wenn gilt:
A(-2 | 0 | 8), B(1 | 5 | 3), D(3 | 1 | 5).

e) Welche Koordinaten muss der Punkt B haben, damit das Viereck ABCD mit A(-1|5|9), C(7|1|1) und D(-1|-1|3) zu einem Quadrat wird?

f) Die Punkte A, B(1|5|1), C(4|-2|-7) und D(3|1|7) bilden ein Parallelogramm. Bestimmen Sie die Koordinaten von A!

Lösungen ab Seite 167

Vermischte Aufgaben querbeet

zu Kap.01 querbeet

Aufgabe:

a) Gegeben sind A(9|-4|2) B(3|2|2) C(3|-4|8). *leicht*
Zeigen Sie, dass das Dreieck ABC gleichseitig ist.
Bestimmen Sie den Schwerpunkt des Dreiecks,
sowie die Mittelpunkte der drei Seite !

b) Sei A(2 | 1 | 5) B(4 | 2 | 3) C(4 | 5 | 9) *leicht*
Bestimmen Sie das Skalarprodukt der Vektoren $\overrightarrow{AB}$, $\overrightarrow{AC}$, $\overrightarrow{BC}$ miteinander.
Welche beiden Vektoren sind orthogonal ?
Was bedeutet das für's Dreieck ABC ?

c) Welche Ebene steht senkrecht auf der Geraden *mittel*

$$g : \vec{x} = \begin{pmatrix} 2 \\ 3 \\ 4 \end{pmatrix} + r \cdot \begin{pmatrix} 3 \\ 2 \\ 1 \end{pmatrix}$$

und enthält den Punkt A(0 | 0 | 2) ?
Wie groß ist der Abstand von g zu A ?

d) Welche Gerade steht senkrecht auf der Ebene *mittel*

$$E : 4x_1 + 2x_2 - 5x_3 = -7$$

und geht durch den Punkt P(9 | 6 | -7) ?
Wie groß ist der Abstand von P zu E ?

Lösungen ab Seite 167

---

zu Kap.06 Parameter querbeet

Auf welcher Geraden liegen folgende Punkte ? *leicht*

a) A(2 | a | -1) b) B(b | 4 | 2)

Welche Ebene bilden folgende Geradenscharen ? *leicht*

c) $g_c : \vec{x} = \begin{pmatrix} 1 \\ 0 \\ c \end{pmatrix} + r \cdot \begin{pmatrix} 2 \\ 3 \\ 1 \end{pmatrix}$ d) $g_d : \vec{x} = \begin{pmatrix} 4 \\ 1 \\ 1 \end{pmatrix} + t \cdot \begin{pmatrix} 6 \\ d \\ 11 \end{pmatrix}$

e) Für welche Werte von e und f sind folgende Gerade und Ebene: *schwer*
I) ineinanderliegend ? II) parallel ? III) haben einen Schnittpunkt ?

$g_e : \vec{x} = \begin{pmatrix} 2 \\ -1 \\ e \end{pmatrix} + \lambda \cdot \begin{pmatrix} 3 \\ 1 \\ 3 \end{pmatrix}$ $E : x_1 + fx_2 + 4x_3 = 4$

Lösungen ab Seite 167

f) Für welche Werte von k ist die Ebene *schwer*
$E \ : 2x_1 + 3x_2 + x_3 = 6$ in der Ebenenschar
$E_k : (k+1)x_1 + 6x_2 + (k-1)x_3 = k^2+k$ enthalten ?
Für welche Werte von k steht E auf E_k senkrecht ?

Für welche Werte von a und b: *schwer*
I) liegt g in E ?
II) ist g parallel zu E ?
III) haben g und E einen Schnittpunkt ?

g) $E : 2x_1 + x_2 - 2x_3 = a \quad g : \vec{x} = \begin{pmatrix} 2 \\ 3 \\ 4 \end{pmatrix} + t \cdot \begin{pmatrix} 1 \\ 0 \\ b \end{pmatrix}$

h) $E : 2x_1 + 5x_2 - 3x_3 = 8 \quad g : \vec{x} = \begin{pmatrix} 3 \\ 1 \\ 2 \end{pmatrix} + t \cdot \begin{pmatrix} 3 \\ a \\ 2 \end{pmatrix}$

i) $E : 2x_1 + 2ax_2 - 3x_3 = b \quad g : \vec{x} = \begin{pmatrix} 4 \\ 0 \\ 2 \end{pmatrix} + t \cdot \begin{pmatrix} 2 \\ 1 \\ 2 \end{pmatrix}$

Lösungen ab Seite 168

j) $E \ : 4x_1 + 2x_2 - 6x_3 = 18$ *mittel*
$E_a : 2x_1 - ax_2 + (4a-1)x_3 = 6$
Bestimmen Sie a so, dass E_a parallel zu E ist.
Gibt es ein a, so dass E in E_a enthalten ist ?

k) $E \ : \ x_1 + x_2 - 2x_3 = 4$ *mittel*
$E_k : kx_1 + 2x_2 + (-2-k)x_3 = k^2+2k$
Bestimmen Sie k so, dass E in E_k enthalten ist !

Lösungen ab Seite 168

$E_t \ : \ (4t-4)x_1 + (-4t+1)x_2 + (7t+1)x_3 = 43t-21$ *schwer*

l) Zeigen Sie, dass keine der Ebenen E_t senkrecht zu der Gerade g_e aus Teilaufgabe e) ist, dass es jedoch eine Ebene gibt, die zu g_e parallel ist.

m) Zeigen Sie, dass alle Ebenen E_t eine gemeinsame Gerade h besitzen. Geben Sie eine Gleichung dieser Geraden an.

n) Es gibt eine Ebene F, die die Gerade h enthält, jedoch nicht zur Ebenenschar E_t gehört. Bestimmen Sie eine Gleichung der Ebene F!

Lösungen ab Seite 168

Aufgabe:

a) Welche Punkte der Gerade *mittel*

$g\ :\ \vec{x} = \begin{pmatrix}2\\1\\5\end{pmatrix} + \mu \cdot \begin{pmatrix}2\\2\\1\end{pmatrix}$ haben von P mit P(-1 | 2,5 | 8) den Abstand d = 7,5 ?

b) Vom Punkt Ü(8 | -4 | 6) aus, soll eine 15m lange Stützstange an eine Dachrinne gelegt werden, welche entlang der Geraden: *mittel*

$g\ :\ \vec{x} = \begin{pmatrix}4\\3\\1\end{pmatrix} + t \cdot \begin{pmatrix}-2\\-1\\2\end{pmatrix}$ verläuft.

Bestimme die möglichen Koordinaten der Berührpunkte!

c) Welche Punkte der Geraden $g\ :\ \vec{x} = \begin{pmatrix}4\\1\\0\end{pmatrix} + t \cdot \begin{pmatrix}28\\20\\29\end{pmatrix}$ *mittel*

haben von der Ebene $E : 4x_1 + 8x_2 - x_3 = 24$ den Abstand d=27 ?

d) Ein Flugzeug fliegt durch den Nebel entlang der Geraden *mittel-schwer*

$g\ :\ \vec{x} = \begin{pmatrix}2\\3\\2\end{pmatrix} + t \cdot \begin{pmatrix}1\\1\\0\end{pmatrix}$

auf eine Gebirgswand zu, welche durch die Ebene $E : x_1 + 2x_2 - 2x_3 = -2$ beschrieben werden kann. Die Sichtweite beträgt 6 (km).
Ab welchem Punkt sieht der Pilot die gefährliche Gebirgswand, wenn bekannt ist, dass alle Koordinaten des Punktes positiv sein sollen ?

Sei A(6 | 5 | 6) und B(2 | 7| 1). *schwer*

e) Es gibt einen Punkt auf der Geraden $g\ :\ \vec{x} = \begin{pmatrix}2\\1\\1\end{pmatrix} + t \cdot \begin{pmatrix}1\\1\\2\end{pmatrix}$ vom dem aus die Strecke $\overrightarrow{AB}$ unter einem rechten Winkel erscheint. Bestimme diesen Punkt!

f) Auf der Geraden $g\ :\ \vec{x} = \begin{pmatrix}3\\1\\1\end{pmatrix} + t \cdot \begin{pmatrix}-1\\1\\2\end{pmatrix}$ gibt es zwei Punkte, von denen aus die Strecke $\overrightarrow{AB}$ unter einem rechten Winkel erscheint. Bestimme die beiden Punkte !

Lösungen ab Seite 168

g) Welche Gerade l steht auf den Geraden g und h senkrecht ? *schwer*

$g : \vec{x} = \begin{pmatrix} 0 \\ -1 \\ 18 \end{pmatrix} + t \cdot \begin{pmatrix} 2 \\ -3 \\ 6 \end{pmatrix}$ $\qquad$ $h : \vec{x} = \begin{pmatrix} 17 \\ 19 \\ 6 \end{pmatrix} + t \cdot \begin{pmatrix} 6 \\ 12 \\ 4 \end{pmatrix}$

h) Welche Gerade s enthält den Punkt P(26|-5|-9) und schneidet die Geraden g und h aus Teilaufgabe g) ? (nicht notwendigerweise senkrecht !!) *schwer*

i) In der Ebene E : $2x_1+x_2-2x_3 = 6$ liegt ein Quadrat mit den Eckpunkten B(9|-4|4) und D(-3|8|-2). Bestimmen Sie die beiden anderen Eckpunkte! *schwer*

j) R(4 | 3 | 5) liegt auf der Geraden g aus Teilaufgabe e). *mittel*
Bestimmen Sie die Koordinaten der Punkte P_1 und P_2, die von R den Abstand $d = 4\sqrt{6}$ haben und ebenfalls auf g liegen !

Lösungen ab Seite 168

---

zu Kap.08 – Kap.09

eignen sich Abitur-Prüfungsaufgaben ganz gut.
Es gibt hier daher keine speziellen Aufgaben dazu.

---

zu Kap.10 Flugzeugaufgaben

Ein Flugzeug erreicht eine Minute nach dem Start vom Punkt A(0 | 2 | 0) die Position B(4 | 6 | 2). *mittel*
Zeitgleich startet ein zweites Flugzeug im Punkt C(-4 | -3 | 0) und befindet sich nach einer Minute in Punkt D(20 | 5 | 6). (alle Angaben in Kilometern)

a) Bestimmen Sie die Flugbahnen beider Flugzeuge.
b) Mit welcher Geschwindigkeit bewegen sich beide Flugzeuge fort?
c) Welchen Abstand haben beide Flugzeuge nach 30 Sekunden?
d) Kreuzen sich die beiden Flugbahnen?
e) Die Flugzeuge müssen aus Sicherheitsgründen zu jedem Zeitpunkt einen Abstand von mindestens 3 km besitzen. Ist diese Bestimmung erfüllt?
f) Nach drei Minuten erreicht das erste Flugzeug eine Höhe h_1.
Welche Zeit benötigt das zweite Flugzeug, um diese Höhe zu erreichen?

Lösungen ab Seite 169

Ein Aal befindet sich an Position A(6 | 9 | -12) und schwimmt *mittel*

mit der Geschwindigkeit v=14$^{m}/_{min}$ gemütlich in Richtung $\vec{l} = \begin{pmatrix} 6 \\ 3 \\ 2 \end{pmatrix}$.

Zeitgleich befindet sich im Punkt B(12 | 12 | -5) ein Barsch und schwimmt

ebenfalls gemütlich, in Richtung $\vec{h} = \begin{pmatrix} 24 \\ 12 \\ 3 \end{pmatrix}$.

Er schwimmt mit der Geschwindigkeit von 9$^{m}/_{min}$. (Ortsangaben in Metern, Zeitangaben in Minuten.)

g) Bestimmen Sie je eine Gerade für Aal und Barsch, die die Bewegung der beiden Fische beschreibt.
h) Welchen Abstand hatten die beiden Fische nach einer Minute?
i) Gibt es einen Punkt des Meeres, an welchem sich sowohl Aal, als auch Barsch befinden?
j) Treffen sich die beiden Fische ?
Falls ja: Wann?
Falls nein? Welches ist der kleinste Abstand der beiden Fische?
k) Wann erreichen die beiden Fische die Wasseroberfläche?
l) Wann haben die Fische einen Abstand von 7 Metern?

Lösungen ab Seite 169

---

zu Kap.11 Schattenaufgaben

a) Bestimmen Sie die senkrechte Projektion *leicht*

der Gerade g : $\vec{x} = \begin{pmatrix} 2 \\ 3 \\ 2 \end{pmatrix} + t \cdot \begin{pmatrix} 1 \\ 0 \\ 2 \end{pmatrix}$ auf die x_2-x_3-Ebene.

b) Die Punkte A(3 | 4 | 5) und B(-2 | 5 | -8) werden auf die x_1-x_3-Ebene projeziert. Die Projektion erfolgt in x_2-Richtung. Bestimmen Sie die Projektionspunkte. *leicht*

c) In einem Dörfchen in Equador befindet sich die Sonne mittags um 12^{00} genau senkrecht am Zenit (also oben). *leicht*
Eine Telefonleitung verläuft entlang der Geraden:

$$t: \vec{x} = \begin{pmatrix} 12 \\ -4 \\ 26 \end{pmatrix} + r \cdot \begin{pmatrix} 7 \\ 8 \\ 1 \end{pmatrix}$$

Gibt es eine Möglichkeit, die Lage des Schattens am Erdboden mathematisch zu beschreiben?

Lösungen ab Seite 170

d) In einem Dörfchen in Equador, welches eine Telefonleitung besitzt, befindet sich ein viereckiges Blumenbeet, welches durch die Eckpunkte A(-1|-1|0), B(-1|1|0), C(2|3|0) und D(3|-1|0) beschrieben wird. Um es vor der Sonne zu schützen, welche um die Mittagszeit senkrecht von oben nach unten knallt, spannt die Bäuerin ein dreieckiges Sonnensegel auf, welches sie an den Punkten P(-2|-2|3), Q(0|4|1) und R(4|-1|2) befestigt. Wird das Blumenbeet vollständig durch das Sonnensegel abgedeckt? *mittel*

---

e) Ein Lackierer soll auf eine Autotür, welche in der Ebene T : $2x_1-2x_2+3x_3=7$ angebracht wurde, ein Dreieck aufsprühen. Dazu verwendet er eine Schablone (mit einem ausgeschnittenen Dreieck). Die Eckpunkte dieses ausgeschnittenen Dreiecks der Schablone befinden sich in den drei Punkten A(3|2|2), B(2|1|2) und C(1|3|4). An welcher Stelle der Autotür wird das auflackierte Dreieck erscheinen, wenn der Lack mit einer Sprühpistole aufgebracht wird, deren Sprührichtung durch den Vektor $\vec{a} = \begin{pmatrix} 1 \\ 2 \\ 1 \end{pmatrix}$ bestimmt wird? *mittel*

An einem wundervollen Herbstnachmittag lässt Hugo einen quadratförmigen Drachen steigen. Die Eckpunkte des Drachens sind durch die vier Punkte: A(-4|2|32), B(2|4|35), C(4|7|29) und D(-2|5|26) gegeben. Der Schatten des Drachens fällt auf eine Scheunendach, welches sich in der Ebene *mittel*

E : $-33x_1 + 48x_2 + 34x_3 = 1256$ befindet.

Dabei fällt der Schatten des Punktes A in den Punkt A*(8 | 26 | a).

f) Bestimmen Sie den Punkt A*.

g) Bestimmen Sie die Richtung des Sonnenlichts.

h) Weisen Sie nach, dass der Schatten des Drachens die Form eines Parallelogramms hat.

---

i) Im Punkt L(8|6|5) befindet sich eine Lichtquelle, die den Stab AB mit A(3|4|3) und B(5|4|4) beleuchtet. Der Schatten des Stabes fällt auf die Ebene E : $2x_1+3x_2+4x_3=6$. Bestimmen Sie die Länge des Schattens. *leicht*

Lösungen ab Seite 170

Lösungen der Grundlagen-Aufgaben

Lösungen zu Kap.01 Mitten und Schwerpunkte

a) $M_{AB}(3 \mid 4 \mid 1)$
b) $M_{CD}(3{,}5 \mid -0{,}5 \mid 1{,}5)$
c) $M_{EF}(2 \mid 4 \mid 1{,}5)$

d) $M_{GH}(0{,}5 \mid 1{,}5 \mid 5)$
e) $M_{IJ}(3 \mid 1 \mid -1)$
f) $M_{KL}(4 \mid 1{,}5 \mid 3)$

g) $Q(0 \mid -1 \mid 4)$
h) $Q(-6 \mid 3 \mid 2)$
i) $Q(5 \mid 8 \mid 7)$

j) $Q(-16 \mid 19 \mid -17)$
k) $Q(8 \mid 3{,}5 \mid -15)$
l) $Q(-5{,}5 \mid -5 \mid 9)$

m) $S_{ABC}(1 \mid 3 \mid 3)$
n) $S_{ABC}(5 \mid -2 \mid 4)$
o) $S_{ABC}(3 \mid 1 \mid 3)$

p) $S_{ABC}(2 \mid 1 \mid 3)$
q) $S_{ABC}(1 \mid 3 \mid 2)$
r) $S_{ABC}(6 \mid 6 \mid 6)$

s) $C(9 \mid 9 \mid 4)$
t) $B(8 \mid 4 \mid 3)$
u) $A(8 \mid 13 \mid 9)$

v) $C(5 \mid 9 \mid 2)$
w) $B(6 \mid 10 \mid 6)$
x) $A(2 \mid 9 \mid 4)$

Lösungen zu Kap.01 Geraden und Ebenen aufstellen

a) $g : \vec{x} = \begin{pmatrix} 2 \\ 3 \\ 2 \end{pmatrix} + r \cdot \begin{pmatrix} 1 \\ 0 \\ 2 \end{pmatrix}$

b) $k : \vec{x} = \begin{pmatrix} 4 \\ 0 \\ 3 \end{pmatrix} + r \cdot \begin{pmatrix} -3 \\ 1 \\ -2 \end{pmatrix}$

c) $g : \vec{x} = \begin{pmatrix} 6 \\ -2 \\ 1 \end{pmatrix} + r \cdot \begin{pmatrix} -4 \\ -4 \\ -4 \end{pmatrix}$

d) $h : \vec{x} = \begin{pmatrix} 1 \\ 1 \\ -2 \end{pmatrix} + r \cdot \begin{pmatrix} 2 \\ 1 \\ 3 \end{pmatrix}$

e) $g : \vec{x} = \begin{pmatrix} 0 \\ 15 \\ 2 \end{pmatrix} + r \cdot \begin{pmatrix} 3 \\ -9 \\ -5 \end{pmatrix}$

f) $g : \vec{x} = \begin{pmatrix} 0 \\ 0 \\ 0 \end{pmatrix} + r \cdot \begin{pmatrix} 4 \\ 3 \\ 2 \end{pmatrix}$

g) $g : \vec{x} = \begin{pmatrix} 2 \\ -1 \\ 0 \end{pmatrix} + r \cdot \begin{pmatrix} 0 \\ 1 \\ 0 \end{pmatrix}$

h) $k : \vec{x} = \begin{pmatrix} 4 \\ 3 \\ 2 \end{pmatrix} + r \cdot \begin{pmatrix} 2 \\ 6 \\ 4 \end{pmatrix}$

i) $g : \vec{x} = \begin{pmatrix} 1 \\ 2 \\ 3 \end{pmatrix} + r \cdot \begin{pmatrix} 4 \\ 5 \\ 6 \end{pmatrix}$

j) $m : \vec{x} = \begin{pmatrix} 3 \\ 3 \\ 3 \end{pmatrix} + r \cdot \begin{pmatrix} 1 \\ 3 \\ 2 \end{pmatrix}$

k) $m : \vec{x} = \begin{pmatrix} 5 \\ 4 \\ 2 \end{pmatrix} + r \cdot \begin{pmatrix} 1 \\ 3 \\ 2 \end{pmatrix}$

Als Richtungsvektor könnte man hier auch den von h nehmen.

l) $g : \vec{x} = \vec{a} + r \cdot (\vec{b} - \vec{a})$

m) $E_{ABC} : \vec{x} = \begin{pmatrix} 5 \\ -3 \\ 4 \end{pmatrix} + r \cdot \begin{pmatrix} -6 \\ 6 \\ 0 \end{pmatrix} + s \cdot \begin{pmatrix} -6 \\ 0 \\ 6 \end{pmatrix}$

oder $\vec{x} = \begin{pmatrix} -1 \\ 3 \\ 4 \end{pmatrix} + s \cdot \begin{pmatrix} 6 \\ -6 \\ 0 \end{pmatrix} + t \cdot \begin{pmatrix} 0 \\ -6 \\ 6 \end{pmatrix}$

oder …

p) $E_1 : \vec{x} = \begin{pmatrix} 4 \\ 0 \\ 0 \end{pmatrix} + ö \cdot \begin{pmatrix} -4 \\ 3 \\ 0 \end{pmatrix} + ü \cdot \begin{pmatrix} -4 \\ 0 \\ 7 \end{pmatrix}$

oder $\vec{x} = \begin{pmatrix} 0 \\ 3 \\ 0 \end{pmatrix} + ä \cdot \begin{pmatrix} 4 \\ -3 \\ 0 \end{pmatrix} + ß \cdot \begin{pmatrix} 0 \\ -3 \\ 7 \end{pmatrix}$

oder …

n) $E_{ABC} : \vec{x} = \begin{pmatrix}1\\1\\4\end{pmatrix} + \lambda \cdot \begin{pmatrix}1\\4\\-3\end{pmatrix} + \mu \cdot \begin{pmatrix}4\\1\\3\end{pmatrix}$

oder $\vec{x} = \begin{pmatrix}2\\5\\1\end{pmatrix} + \lambda \cdot \begin{pmatrix}-1\\-4\\3\end{pmatrix} + \mu \cdot \begin{pmatrix}3\\-3\\6\end{pmatrix}$

oder …

o) $E_{PQR} : \vec{x} = \begin{pmatrix}4\\3\\2\end{pmatrix} + k \cdot \begin{pmatrix}-2\\1\\4\end{pmatrix} + l \cdot \begin{pmatrix}1\\2\\3\end{pmatrix}$

oder $\vec{x} = \begin{pmatrix}2\\4\\6\end{pmatrix} + m \cdot \begin{pmatrix}2\\-1\\-4\end{pmatrix} + n \cdot \begin{pmatrix}3\\1\\-1\end{pmatrix}$

oder …

s) $E : \vec{x} = \begin{pmatrix}2\\8\\1\end{pmatrix} + r \cdot \begin{pmatrix}1\\3\\2\end{pmatrix} + s \cdot \begin{pmatrix}2\\-4\\3\end{pmatrix}$

oder …

t) $E : \vec{x} = \begin{pmatrix}1\\2\\3\end{pmatrix} + t \cdot \begin{pmatrix}8\\7\\6\end{pmatrix} + u \cdot \begin{pmatrix}-3\\-1\\1\end{pmatrix}$

oder …

u) $E : \vec{x} = \begin{pmatrix}2\\8\\1\end{pmatrix} + s \cdot \begin{pmatrix}1\\3\\2\end{pmatrix} + t \cdot \begin{pmatrix}4\\1\\3\end{pmatrix}$

oder …

v) $E : \vec{x} = \begin{pmatrix}3\\1\\2\end{pmatrix} + r \cdot \begin{pmatrix}2\\4\\1\end{pmatrix} + s \cdot \begin{pmatrix}0\\2\\2\end{pmatrix}$

oder …

w) (Achtung: k und h sind parallel)

$E : \vec{x} = \begin{pmatrix}2\\8\\1\end{pmatrix} + r \cdot \begin{pmatrix}1\\3\\2\end{pmatrix} + s \cdot \begin{pmatrix}3\\-4\\2\end{pmatrix}$

oder …

x) (Achtung: k und h sind parallel)

$E : \vec{x} = \begin{pmatrix}3\\1\\2\end{pmatrix} + r \cdot \begin{pmatrix}2\\4\\2\end{pmatrix} + s \cdot \begin{pmatrix}2\\2\\-1\end{pmatrix}$

oder …

q) $E : \vec{x} = \begin{pmatrix}0\\0\\0\end{pmatrix} + r \cdot \begin{pmatrix}4\\2\\8\end{pmatrix} + s \cdot \begin{pmatrix}1\\2\\5\end{pmatrix}$

oder $\vec{x} = \begin{pmatrix}4\\2\\8\end{pmatrix} + \lambda \cdot \begin{pmatrix}4\\2\\8\end{pmatrix} + \mu \cdot \begin{pmatrix}-3\\0\\-3\end{pmatrix}$

oder …

r) $E_{UVW} : \vec{x} = \begin{pmatrix}2\\1\\1\end{pmatrix} + t_1 \cdot \begin{pmatrix}-1\\1\\2\end{pmatrix} + t_2 \cdot \begin{pmatrix}2\\4\\5\end{pmatrix}$

oder $\vec{x} = \begin{pmatrix}1\\2\\3\end{pmatrix} + r_1 \cdot \begin{pmatrix}1\\-1\\-2\end{pmatrix} + r_2 \cdot \begin{pmatrix}3\\3\\3\end{pmatrix}$

oder …

y) $E : \vec{x} = \begin{pmatrix}5\\3\\1\end{pmatrix} + r \cdot \begin{pmatrix}2\\3\\4\end{pmatrix} + t \cdot \begin{pmatrix}-4\\-3\\4\end{pmatrix}$

oder …

z) $E : \vec{x} = \begin{pmatrix}9\\6\\3\end{pmatrix} + s \cdot \begin{pmatrix}1\\4\\2\end{pmatrix} + t \cdot \begin{pmatrix}8\\8\\-2\end{pmatrix}$

oder …

A) $E : \vec{x} = \begin{pmatrix}6\\6\\6\end{pmatrix} + r \cdot \begin{pmatrix}0\\1\\2\end{pmatrix} + t \cdot \begin{pmatrix}1\\4\\2\end{pmatrix}$

oder …

B) $E : \vec{x} = \begin{pmatrix}0\\3\\3\end{pmatrix} + \vartheta \cdot \begin{pmatrix}5\\2\\5\end{pmatrix} + \eta \cdot \begin{pmatrix}3\\0\\1\end{pmatrix}$

oder …

C) (Achtung: t und l sind parallel)

$E : \vec{x} = \begin{pmatrix}3\\2\\2\end{pmatrix} + s \cdot \begin{pmatrix}6\\3\\3\end{pmatrix} + k \cdot \begin{pmatrix}5\\-1\\2\end{pmatrix}$

oder …

D) (Achtung: t und l sind parallel)

$E : \vec{x} = \begin{pmatrix}9\\6\\3\end{pmatrix} + t \cdot \begin{pmatrix}4\\2\\3\end{pmatrix} + s \cdot \begin{pmatrix}6\\4\\2\end{pmatrix}$

oder …

E) $E : 1x_1 + 3x_2 + 2x_3 = 24$

F) $E : 8x_1 + 7x_2 + 6x_3 = 0$

G) $E : 2x_1 + 4x_2 + x_3 = 47$

H) $E : -4x_1 + 6x_2 + 2x_3 = 42$

I) $E : 6x_1 - 6x_2 - 6x_3 = -42$

J) $E : 8x_1 + 6x_2 + 4x_3 = 0$

Lösung zu Kap.01 Kreuzprodukt bzw. Skalarprodukt.

(Alle Ergebnis-Vektoren sind hier in gekürzter Form angegeben. Vielfache wären natürlich auch richtig, jedoch ungeschickt.)

a) $\vec{z} = \begin{pmatrix} -2 \\ 1 \\ 2 \end{pmatrix}$ c) $\vec{z} = \begin{pmatrix} 2 \\ 3 \\ 6 \end{pmatrix}$ e) $\vec{z} = \begin{pmatrix} 3 \\ 4 \\ 12 \end{pmatrix}$

b) $\vec{z} = \begin{pmatrix} 1 \\ 2 \\ 2 \end{pmatrix}$ d) $\vec{z} = \begin{pmatrix} 6 \\ 7 \\ -6 \end{pmatrix}$ f) $\vec{z} = \begin{pmatrix} 4 \\ 5 \\ 20 \end{pmatrix}$

Lösung zu Kap.01 Ebenenformen umwandeln

(Bitte drandenken, dass für das Ergebnis der Parameterform unendlich viele verschiedene Lösungen möglich sind. In der Normalenform kann der Stützvektor natürlich unterschiedlich sein.)

a) $\vec{E} : \begin{pmatrix} 2 \\ 2 \\ -3 \end{pmatrix} \circ \left[\vec{x} - \begin{pmatrix} 3 \\ 0 \\ 0 \end{pmatrix} \right] = 0$

$E : \vec{x} = \begin{pmatrix} 3 \\ 0 \\ 0 \end{pmatrix} + r \cdot \begin{pmatrix} -3 \\ 3 \\ 0 \end{pmatrix} + s \cdot \begin{pmatrix} 3 \\ 0 \\ 2 \end{pmatrix}$ oder...

b) $\vec{E} : \begin{pmatrix} 1 \\ 2 \\ -2 \end{pmatrix} \circ \left[\vec{x} - \begin{pmatrix} 4 \\ 0 \\ 0 \end{pmatrix} \right] = 0$

$E : \vec{x} = \begin{pmatrix} 4 \\ 0 \\ 0 \end{pmatrix} + r \cdot \begin{pmatrix} -4 \\ 2 \\ 0 \end{pmatrix} + s \cdot \begin{pmatrix} -4 \\ 0 \\ 2 \end{pmatrix}$ oder...

c) $\vec{E} : \begin{pmatrix} 6 \\ 3 \\ 2 \end{pmatrix} \circ \left[\vec{x} - \begin{pmatrix} 2 \\ 0 \\ 0 \end{pmatrix} \right] = 0$

$E : \vec{x} = \begin{pmatrix} 2 \\ 0 \\ 0 \end{pmatrix} + r \cdot \begin{pmatrix} -2 \\ 4 \\ 0 \end{pmatrix} + s \cdot \begin{pmatrix} -2 \\ 0 \\ 6 \end{pmatrix}$ oder...

d) $\vec{E} : \begin{pmatrix} 4 \\ -3 \\ -2 \end{pmatrix} \circ \left[\vec{x} - \begin{pmatrix} 6 \\ 0 \\ 0 \end{pmatrix} \right] = 0$

$E : \vec{x} = \begin{pmatrix} 6 \\ 0 \\ 0 \end{pmatrix} + r \cdot \begin{pmatrix} 6 \\ 8 \\ 0 \end{pmatrix} + s \cdot \begin{pmatrix} 6 \\ 0 \\ 12 \end{pmatrix}$ oder...

e) $\vec{E} : \begin{pmatrix} 1 \\ 0 \\ -2 \end{pmatrix} \circ \left[\vec{x} - \begin{pmatrix} 5 \\ 0 \\ 0 \end{pmatrix} \right] = 0$

$E : \vec{x} = \begin{pmatrix} 5 \\ 0 \\ 0 \end{pmatrix} + r \cdot \begin{pmatrix} 10 \\ 0 \\ 5 \end{pmatrix} + s \cdot \begin{pmatrix} 0 \\ 1 \\ 0 \end{pmatrix}$ oder...

f) $\vec{E} : \begin{pmatrix} 0 \\ 3 \\ 2 \end{pmatrix} \circ \left[\vec{x} - \begin{pmatrix} 0 \\ 2 \\ 0 \end{pmatrix} \right] = 0$

$E : \vec{x} = \begin{pmatrix} 0 \\ 2 \\ 0 \end{pmatrix} + r \cdot \begin{pmatrix} 0 \\ -2 \\ 3 \end{pmatrix} + s \cdot \begin{pmatrix} 1 \\ 0 \\ 0 \end{pmatrix}$ oder...

(Bitte drandenken, dass für das Ergebnis der Parameterform unendlich viele verschiedene Lösungen möglich sind. Richtungvektoren habe ich häufig gekürzt. Es wäre trotzdem eher Zufall, wenn Sie die gleichen Ergebnisse erhalten.)

g) $E : x_1 + 2x_2 + 3x_3 = 6$

$E : \vec{x} = \begin{pmatrix} 6 \\ 0 \\ 0 \end{pmatrix} + r \cdot \begin{pmatrix} -6 \\ 3 \\ 0 \end{pmatrix} + s \cdot \begin{pmatrix} -6 \\ 0 \\ 2 \end{pmatrix}$ oder...

h) $E : 4x_1 + 2x_2 - 2x_3 = 4$

$E : \vec{x} = \begin{pmatrix} 1 \\ 0 \\ 0 \end{pmatrix} + r \cdot \begin{pmatrix} -1 \\ 2 \\ 0 \end{pmatrix} + s \cdot \begin{pmatrix} 1 \\ 0 \\ 2 \end{pmatrix}$ oder...

i) $E : x_1 + x_2 + 4x_3 = 18$

$E : \vec{x} = \begin{pmatrix} 18 \\ 0 \\ 0 \end{pmatrix} + r \cdot \begin{pmatrix} -1 \\ 1 \\ 0 \end{pmatrix} + s \cdot \begin{pmatrix} -4 \\ 0 \\ 1 \end{pmatrix}$ oder...

j) $E : 3x_1 + 4x_2 + x_3 = -12$

$E : \vec{x} = \begin{pmatrix} -4 \\ 0 \\ 0 \end{pmatrix} + r \cdot \begin{pmatrix} 4 \\ -3 \\ 0 \end{pmatrix} + s \cdot \begin{pmatrix} 4 \\ 0 \\ -12 \end{pmatrix}$ oder...

(In der Normalenform gibt es natürlich viele Möglichkeiten für den Stützvektor.)

k) $E: 2x_1 - 2x_2 + x_3 = 6$

$$\vec{E}: \begin{pmatrix} 2 \\ -2 \\ 1 \end{pmatrix} \circ \left[\vec{x} - \begin{pmatrix} 3 \\ 0 \\ 0 \end{pmatrix} \right] = 0$$

l) $E: 3x_1 + 4x_2 + 5x_3 = 6$

$$\vec{E}: \begin{pmatrix} 3 \\ 4 \\ 5 \end{pmatrix} \circ \left[\vec{x} - \begin{pmatrix} -1 \\ 1 \\ 1 \end{pmatrix} \right] = 0$$

m) $E: -8x_1 + x_2 + 4x_3 = 6$

$$\vec{E}: \begin{pmatrix} -8 \\ 1 \\ 4 \end{pmatrix} \circ \left[\vec{x} - \begin{pmatrix} 1 \\ 2 \\ 3 \end{pmatrix} \right] = 0$$

n) $E: x_1 - 2x_3 = 5$

$$\vec{E}: \begin{pmatrix} 1 \\ 0 \\ -2 \end{pmatrix} \circ \left[\vec{x} - \begin{pmatrix} 3 \\ 2 \\ -1 \end{pmatrix} \right] = 0$$

o) $E: 3x_1 + 2x_2 - 3x_3 = -7$

$$\vec{E}: \begin{pmatrix} 3 \\ 2 \\ -3 \end{pmatrix} \circ \left[\vec{x} - \begin{pmatrix} -2 \\ 1 \\ 1 \end{pmatrix} \right] = 0$$

p) $E: 2x_1 + 6x_2 + 3x_3 = 24$

$$\vec{E}: \begin{pmatrix} 2 \\ 6 \\ 3 \end{pmatrix} \circ \left[\vec{x} - \begin{pmatrix} 6 \\ 2 \\ 0 \end{pmatrix} \right] = 0$$

q) $E: -4x_1 + 3x_2 + 2x_3 = 8$

$$\vec{E}: \begin{pmatrix} -4 \\ 3 \\ 2 \end{pmatrix} \circ \left[\vec{x} - \begin{pmatrix} -1 \\ 2 \\ -1 \end{pmatrix} \right] = 0$$

r) $E: 8x_2 + 15x_3 = 22$

$$\vec{E}: \begin{pmatrix} 0 \\ 8 \\ 15 \end{pmatrix} \circ \left[\vec{x} - \begin{pmatrix} 3 \\ -1 \\ 2 \end{pmatrix} \right] = 0$$

Lösungen zu Kap.01 Winkel

a) $\alpha(g,h) = 62{,}73°$
b) $\alpha(k,j) = 17{,}75°$
c) $\alpha(t,s) = 90°$

d) $\alpha(g,h) = 26{,}94°$
e) $\alpha(h,j) = 44{,}48°$
f) $\alpha(j,k) = 0°$ (j und k sind identisch!)

g) $\alpha(E,g) = 22{,}39°$
h) $\alpha(E,h) = 31{,}23°$
i) $\alpha(E,h) = 0°$ (h liegt in E)
j) $\alpha(E,F) = 69{,}17°$
k) $\alpha(E_1,E_2) = 75{,}14°$
l) $\alpha(E_3,E_4) = 53{,}13°$

m) $\alpha(E,g) = 168{,}75°$
n) $\alpha(F,g) = 61{,}87°$
o) $\alpha(L,k) = 90°$
p) $\alpha(E_5,E_6) = 57{,}58°$
q) $\alpha(E_7,F_1) = 78{,}51°$
r) $\alpha(F_2,F_3) = 90°$

s) $\alpha=60°$ $\beta=60°$ $\gamma=60°$
t) $\alpha=30°$ $\beta=60°$ $\gamma=90°$
u) $\alpha=90°$ $\beta=45°$ $\gamma=45°$
v) $\alpha=97{,}59°$ $\beta=68{,}21°$ $\gamma=14{,}20°$

w) $\alpha=34{,}65°$ $\beta=84{,}83°$ $\gamma=60{,}52°$
x) $\alpha=110{,}06°$ $\beta=53{,}86°$ $\gamma=16{,}08°$
y) $\alpha=55{,}53°$ $\beta=103{,}77°$ $\gamma=20{,}69°$
z) $\alpha=117{,}33°$ $\beta=40{,}41°$ $\gamma=22{,}26°$

Lösungen zu Kap.01 Spiegeln

a) A*(0 | -1 | 7)
b) P*(-1 | -2 | 7)
c) N*(9 | 8 | 2)
d) R*(-4 | 3 | -2)
e) B(12 | 5 | 3)
f) U(-6 | -2 | 4)

g) A*(-1 | -2 | 2)
h) P*(-1 | -2 | -1)
i) R*(-3 | 8 | 11)
j) U*(6 | 6 | 6)
k) B(0 | -11 | 8)
l) L(9 | 5 | 0)

m) A*(2 | -2 | 0)
n) Q(-5 | 4 | 7)
o) R*(5 | -7 | -6)
p) V(4 | 6 | 1)
q) K*(0 | -1 | 5)
r) C(7 | 4 | -2)

Lösungen zu Kap.02 Spurpunkte, Spurgeraden

a) S_1(0 | -9 |-10) S_2(4,5 | 0 |-1)
S_3(5 | 1 | 0)
b) S_1(0 | 8 | 7) S_2(-8 | 0 | 3)
S_3(-14 | -6 | 0)
c) S_1(0 | -4 | -6) S_2 ——
S_3(12 | -4 | 0)

d) S_1(0 | -5 | 0,5) S_2(2,5 | 0 | 1,75)
S_3(-1 | -7 | 0)
e) S_1(0 | -3 | 9) S_2(1,5 | 0 | 9)
S_3 ——
f) S_1(0 | 1 | 5) S_2(-3 | 0 | 6)
S_3(15 | 6 | 0)

g) S_1(6 | 0 | 0) S_2(0 | 6 | 0)
S_3(0 | 0 | 6)

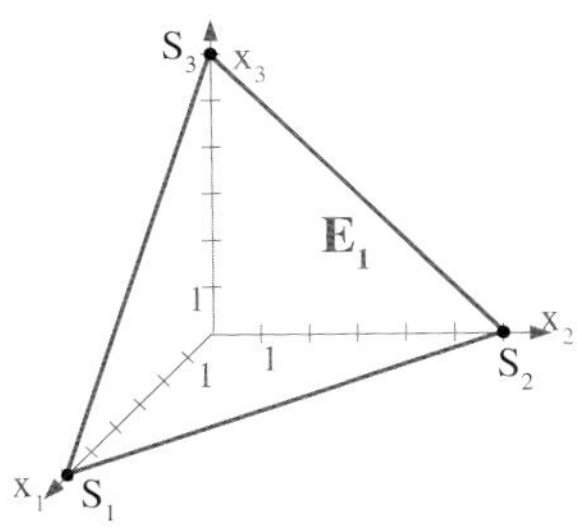

h) S_1(5 | 0 | 0) S_2(0 | 4 | 0)
S_3(0 | 0 | 2)

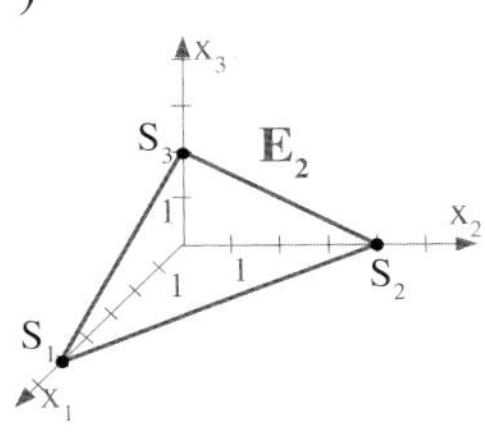

j) S_1(4 | 0 | 0) S_2(0 | 4 | 0)
S_3(0 | 0 | -8)

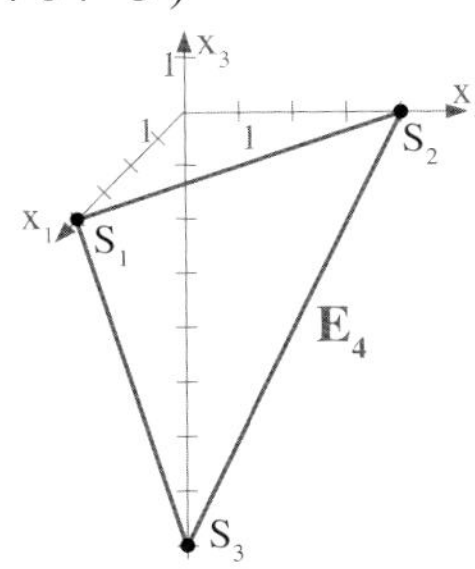

k) S_1(-6 | 0 | 0) S_2(0 | 2 | 0)
S_3(0 | 0 | -3)

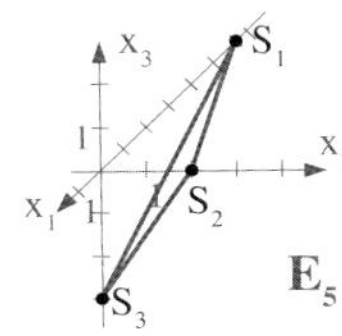

i) $S_1(2 \mid 0 \mid 0)$ $S_2(0 \mid 6 \mid 0)$
$S_3(0 \mid 0 \mid -4)$

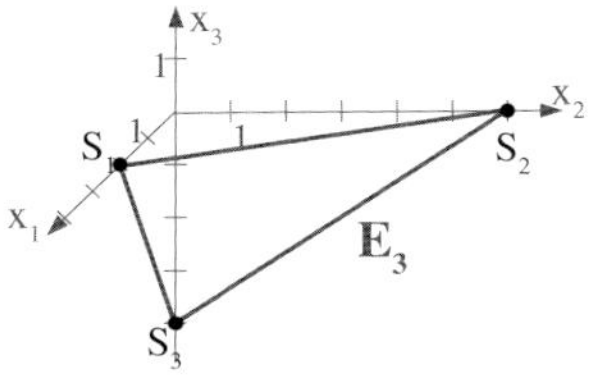

l) $S_1(2 \mid 0 \mid 0)$ $S_2(0 \mid 3 \mid 0)$
$S_3(0 \mid 0 \mid 0{,}5)$

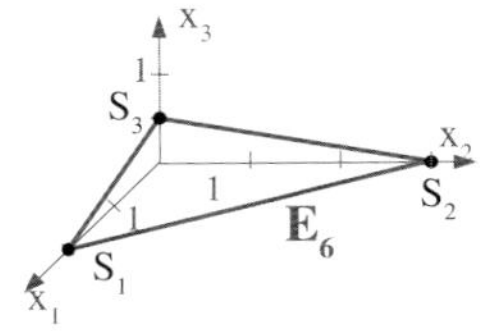

m) $s_{1,2} : \vec{x} = \begin{pmatrix}6\\0\\0\end{pmatrix} + t \cdot \begin{pmatrix}6\\-6\\0\end{pmatrix}$

$s_{1,3} : \vec{x} = \begin{pmatrix}6\\0\\0\end{pmatrix} + t \cdot \begin{pmatrix}6\\0\\-6\end{pmatrix}$

$s_{2,3} : \vec{x} = \begin{pmatrix}0\\6\\0\end{pmatrix} + t \cdot \begin{pmatrix}0\\6\\-6\end{pmatrix}$

n) $s_{1,2} : \vec{x} = \begin{pmatrix}5\\0\\0\end{pmatrix} + t \cdot \begin{pmatrix}5\\-4\\0\end{pmatrix}$

$s_{1,3} : \vec{x} = \begin{pmatrix}5\\0\\0\end{pmatrix} + t \cdot \begin{pmatrix}5\\0\\-2\end{pmatrix}$

$s_{2,3} : \vec{x} = \begin{pmatrix}0\\4\\0\end{pmatrix} + t \cdot \begin{pmatrix}0\\4\\-1\end{pmatrix}$

o) $s_{1,2} : \vec{x} = \begin{pmatrix}2\\0\\0\end{pmatrix} + t \cdot \begin{pmatrix}2\\-6\\0\end{pmatrix}$

$s_{1,3} : \vec{x} = \begin{pmatrix}2\\0\\0\end{pmatrix} + t \cdot \begin{pmatrix}2\\0\\4\end{pmatrix}$

$s_{2,3} : \vec{x} = \begin{pmatrix}0\\6\\0\end{pmatrix} + t \cdot \begin{pmatrix}0\\6\\4\end{pmatrix}$

p) $s_{1,2} : \vec{x} = \begin{pmatrix}4\\0\\0\end{pmatrix} + t \cdot \begin{pmatrix}4\\-4\\0\end{pmatrix}$

$s_{1,3} : \vec{x} = \begin{pmatrix}4\\0\\0\end{pmatrix} + t \cdot \begin{pmatrix}4\\0\\8\end{pmatrix}$

$s_{2,3} : \vec{x} = \begin{pmatrix}0\\4\\0\end{pmatrix} + t \cdot \begin{pmatrix}0\\4\\8\end{pmatrix}$

q) $s_{1,2} : \vec{x} = \begin{pmatrix}-6\\0\\0\end{pmatrix} + t \cdot \begin{pmatrix}6\\2\\0\end{pmatrix}$

$s_{1,3} : \vec{x} = \begin{pmatrix}-6\\0\\0\end{pmatrix} + t \cdot \begin{pmatrix}6\\0\\-3\end{pmatrix}$

$s_{2,3} : \vec{x} = \begin{pmatrix}0\\2\\0\end{pmatrix} + t \cdot \begin{pmatrix}0\\-2\\-3\end{pmatrix}$

r) $s_{1,2} : \vec{x} = \begin{pmatrix}2\\0\\0\end{pmatrix} + t \cdot \begin{pmatrix}-2\\3\\0\end{pmatrix}$

$s_{1,3} : \vec{x} = \begin{pmatrix}2\\0\\0\end{pmatrix} + t \cdot \begin{pmatrix}-2\\0\\0{,}5\end{pmatrix}$

$s_{2,3} : \vec{x} = \begin{pmatrix}0\\3\\0\end{pmatrix} + t \cdot \begin{pmatrix}0\\-3\\0{,}5\end{pmatrix}$

Lösungen zu Kap.02 besondere Lage

a) g ist parallel zur x_1-x_3-Ebene
b) h liegt in der x_2-x_3-Ebene
c) i ist parallel zur x_1-x_2-Ebene
d) j ist parallel zur x_2-Achse
e) k liegt in der x_1-x_3-Ebene
f) l hat keine besondere Lage

g) E_1 ist parallel zur x_3-Achse.
h) E_2 hat keine besondere Lage.
i) E_3 enthält die x_1-Achse.

j) E_4 ist parallel zur x_1-x_2-Ebene.
k) E_5 ist parallel zur x_2-Achse.
l) E_5 enthält die x_2-Achse.

Lösungen zu Kap.03 Schnittmengen

a) d(A,B) = 7
a) g und h schneiden sich in $S_1(-4|0|-2)$
b) g und i sind parallel und verschieden (echt parallel)
c) h und i sind windschief
d) h und k sind identisch
e) k und l schneiden sich in $S_2(2|6|-3{,}5)$
f) i und l sind windschief

g) i und m sind parallel und verschieden (echt parallel)
h) g und m sind identisch
i) n und o schneiden sich in $S_3(0|8|15)$
j) o und p sind parallel und verschieden
k) k und n sind identisch
l) g und p sind windschief

m) E und g schneiden sich in S(-1|3|0)
n) E und g schneiden sich in S(3|4|5)
o) g liegt in E

p) g und E sind (echt) parallel
q) E und g schneiden sich in S(4|4|4)
r) g und E sind (echt) parallel

s) g liegt in E
t) g und E schneiden sich im Ursprung
u) g und E sind (echt) parallel

v) E und g schneiden sich in S(-2|6|-1)
w) E und g schneiden sich in S(0|8|15)
x) g liegt in E

y)(☆) E_1 und E_2 schneiden sich in
$$g : \vec{x} = \begin{pmatrix} 3 \\ 1 \\ 0 \end{pmatrix} + t \cdot \begin{pmatrix} -3 \\ -2 \\ 5 \end{pmatrix}$$
z) E_1 und E_2 sind identisch
ä) E_1 und E_2 sind identisch
ö)(☆) E_1 und E_2 schneiden sich in
$$s : \vec{x} = \begin{pmatrix} 5 \\ 5 \\ 5 \end{pmatrix} + t \cdot \begin{pmatrix} 2 \\ 3 \\ 2 \end{pmatrix}$$
ü)(☆) E_1 und E_2 schneiden sich in
$$s : \vec{x} = \begin{pmatrix} 2 \\ 0 \\ -2 \end{pmatrix} + t \cdot \begin{pmatrix} 1 \\ 2 \\ 3 \end{pmatrix}$$
ß) E_1 und E_2 sind (echt) parallel

A)(☆) E_1 und E_2 schneiden sich in
$$s : \vec{x} = \begin{pmatrix} 1 \\ 2 \\ 3 \end{pmatrix} + t \cdot \begin{pmatrix} 4 \\ 5 \\ 6 \end{pmatrix}$$
B) E_1 und E_2 sind (echt) parallel
C) E_1 und E_2 sind (echt) parallel
D)(☆) E_1 und E_2 schneiden sich in
$$s : \vec{x} = \begin{pmatrix} -2 \\ 2 \\ 0 \end{pmatrix} + t \cdot \begin{pmatrix} 4 \\ -2 \\ 3 \end{pmatrix}$$
E)(☆) E_1 und E_2 schneiden sich in
$$s : \vec{x} = \begin{pmatrix} -4 \\ -3 \\ 0 \end{pmatrix} + t \cdot \begin{pmatrix} -2 \\ -1 \\ 1 \end{pmatrix}$$
F) E_1 und E_2 sind identisch

Bemerkung zu (☆) : Eine Gerade hat unendlich viele Parameterformen! Es kann also durchaus verschiedene Ergebnisse für die Schnittgerade s geben. (Die Richtungsvektoren müssen jedoch immer Vielfache sein!)

Lösungen zu Kap.04 Abstände

a) $d(A,B) = 7$
b) $d(C,D) = 3$
c) $d(E,F) = \sqrt{3}$

d) $d(G,H) = 9$
e) $d(I,J) = 6$
f) $d(K,L) = \sqrt{53}$

g) $t_1=0$ $t_2=2$
h) $t_1=-4$ $t_2=10$
i) $t=5$

j) $t_1=-1$ $t_2=7$
k) $t_1=2$ $t_2=6$
l) $t_1=-3$ $t_2=5$

m) $d(P,g) = 3$
n) $d(P,g) = 9$
o) $d(P,g) = \sqrt{18}$

p) $d(P,g) = 7$
q) $d(P,g) = 6$
r) $d(P,g) = \sqrt{14}$

s) $A_1(3|3|4)$ $A_2(-1|1|-2)$
t) $A_1(5|-2|3)$ $A_2(13|-2|-1)$
u) $A_1(1|-2|-3)$ $A_2(7|10|9)$

v) $A_1(4|1|4)$ $A_2(10|-1|4)$
w) $A(7|6|4)$
x) $A_1(1|2|3)$ $A_2(5|0|-1)$

y) $d = 7$
z) $d = 6$
ä) $d = 9$

ö) $d = 13$
ü) $d = 9$
ß) $d \approx 5,15$

Lösung zu Kap.05 Flächeninhalt eines Dreiecks

a) $A_{\Delta ABC} = 9$
b) $A_{\Delta ABC} = 54$
c) $A_{\Delta ABC} = 55$

d) $A_{\Delta ABC} = 16\sqrt{3} \approx 27,71$
e) $A_{\Delta ABC} = 65$
c) $A_{\Delta ABC} = 18$

Lösung zu Kap.05 Pyramiden

a) $V = 50$
b) $V = 400$
c) $V = 384$

d) $V = 1280$
e) $V = 144$
f) $V = 1543,5$

g) $O = 90$
h) $O = 360$
i) $O = 384$

j) $O = 800$
k) $O = 360$
l) $O = 1064,68$

m) $V_{Pyr} = \frac{1}{3}\cdot\frac{1}{2}\cdot 6\cdot 4\cdot 3 = 12$
n) $V_{Pyr} = \frac{1}{3}\cdot\frac{1}{2}\cdot 2\cdot 4\cdot 2 = 2,66$
o) $V_{Pyr} = \frac{1}{3}\cdot\frac{1}{2}\cdot 5\cdot 7,5\cdot 3 = 18,75$

p) $V_{Pyr} = \frac{1}{3}\cdot\frac{1}{2}\cdot 6\cdot 2\cdot 3 = 6$
q) $V_{Pyr} = \frac{1}{3}\cdot\frac{1}{2}\cdot 8\cdot 6\cdot 4 = 32$
r) Fangfrage! E ist parallel zur x_2-Achse. Es gibt somit keine Pyramide!

s) $V_{ABCD} = 732,33$
t) $V_{ABCD} = 54$

u) $V_{ABCD} = 2027,83$
v) $V_{ABCD} = 1041,66$

w) M(0 | 0 | 3,8) d = 3,8
x) M(0 | 0 | 2,2) d = 2,2
y) M(1,2 | -3,1 | 7,7) d = 4,3

z) M(5,2 | 2,3 | 7,3) d = 5,5
ä) M(1 | -1 | 2) d = 6
ö) M(6,5 | 3 | 3) d = 10,5

Lösung zur Bestimmung des vierten Punktes eines Parallelogramms

a) D(6 | 6 | 6)
b) A(8 | 1 | -2)
c) D(-4 | 5 | 5)

d) C(6 | 6 | 6)
e) B(7 | 7 | 7)
f) A(0 | 8 | 15)

Lösungen der vermischten Aufgaben

Lösung zu Kap.01 querbeet

a) $d(A,B) = d(A,C) = d(B,C) = \sqrt{72} \approx 8,48$ $S_{ABC}(5 | -2 | 4)$
$M_{AB}(6 | -1 | 2)$ $M_{AC}(6 | -4 | 5)$ $M_{BC}(3 | -1 | 5)$

b) $\overrightarrow{AB} \circ \overrightarrow{BC} = -9$ $\overrightarrow{AB} \circ \overrightarrow{AC} = 0$ $\overrightarrow{AB} \circ \overrightarrow{BC} = 36$
Die Vektoren $\overrightarrow{AB}$ und $\overrightarrow{AC}$ sind aufeinander senkrecht, damit ist das Dreieck ABC rechtwinklig.

c) $E_{Lot} : 3x_1 + 2x_2 + x_3 = 2$ $d(g,A) \approx 1,73$

d) $g_{Lot} : \vec{x} = \begin{pmatrix} 9 \\ 6 \\ -7 \end{pmatrix} + t \cdot \begin{pmatrix} 4 \\ 2 \\ -5 \end{pmatrix}$ $d(P,E) \approx 13,42$

Lösungen zu Kap.06 Parameter querbeet

a) $g : \vec{x} = \begin{pmatrix} 2 \\ 0 \\ -1 \end{pmatrix} + a \cdot \begin{pmatrix} 0 \\ 1 \\ 0 \end{pmatrix}$

b) $g : \vec{x} = \begin{pmatrix} 0 \\ 4 \\ 2 \end{pmatrix} + b \cdot \begin{pmatrix} 1 \\ 0 \\ 0 \end{pmatrix}$

c) $E : \vec{x} = \begin{pmatrix} 1 \\ 0 \\ 0 \end{pmatrix} + c \cdot \begin{pmatrix} 0 \\ 0 \\ 1 \end{pmatrix} + t \cdot \begin{pmatrix} 2 \\ 3 \\ 1 \end{pmatrix}$

d) $E : \vec{x} = \begin{pmatrix} 4 \\ 1 \\ 1 \end{pmatrix} + t^* \cdot \begin{pmatrix} 0 \\ 1 \\ 0 \end{pmatrix} + t \cdot \begin{pmatrix} 6 \\ 0 \\ 11 \end{pmatrix}$

e) I) $f = 15 \quad e = 0{,}5$ II) $f = 15 \quad e \neq 0{,}5$ III) $f \neq 15$

f) $E \subset E_k$: $k = 3$ $E \perp E_K$: $k = -{}^{19}/_3$

g) I $g \subset E$ für : $a = -1 \quad b = 1$

II $g \parallel E$ für : $a \neq -1 \quad b = 1$

III $g \cap E$ für : $b \neq 1$

h) I $g \subset E$ nicht möglich.

II $g \parallel E$ für : $a = 0$

III $g \cap E$ für : $a \neq 0$

i) I $g \subset E$ für : $a = 1 \quad b = 2$

II $g \parallel E$ für : $a = 1 \quad b \neq 2$

III $g \cap E$ für : $a \neq 1$

j) $E \parallel E_a$ für $a = -0{,}5$

wenn die Ebene E in E_a enthalten sein soll, dann nur für a=-0,5.

Da sind aber die rechten Seiten verschieden. Also keine Möglichkeit für a.

k) $k = 2$

l) $g \perp E \Rightarrow \vec{n}_E = 1 \cdot RV_g \Rightarrow$ Widerspruch.

$g \parallel E \Rightarrow \vec{n}_E \circ RV_g = 0 \Rightarrow t = -\frac{8}{29}$

m) $h : \vec{x} = \begin{pmatrix} 4 \\ -5 \\ 1 \end{pmatrix} + r \cdot \begin{pmatrix} 1 \\ 8 \\ 4 \end{pmatrix}$

n) Die Ebene die keinen senkrechten „Partner" hat:

$E_\perp$ für $k = \frac{13}{81}$ (Entschuldigung für die hässliche Zahl)

($E_\perp$ ist zwar nicht direkt gefragt aber notwendig)

$E_\perp : 272x_1 - 29x_2 - 172x_3 = 1142 \quad \Rightarrow \quad E : \vec{x} = \begin{pmatrix} 4 \\ -5 \\ 1 \end{pmatrix} + r \cdot \begin{pmatrix} 1 \\ 8 \\ 4 \end{pmatrix} + s \cdot \begin{pmatrix} 272 \\ -29 \\ -172 \end{pmatrix}$

Lösungen zu Kap.07 knifflige Aufgaben

a) $A_1(-2 \mid -3 \mid 3)$ $A_2(6 \mid 5 \mid 7)$

b) $B_1(-6 \mid -2 \mid 11)$ $B_2(10 \mid 6 \mid -5)$

c) $A_1(32 \mid 21 \mid 29)$ $A_2(-24 \mid -19 \mid -29)$

d) $A_1(6 \mid 7 \mid 2)$ $A_2(-6 \mid -5 \mid 2)$

e) $P(4 \mid 3 \mid 5)$

f) $P_1(2 \mid 2 \mid 3)$ $P_2(-1 \mid 5 \mid 9)$

g) Lotfußpunkte: G(-4|5|6) H(8|1|0) $\Rightarrow \quad l : \vec{x} = \begin{pmatrix} -4 \\ 5 \\ 6 \end{pmatrix} + s \cdot \begin{pmatrix} 12 \\ -4 \\ -6 \end{pmatrix}$

h) Lösungsskizze:

Ebene aufstellen, die eine Gerade und P enthält, dann mit der anderen Gerade schneiden.

Schnittpunkt und P kombinieren … $s : \vec{x} = \begin{pmatrix} 26 \\ -5 \\ -9 \end{pmatrix} + s \cdot \begin{pmatrix} -6 \\ 2 \\ 3 \end{pmatrix}$

i) $A(6 \mid 8 \mid 7)$ $C(0 \mid -4 \mid -5)$ (oder umgekehrt)

j) $P_1(0 \mid -1 \mid -3)$ $P_2(8 \mid 7 \mid 13)$

Lösungen zu Kap.10 Flugzeugaufgaben

a) $f_1 : \vec{x} = \begin{pmatrix} 0 \\ 2 \\ 0 \end{pmatrix} + r \cdot \begin{pmatrix} 4 \\ 4 \\ 2 \end{pmatrix}$ $\qquad f_2 : \vec{x} = \begin{pmatrix} -4 \\ -3 \\ 0 \end{pmatrix} + s \cdot \begin{pmatrix} 24 \\ 8 \\ 6 \end{pmatrix}$

b) $v_1=6^{km}/_{min}$ $\qquad v_2=26^{km}/_{min}$

c) $F_1(2|4|1)$, $F_2(8|1|3)$ $\Rightarrow$ d=7

d) Nein. (f_1 und f_2 sind windschief)

e) Minimaler Abstand von $F_1(4t|2+4t|2t)$ und von $F_2(-4+12t|\ -3-4t|3t)$ beträgt 6,36km.
(Dass der Zeitpunkt minimal vor dem Start ist [t<0], ist uninteressant)
Die Bestimmung wird eingehalten!

f) $h_1=6$. Das wird von f_2 nach t=1 Minute erreicht.

g) $a : \vec{x} = \begin{pmatrix} 6 \\ 9 \\ -12 \end{pmatrix} + r \cdot \begin{pmatrix} 12 \\ 6 \\ 4 \end{pmatrix}$ $\qquad b : \vec{x} = \begin{pmatrix} 12 \\ 12 \\ -5 \end{pmatrix} + s \cdot \begin{pmatrix} 8 \\ 4 \\ 1 \end{pmatrix}$

h) Position der Fische nach einer Minute: A(18 | 15 | -8) B(20 | 16 | -4)
Abstand von A und B ist: $d(A,B)= \sqrt{21} \approx 4{,}59$

i) Der Schnittpunkt der Geraden ist gesucht:
Die Geraden schneiden sich tatsächlich. Und zwar in S(36 | 24 | -2).

j) Die Fische treffen sich nicht. Laut letzter Teilaufgabe ist der Aal nach 2,5min am Schnittpunkt, der Barsch nach 3min.
Den geringsten Abstand von A(6+12t|9+6t|-12+4t) und B(12+8t|12+4t|-5+t) erhält man nach Berechnung den Minimums von:
$d(t) = \sqrt{(-6+4t)^2+(-3+2t)^2+(-7+3t)^2}$ $\Rightarrow$ Min: (1,75 | 2,076)
Kleinster Abstand von 2,076 Metern also nach einer Zeit von 1,75 Minuten.

k) Die Wasseroberfläche ist bei $x_3=0$.
Der Aal erreicht nach 3min die Oberfläche, der Barsch erreicht die Oberfläche nach 5min.

l) Der Abstand aus Teilaufgabe j) muss 7 sein.
$\sqrt{(-6+4t)^2+(-3+2t)^2+(-7+3t)^2} = 7$ $\Rightarrow$ (GTR) $\Rightarrow$ t=3

Lösungen zu Kap.11 Schattenaufgaben

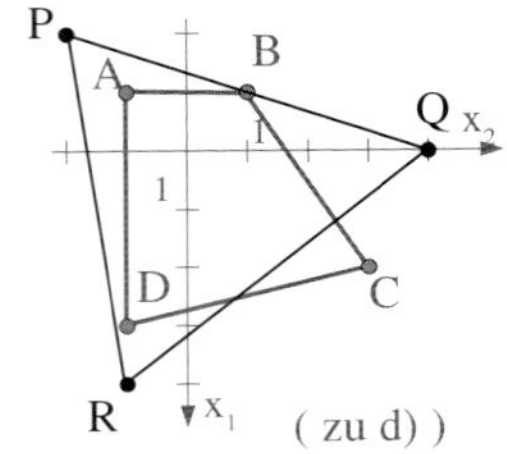

a) $g^* : \vec{x} = \begin{pmatrix} 0 \\ 3 \\ 2 \end{pmatrix} + t \cdot \begin{pmatrix} 0 \\ 0 \\ 2 \end{pmatrix}$

b) A*(3 | 0 | 5) B*(-2 | 0 | -8)

c) Ja. Die Schattengerade lautet: $s : \vec{x} = \begin{pmatrix} 12 \\ -4 \\ 0 \end{pmatrix} + r \cdot \begin{pmatrix} 7 \\ 8 \\ 0 \end{pmatrix}$

d) Das Sonnensegel deckt das Blumenbeet nicht vollständig ab.
(P, Q und R müssen in die x_1-x_2-Ebene projeziert werden, danach werden alle Punkte in eine Skizze eingetragen. Dann sieht man's.)

e) Die „Stelle" des auflackierten Dreiecks kann natürlich nur durch drei Eckpunkte angegeben werden. A*(2|0|1), B*(1|-1|1) und C*(0|1|3).
(Die Formulierung der Aufgabe ist etwas verwirrend. Man stellt drei Geraden auf, die die Punkte A, B und C als Stützvektoren haben, der Richtungsvektor aller drei Geraden ist der Vektor $\vec{a}$. Die gesuchten Punkte A*, B* und C* sind nun die Schnittpunkte der drei erstellten Hilfsgeraden mit der Ebene der Autotür T).

f) A*(8 | 26 | 8)

g) $\vec{s} = \overrightarrow{AA^*} = \begin{pmatrix} 12 \\ 24 \\ -24 \end{pmatrix} \hat{=} \begin{pmatrix} 1 \\ 2 \\ -2 \end{pmatrix}$

(Wenn man den Vektor $\vec{s}$ nicht kürzt, werden die Zahlen in der nächsten Teilaufgabe ziemlich doof.)

h) A*(8|26|8) B*(14|28|11) C*(18|35|5) D*(12|33|5)
A*B*C*D* ist ein Parallelogramm, wenn $\overrightarrow{A^*B^*} = \overrightarrow{D^*C^*}$ oder $\overrightarrow{B^*C^*} = \overrightarrow{A^*D^*}$.
(Es reicht eines von beiden zu zeigen)

i) A*(-2 | 2 | 1) und B*(-1 | 0 | 2)
Länge = $\left|\overrightarrow{A^*B^*}\right| = \sqrt{6} \approx 2{,}45$

Wenn hinter Enden Enden enden, enden Enden Enden nach.

Eigene Notizen und Anmerkungen

Eigene Notizen und Anmerkungen